松干流域坡耕农田面源污染控制农作技术研究及应用

杨世琦　杨正礼 等 著

科 学 出 版 社

北 京

内 容 简 介

松干流域是松花江流域的主要粮食生产区，同时也是东北农田面源污染发生的主要地区之一。基于国家水体污染控制与治理科技重大专项“松干流域粮食主产区农田面源污染全过程控制技术集成与综合示范课题”（2014ZX07201-009）的研究成果，汇编成稿。本书重点介绍了松干流域基本情况、坡耕地不同种植模式对土壤氮磷的影响、冻融交替下农田土壤环境因子变化特征、冻融交替下农田土壤氮变化特征及影响机制、冻融交替下农田土壤碳变化特征及影响机制、稻田面源污染特征及污染控制技术、坡耕地肥料减量农作技术、玉米专用缓控释肥技术、坡耕地水土氮磷控制农作技术等内容。

本书可为从事农业面源污染控制的研究人员及学生提供参考，也可为基层农技推广工作者提供技术依据。

图书在版编目（CIP）数据

松干流域坡耕农田面源污染控制农作技术研究及应用 / 杨世琦等著. —北京：科学出版社，2018.3

ISBN 978-7-03-055746-9

Ⅰ. ①松…　Ⅱ. ①杨…　Ⅲ. ①松花江-流域-农田污染-面源污染-污染控制-研究　Ⅳ. ①X53

中国版本图书馆 CIP 数据核字（2017）第 293604 号

责任编辑：李轶冰 / 责任校对：彭珍珍

责任印制：张　伟 / 封面设计：无极书装

科学出版社出版

北京东黄城根北街 16 号

邮政编码：100717

http://www.sciencep.com

北京京华虎彩印刷有限公司印刷

科学出版社发行　各地新华书店经销

*

2018 年 3 月第　一　版　开本：720×1000　1/16

2018 年 3 月第一次印刷　印张：15 1/2

字数：300 000

定价：158.00 元

（如有印装质量问题，我社负责调换）

撰写委员会

主　笔：杨世琦　杨正礼

副主笔：吴会军　陈　哲　韩瑞芸

成　员：（按姓氏汉语拼音顺序）

陈　哲（青海师范大学）
高　悦（中国农业科学院农业环境与可持续发展研究所）
韩瑞芸（中国农业科学院农业环境与可持续发展研究所）
李友宏（宁夏农林科学院）
刘宏元（中国农业科学院农业环境与可持续发展研究所）
刘汝亮（宁夏农林科学院）
刘志发（黑龙江方正县农业技术推广站）
宋霜君（中国农业科学院农业资源与农业区划研究所）
王　芳（宁夏农林科学院）
王惟帅（中国农业科学院农业环境与可持续发展研究所）
吴会军（中国农业科学院农业资源与农业区划研究所）
邢　磊（中国农业科学院农业环境与可持续发展研究所）
杨世琦（中国农业科学院农业环境与可持续发展研究所）
杨正礼（中国农业科学院农业环境与可持续发展研究所）
张爱平（中国农业科学院农业环境与可持续发展研究所）

序

农业面源污染是造成水体污染的主要因素之一，已经成为我国生态环境治理的重点领域和影响农业安全生产的主要因素。我国水环境污染总体形势很严峻，全国 532 条河流中，有 438 条污染，约占 82.3%；湖泊河流达到富营养化水体的占 63.6%，包括一些农业高产地区的湖泊（如太湖和巢湖等）的总磷、总氮浓度分别是 20 世纪的十几倍，其中，约 50%的氮磷污染负荷来自农业非点源污染。

黑龙江省内的松花江干流指肇源县至同江市这一段，全长为 939km，在三江口汇入黑龙江。涉及 18 个县（市、区），流域面积为 7.2 万 km^2，占全省辖区面积的 16%。松花江干流水系非常发达，有牡丹江和蚂蜒河等 10 余条支流汇入。流域总人口为 750 多万，占全省的 20%，耕地面积为 294 万 hm^2，占全省的 21.1%。松花江干流沿岸冲积平原土壤类型的有机质含量达 3%～5%，是我国粮食主要产区，耕地面积和人均耕地占有量均居全省前列，年粮食总产量是全省的 42%。由于常年化肥农药投入较大，小型农机具耕作深度浅化引起的耕层土壤养分保持能力降低，种植结构单一、农作物秸秆利用率低、畜禽粪便资源化利用不高及环境污染等问题，导致农业面源污染问题凸显。基于松干流域农田面源污染控制需求，国家水体污染控制与治理重大专项“十二五”期间（2014～2016 年）在松花江流域设置了“松干流域粮食主产区农田面源污染全过程控制技术集成与综合示范课题”（2014ZX07201-009）。

该书是由中国农业科学院农业环境与可持续发展研究所牵头完成上述课题的成果总结与提炼。该书介绍了松干流域农田面源污染的特点、冻融交替下农田土壤氮碳变化过程、不同种植模式下的农田水土流失特征、农田化肥减量及缓控释肥技术等内容，提出了松干流域农田面源污染控制农作技术体系，对流域农业面源污染控制具有重要借鉴意义。全书思路缜密、数据翔实，丰富了农田面源污染防控的理论和技术，是一本具有理论深度和指导生产实践价值的著作。

2017 年 10 月

前　言

农田面源污染，也称非点源污染，一般理解为分散的污染源造成的污染，指溶解的固体污染物通过径流作用进入河流、湖泊、水库和海湾等水体，引起水体氮磷浓度升高及有害有毒物质增加，导致水体水质下降的污染现象。农田面源污染源的污染物主要是土壤中的农业投入品（化肥、农药和有机物等），在降水或灌溉作用下，经地表径流、农田排水及地下渗漏等途径进入水体，造成水体污染。我国农业面源污染问题比较严重。根据第一次全国污染源普查公报，2007 年全国农业源的化学需氧量排放达到 1320 万 t，占全国排放总量的 43.7%，农业源总氮、总磷分别为 270 万 t 和 28 万 t，占全国排放总量的 57.2%和 67.4%。农业集约化程度不断提高，客观上导致农药、化肥等农业投入品施用量的增长。

基于松干流域农田面源污染控制需求，国家水体污染控制与治理重大专项"十二五"期间（2014～2016 年）设置了"松干流域粮食主产区农田面源污染全过程控制技术集成与综合示范课题"（课题编号：2014ZX07201-009），旨在通过对面源污染源头、过程和末端等关键环节的科学研究，解决流域农田面源污染问题。本书重点围绕农作技术与农田面源污染控制的关系，探索农作技术在土壤氮磷流失控制方面的作用与贡献，形成了流域农田低污染农作技术体系，为区域面源污染控制提供技术与理论支撑。本书为该项目的部分研究成果，全书共 9 章。第 1 章介绍了松干流域的基本情况，第 2 章介绍了种植结构与土壤耕作措施对坡耕地水土氮磷流失的影响，第 3～5 章介绍了冻融交替下土壤环境及土壤碳氮变化规律，第 6 章介绍了稻田土壤氮流失特征及防控技术，第 7 章介绍了坡耕地肥料减量技术，第 8 章介绍了坡耕地玉米缓释肥技术，第 9 章介绍了坡耕地水土氮磷保持集成技术。

本书由中国农业科学院农业环境与可持续发展研究所、中国农业科学院农业资源与农业区划研究所、宁夏农林科学院、青海师范大学及黑龙江方正县农业技术推广站等单位通力合作完成。

杨世琦　杨正礼

2017 年 12 月于北京

目　　录

第 1 章　松干流域基本情况

1.1　松干流域自然概况

松花江历史悠久，早在东晋时期就有记载，上游称速末水，下游称为难水；隋、唐时期，又分别称为粟末水和那河；元朝时，上下游都被称为宋瓦江；直至明朝宣德年间开始使用松花江这一称谓。松花江流域是我国七大江河之一，是黑龙江在国内的最大支流。流域介于 41°42′N～51°38′N、119°52′E～132°31′E，东西长约 920km，南北宽约 1070km，其面积达 55.68 万 km^2，涵盖黑龙江省、吉林省、辽宁省和内蒙古自治区四地，整体呈“菱形”状分布。其独特的地理位置造就了该区域独有的特征和优势（斯琴高娃，2010）。

松花江是满语中“天河”的意思，松花江就好似从天而降的长河，可以想象其宽广绵长、行走于蓝天黑土之间，富饶的土地上有着神奇而又美丽的风光。松花江流域有南北两源，南源为西流松花江，北源为嫩江，而西流松花江与嫩江在吉林省扶余市三岔河附近汇合后至同江市河口，这条河道被称作松花江干流。

1.1.1　地形地貌

松花江干流全长为 939km，松花江干流上游地区（即哈尔滨市以上地区）海拔平缓，多在 200m 以下，这里也是松嫩平原的组成部分；中游地区河谷狭窄，河道两侧为高原平原和丘陵地区，海拔多超过 300m，最高处超过 1600m，而河道经过断崖、草地和低丘等；下游地区，地势低平，海拔低于 80m，是防洪的主要地区。而松花江干流流域（以下简称松干流域）各支流地形多样，变化复杂。呼兰河与通肯河交汇进入平原区，在这里河道变宽，至呼兰区进入松花江；兰林河在山区中穿过；而倭肯河从山区流向开阔的平原区；汤旺河在峡谷之间流动；梧桐河主要经过了低山丘陵和平原；牡丹江所处地形呈现了中山、低山、丘陵和河谷盆地四种地质形态。

1.1.2 气候条件

气候因子是造就松干流域独特自然环境的重要因素。降水可直接影响松干流域水资源情况；温度也是影响松干流域时空格局的主要因素；除此以外，风速也是影响松干流域生态环境的关键因素。

松干流域地处中国东北部，整体上属于大陆性季风气候，也有少部分的温带亚湿润森林草原气候存在。松干流域南北相差近 3 个纬度，而且其本身就处于中高纬度地带，所以其冬季漫长寒冷、夏季炎热多雨、春季干燥多风、秋季短暂且多晴日。松干流域年内温差较大，多年平均温度为 3～5℃，最高温度为 7 月，可达 40℃以上；最低温度为 1 月，有记录显示的最低温度为-42.6℃；而在秋季冷暖温差比较大，这一季节常有冻害发生。根据相关数据（黑龙江省人民政府，2010；吉林统计局和国家统计局吉林调查总队，2010）分析，在 1956～2009 年，松干流域的平均升温趋势比较明显。根据哈尔滨气象站数据分析，1956~2009 年间松干流域每 10a 升温 0.444℃，年平均气温为 2～7℃。

松干流域全年日照时长为 2200～3000h，西部比东部全年日照时长往往多 400～900h，如 2015 年加格达奇区日照时长达 2679.7h，而哈尔滨市只有 2090.7h。无霜期为 110～180d，南部比北部无霜期往往多 30～40d。全年积温为 2400～3600℃，南部比北部全年积温往往多 400～600℃。

松干流域处于东北亚季风区，降水集中于 7~8 月，这一时期降水量占全年降水量的 50%；在 6 月和 9 月也时有暴雨发生，这两个月降水量占全年降水量的 20%。松干流域内降水天数为 60～120d，平均为 100d。松干流域一般在当年 10 月降初雪，一直维持到次年的 4 月。松干流域降水量为 300～950mm，且东西差异较大，如 2015 年伊春市降水量达到 765mm 以上，而哈尔滨市只有 420.1mm。松干流域降水的基本特征为山地丘陵地区最高，平原地区较低，南部高于北部，东部高于西部。松干流域蒸发量为 500～800mm，具有山地蒸发量少、平原蒸发量多的特点。

松干流域由于特殊的地理位置，南北的气候都会对松干流域产生影响；另外，人类的活动（如耕作、用水及一些水利设施的建设与使用），都对松干流域气候产生了影响。

1.1.3 水文水系

松花江有两个源头，分别为嫩江和西流松花江，两江在松原市扶余市汇合形成松花江干流。从汇合处至通河，干流流向东，通河以下，流向东北，经肇源县、扶余市、双城区、哈尔滨市、阿城区、巴彦县、木兰县、通河县、方正县、依兰县、汤原县、佳木斯市、桦川县、绥滨县、富锦市、同江市，最后于同江市东北约 7km 处由右岸注入黑龙江。松花江干流两岸河网发育，支流众多，主要有拉林河、阿什河、呼兰河、蚂蜒河、牡丹江和汤旺河等。干流落差为 78.4m，河流坡降比较平缓，平均为 0.1%。松花江干流水资源分区见表 1-1。

表 1-1 松花江干流水资源分区

二级分区	三级分区	面积（km^2）	四级分区	面积（km^2）	辐射城市
松花江干流	三岔河至哈尔滨	30 823	拉林河	20 102	长春市、吉林市、松原市、哈尔滨市、大庆市、绥化市
			三岔河至哈尔滨	10 207	
	哈尔滨至通河	59 795	阿什河	3 549	哈尔滨市、齐齐哈尔市、伊春市、黑河市、绥化市
			哈尔滨至通河	14 099	
			呼兰河	31 207	
			蚂蜒河	10 757	
	牡丹江	38 909	莲花水库以上	29 922	牡丹江市、吉林市、延边朝鲜族自治州、哈尔滨市、七台河市
			莲花水库以下	7 583	
	通河至佳木斯干流区河	41 847	汤旺河	20 511	哈尔滨市、伊春市、佳木斯市、七台河市
			通河至依兰	4 154	
			倭肯河	11 001	
			依兰至佳木斯	5 415	
	佳木斯以下	17 930	佳木斯下游	11 921	鹤岗市、双鸭山市、佳木斯市
			梧桐河	4 639	

资料来源：邓红兵等，2016

松花江干流两岸河网发育，支流众多，集水面积大于 50km^2 的支流有 792 条；其中，50～300km^2 的支流有 646 条；300～1000km^2 的支流有 104 条，1000～5000km^2 的支流有 33 条；5000～10 000km^2 的支流有 3 条；10 000km^2 以上的支流有 6 条。松花江干流流域可以简单分成三个部分：①三岔河至哈尔滨为松花江干流上段，河道流经草原和湿地，此段坡度比较缓而且支流较少，河道长为 240km；②哈尔滨至佳木斯是松花江干流中段，此段途经低丘、草地和断崖，坡度比较缓，河道长为 432km；③佳木斯至同江是松花江干流下段，穿行于三江平原地区，两岸为冲积平原，地势平坦，杂草丛生，河道和滩地比较开阔，河道长为 267km，整个下游河段，地势低平，历来是防洪重点地区之一，所以在此地也出台了很多防洪政策并采取了很多防洪措施。

松花江流域在历史上有记载的洪水次数为 21 次，其中，最近的一次大洪水为 1998 年。在 1998 年的 6 月底至 7 月初、7 月底至 8 月初和 8 月中旬发生了三次大洪水。哈尔滨市在当年 8 月 22 日达到了最高水位 120.9m，打破了之前 120.06m

的纪录，是 20 世纪最大规模的洪水。造成这次大洪水的原因主要包含两方面：其一是暴雨集中；其二是连续的阴雨天气。所以，在今后的防洪工作中要注意这两类情况的发生，提早做好防洪准备。

1.1.4 生态环境资源

松干流域中最为著名的土壤是黑土，其肥沃富饶、质地疏松、团粒结构丰富、有机质含量高、持水能力强。有机质含量可以作为土壤肥力程度的评判标准。在黑土区，地上地下的有机质含量都非常高，尤其是耕层土壤最为集中，造成这一现象最主要的原因是冬季漫长且严寒，夏季短促，导致微生物活性比较低，大量有机质难以分解，最终可以积累下来。在松干流域，黑土是最为重要的耕作土壤。但是长期的开采耕作，也会使得土壤肥力下降，因此，还是需要合理的保护性耕作，使土壤肥力慢慢恢复。除黑土以外，在松干流域还有暗棕壤、白浆土和山地土等分布，但名气远小于黑土。

松干流域植物资源丰富，但各植物分布面积不大。例如，有人参、鹿茸和灵芝等珍贵药材；有荷花、百合及杜鹃等观赏花卉；有卷毛红、三楞草与乌拉草等草类植物；有山葡萄、山梨和山丁子等山果植物；有杨树、榆树及云杉等树林木类；有木耳、黄花菜与猴头菇等山野菜类。另外，松干流域是我国北方重要的淡水鱼产地之一，盛产鲤鱼、草鱼和鲶鱼等，并将其制作成了许多美味菜肴。

松干流域在 1956～2000 年的多年平均降水量为 $1.12\times10^{11}m^3$，降水深度为 591.6mm，松干流域降水深度在整个松花江流域居于中等。松干流域在 1956～2000 年的多年平均地表水资源量为 $3.60\times10^{10}m^3$，径流深为 190.0mm，是整个松花江流域地表水资源最丰富的流域。松干流域在 1980～2000 年的多年平均地下水资源量为 $1.36\times10^{10}m^3$，其中，山丘地区为 $6.88\times10^9m^3$；平原地区为 $7.25\times10^9m^3$，且可开采量为 $6.67\times10^9m^3$。松干流域在 1956～2000 年的多年平均水资源总量为 $4.12\times10^{10}m^3$，是整个松花江流域多年平均水资源总量最多的流域（于宏兵和周启星，2013）。

松干流域在 1956～2000 年的多年平均水资源可利用量为 $1.86\times10^{10}m^3$，水资源可利用率为 45.10%。松干流域天然地表水资源量为 $3.60\times10^{10}m^3$，其中，河道内生态环境用水占 20.92%；难以被利用的洪水占 39.11%；地表水资源可利用量占 39.97%，比较适合生态环境的发展。松干流域平原地区地下水可利用量为 $4.00\times10^9m^3$，水资源可利用率为 59.99%。松干流域山丘地区地下水可利用量为 $1.83\times10^8m^3$，水资源可利用率为 60.00%（于宏兵和周启星，2013）。

1.2 松干流域社会经济概况

1.2.1 人口经济现状

根据 2015 年统计资料（表 1-2），松干流域总人口为 4904.3 万人，是松花江流域人口最多的区域。城镇化人口为 2338.1 万人，城镇化率为 47.67%，低于全国水平的 57.35%。其中，以鹤岗市和伊春市为首的城镇化率超过全国水平的城市有 5 个，同时形成了以哈尔滨市和长春市为中心的松干流域人口中心地带。通过人口情况可以推测，松干流域大多数居民仍然以农业为主进行谋生，生活水平低于全国平均水平。

表 1-2 2015 年松干流域人口和经济现状表

城市	人口（万）	城镇人口（万）	城镇化率（%）	地区生产总值（亿元）	城市	人口（万）	城镇人口（万）	城镇化率（%）	地区生产总值（亿元）
哈尔滨市	961.4	481.3	50.06	5 751.2	七台河市	83.1	51.9	62.45	212.7
齐齐哈尔市	549.4	196.5	35.77	1 270.3	牡丹江市	255	141.9	55.65	1 178.6
鹤岗市	105.6	86.6	82.01	265.6	黑河市	167.9	98.3	58.55	447.7
双鸭山市	147.4	95.8	64.99	433.3	绥化市	548.5	147.1	26.82	1 272.2
大庆市	277.5	145.7	52.50	2 983.5	长春市	753.8	358.2	47.52	5 530.0
伊春市	121.2	106.9	88.20	248.2	吉林市	426.2	223.1	52.35	2 394.2
佳木斯市	229.2	117.7	51.35	810.2	松原市	278.1	87.1	31.32	1 637.3

资料来源：黑龙江省人民政府，2015；吉林统计局和国家统计局吉林调查总队，2015

松干流域途经 14 个城市，地区生产总值达 24 435.0 亿元，人均为 49 823.6 元，低于中国人均生产总值 8016 美元(按 2015 年全年平均汇率约合人民币 50 251 元)，是 2006 年（15 688.3 元/人）的 3.18 倍。如前面所说，松干流域大多数居民从事第一产业，达 52.33%，但其产值只有 3665.3 亿元，人均第一产业产值 14 283.0 元，远低于全国平均水平。松干流域是我国重要的老工业基地，第二产业产值达 10 115.2 亿元，占总产值的 41.40%，相比于 2006 年的 45.71%显著降低。松干流域风景优美，历史悠久，所以其旅游服务业发达，第三产业产值达 10 654.5 亿元，占国民生产总值的 43.60%，相比于 2006 年的 40.71%有显著提高。从第二产业和第三产业来看，这主要是结构转型升级，使得松干流域老工业基地经济发展迎来新的春天。松干流域铁路和公路密度发达，著名的京哈铁路和京哈高速就途经这里，因此，形成了以哈尔滨市和长春市为核心的松干流域经济圈。

1.2.2 农业生产现状

松花江是中俄界河黑龙江右岸最大的支流，对整个东北地区的工农业生产、航运、人民生活产生了重要影响。松花江犹如东北人民的母亲河，这不仅因其流域面积宽广，也因其流域土壤肥沃、光热条件好，盛产大豆、玉米、高粱、小麦和水稻等而得名，并建立国家级粮食生产基地。松干流域第一产业产值比例虽然是逐年下降的，但是产值是逐年递增的，这也反映了松干流域产业结构强化的结果。松干流域第一产业产值和比例见表 1-3。从表 1-3 中可以看出，上游地区和中游地区更适合发展第一产业，产值远高于下游地区。

表 1-3 松干流域第一产业产值和比例

年份	项目	上游	中游	下游	总和
2000	产值（亿元）	191.87	152.08	81.6	425.55
	比例（%）	45.08	35.74	19.18	21.80*
2005	产值（亿元）	349.64	218.05	135.31	703.00
	比例（%）	49.73	31.02	19.25	21.46*
2010	产值（亿元）	552.34	437.81	319.69	1 309.84
	比例（%）	42.17	33.42	24.41	18.01*
2015	产值（亿元）	1 714.97	1 507.80	442.53	3 665.30
	比例（%）	46.79	41.14	12.07	15.00*

*数据分别代表占当年 GDP 的百分比

（1）种植业

松干流域2015年总播种面积为1429万hm^2，农田有效灌溉面积为422万hm^2，农田有效灌溉面积比例为24.58%，由于其独特的土壤保水条件，松干流域成了中国主要的水稻产地。除此以外，这里也种植了玉米、小麦、大豆和薯类等其他作物。松干流域粮食产量达 8502.7 万 t，人均粮食产量为 1.73t，总产值达 6248.7 亿元。松干流域采取传统的种植方式，当地农民习惯大量施用化肥，从而造成了严重的面源污染。2015 年农业施用氮肥折纯量为 1.10×10^7t，磷肥折纯量为 0.48×10^6t，钾肥折纯量为 0.52×10^6t，复合肥折纯量为 0.97×10^6t。过度地施用肥料，虽可提高部分产量，但造成的水体污染所需要付出的代价远超过了其带来的经济效益。例如，从表 1-4 中可以看出，哈尔滨市通过施用大量的肥料获得了较高的粮食产量，创造了较大的产值。然而，这些肥料的施用会降低土壤肥力，如果今后仍然继续大量施用肥料，会破坏这一地区良好的农业生态系统，造成恶性循环。

表 1-4 松干流域各地区种植业情况表

城市	播种面积（万 hm^2）	有效灌溉面积（万 hm^2）	粮食产量（万 t）	N（t）	P（t）	K（t）	复合肥（t）	产值（亿元）
哈尔滨市	203.8	74.6	1 443.7	165 733	70 033	72 845	158 269	1 255.8
齐齐哈尔市	229.4	67.5	1 178.9	107 535	56 452	34 851	107 017	578.9
鹤岗市	20.4	14.5	103.9	14 144	9 787	7 199	12 470	54.2
双鸭山市	41.1	9.7	277.9	22 175	10 606	9 408	26 166	137.5
大庆市	75.2	46.2	537.9	52 058	18 775	9 965	51 634	404.6
伊春市	24.0	4.9	77.4	6 205	8 048	3 756	6 971	165.2
佳木斯市	112.6	45.9	710.6	80 387	53 468	31 973	71 940	426.4
七台河市	17.8	2.0	94.1	17 240	7 368	4 190	2 317	50.5
牡丹江市	64.6	9.2	279.3	28 902	11 855	11 570	35 349	379.5
黑河市	126.1	8.4	336.3	30 104	31 744	15 191	58 592	264.5
绥化市	190.6	52.0	1 346.1	119 870	76 331	42 573	122 862	893.3
长春市	133.4	25.1	955.7	200 676	49 364	114 168	134 024	649.6
吉林市	67.6	16.0	423.0	99 102	19 925	71 319	98 487	488.9
松原市	122.4	46.0	737.9	158 173	55 162	88 032	85 367	499.8

（2）养殖业

松干流域饲养了许多大型牲畜，一方面可以作为劳动力用于耕作，另一方面也可以作为肉类或通过产奶来获得收益，如牛、马、驴和骡等；同时也饲养了猪与羊等肉类牲畜和鸡与鸭等禽类。截至 2015 年底，松干流域有大型牲畜 1147.6 万头、猪 2279.3 万头、羊 1269.0 万只、家禽 2.83 亿只（表 1-5）。哈尔滨市、齐齐哈尔市、绥化市和长春市是松干流域养殖业比较发达的地区。当前，国家正在调整农业产业结构，松干流域畜禽养殖的发展必将稳步提升，有利于打造东北绿色养殖新产业。

表 1-5 松干流域各地区养殖业情况表

城市	大型牲畜（万头）	猪（万头）	羊（万只）	家禽（万只）	产值（亿元）
哈尔滨市	215.6	372.3	78.6	6 284.5	700.6
齐齐哈尔市	149.6	297.5	283.2	2 480.2	331.8
鹤岗市	1.7	32.5	4.7	133.9	36.1
双鸭山市	9.3	81.5	36.1	409.7	86.0
大庆市	59.8	143.0	133.0	1 600.5	170.4
伊春市	2.3	38.1	17.8	715.4	93.7
佳木斯市	67.7	283.0	95.5	1 301.4	274.4

续表

城市	大型牲畜（万头）	猪（万头）	羊（万只）	家禽（万只）	产值（亿元）
七台河市	4.4	25.4	16.3	254.6	25.6
牡丹江市	43.0	116.2	50.5	720.9	290.0
黑河市	60.7	81.3	103.3	256.4	201.0
绥化市	205.5	470.2	200.9	5 757.2	465.3
长春市	219.2	385.4	59.5	4 178.4	321.4
吉林市	56.1	180.0	14.1	2 196.9	250.9
松原市	52.7	145.2	175.5	2 030.3	306.9

（3）渔业、林业和牧业

松干流域盛产各类水产品，有鱼、虾、蟹和贝等。根据 2015 年数据（表 1-6），松干流域各类水产品总产量达 7.55×10^5t，渔业产值达 111.2 亿元。分布在松干流域黑土地上的森林草原主要是由樟子松、油松、山杨、野古草和早熟禾等组成。这为松干流域林业和牧业的发展奠定了基础。根据 2015 年数据（表 1-6），松干流域林业总产值达 136.2 亿元；牧业总产值达 2344.2 亿元。合理的结构调整和国家政策的支持鼓励使得松干流域的渔业、林业和牧业得到了极大的发展，同时也有利于松干流域将自身优势转化为实际效益。

表 1-6　松干流域各地区渔业、林业、牧业情况表

城市	水产品产量（t）	渔业产值（亿元）	林业产值（亿元）	牧业产值（亿元）
哈尔滨市	103 170	21.6	30.9	477.4
齐齐哈尔市	63 406	10.0	6.8	228.1
鹤岗市	57 545	1.8	2.3	13.1
双鸭山市	40 494	2.2	3.4	45.2
大庆市	7 187	12.3	3.6	217.0
伊春市	10 480	0.5	29.0	41.5
佳木斯市	84 221	14.3	6.0	130.9
七台河市	3 522	0.6	3.4	18.9
牡丹江市	4 745	3.2	3.1	71.7
黑河市	133 074	3.1	19.3	36.4
绥化市	14 192	18.1	7.0	398.3
吉林市	91 235	5.5	3.5	302.1
长春市	81 976	8.8	12.4	196.4
松原市	59 884	9.2	5.5	167.2

（4）现代农业机械

众所周知，科学技术是第一生产力，松干流域农林牧渔业的发展离不开农业机械的应用。根据 2015 年数据（表 1-7），松干流域农业机械总动力达 5879 万 kW，其中，哈尔滨市达 1024.5 万 kW，是松干流域使用农业机械动力最多的城市。此外，松干流域还有大中型农用拖拉机 1 096 029 台、小型拖拉机 789 538 台、大中型机引农具 1 453 865 台、农用排灌动力机械 889 309 台、联合收割机 104 628 台。农业机械的普遍应用使得松干流域提升了生产力和竞争力。政府应鼓励建立各种农机专业合作社、农机专业协会和农机服务队等新型农机服务组织，推进农机标准化作业，产业化经营和社会化服务，为农业机械化的贯彻执行做出自己的努力。

表 1-7　松干流域各地区现代农业机械情况表

城市	农业机械总动力（万 kW）	大中型农用拖拉机（台）	小型拖拉机（台）	大中型机引农具（台）	农用排灌动力机械（台）	联合收割机（台）
哈尔滨市	1 024.5	142 667	202 259	163 944	197 594	18 660
齐齐哈尔市	813.8	194 652	97 266	230 546	173 772	14 053
鹤岗市	107.7	19 411	5 627	39 459	23 497	3 320
双鸭山市	185.9	50 828	12 854	72 558	12 601	2 816
大庆市	336.3	75 757	59 679	77 504	68 318	3 521
伊春市	80.3	17 801	8 044	15 185	9 472	870
佳木斯市	423.3	95 798	20 882	123 190	44 848	9 862
七台河市	68.8	11 640	6 242	12 983	4 307	1 184
牡丹江市	277.7	59 413	55 277	68 963	34 346	2 834
黑河市	285.3	52 356	35 577	65 399	5 985	3 039
绥化市	571.4	105 909	65 100	181 957	102 022	10 914
长春市	654	126 420	74 678	179 419	79 821	13 274
吉林市	385	19 466	19 284	21 039	64 849	6 583
松原市	665	123 911	126 769	201 719	67 877	13 698

松干流域通过调整产业结构，逐步实现粮食增产、质量提升和现代化生产。但在实际农业生产中，依然有很多不足，如肥料农药的滥用、种植技术粗糙及不能与环境协调统一等问题。所以，在今后的农业生产中要尽量避免和弥补之前留下的漏洞，为实现松干流域可持续发展打下坚定的基础。

第 2 章　松干流域坡耕地不同种植模式对土壤氮磷的影响

2.1 引　言

东北黑土区是我国重要的商品粮生产基地，土壤肥沃，农业利用强度大，黑土地的质量问题，直接关系我国粮食数量保障和粮食安全。如今，随着东北黑土地利用强度的增大，加之农民掠夺式的耕种方式，黑土地土壤退化严重，已经引起广泛的关注。通过各种农艺措施，扭转黑土地质量下降的趋势，推广新的土壤养分扩容技术已经成为现阶段农业科研人员不容忽视的研究内容。

黑土是一种性状好、肥力高，非常适合植物生长的土壤，是最为珍贵的土地资源，是大自然得天独厚的馈赠。全球仅有三大块黑土地，我国占有其中一块，主要分布于松辽流域，北起北安市、南至四平市、东达三江平原和兴凯湖平原的边缘，西与松辽平原的钙层土和盐渍土接壤，面积约为 102 万 km^2，是我国重要的商品粮生产基地，自古就有“谷物仓库”之称（张学俭和武龙甫，2007）。黑土地地处温带半湿润地区，气候条件为温带亚湿润季风气候区，四季分明，降水集中，雨热同季。土地集中连片，地形大都是受到不同程度切割的山前洪积平原，主要是波状起伏的坡岗地。黑土区是我国粮食生产的核心区域（刘兴土等，1998），其土壤肥沃，气候适宜，垦殖率高达 70%以上，黑土的原始植被多为草甸草原，土壤肥力高，腐殖质层深厚；团粒结构好，疏松多孔，蓄水性较强，开垦为农田后，原有的天然植物群落与土壤之间的物质循环发生改变。

虽然黑土开垦年限不长，但土壤已逐渐达到了新的生态平衡状态，由于缺乏保护和可持续利用的意识，人类对其活动强度远超过了黑土地的再生能力，过度开垦和掠夺式经营使土壤侵蚀日益严重。再加上工业化和城市化的非农用地扩张，黑土资源数量不断减少，质量持续下降。黑土区由于耕作措施不当及水土流失等问题，出现不同程度的土壤退化，其中，坡岗地最容易发生土壤侵蚀而导致水土流失（Xu et al.，2010）。影响土壤侵蚀的因素很多，如降水、土壤可蚀性、植物覆盖度、地形因子（坡度和坡长）、土地管理及人为活动等。寻找缓解土壤退化和水土流失的黑土地使用方式，优化耕作制度成为现今农业科研人员面临的重大课题。

根据水利部第三次遥感调查，我国黑土区流失土壤量达 2.4 亿 t/a，流失的氮磷钾养分折合成化肥达 500 万标准吨，表层土壤大量流失已经对我国黑土区土壤质量构成严重威胁，并对我国粮食安全的保障存在隐患（张孝存等，2013）。不合理的人类活动、政策导向是导致黑土水土流失动态变异的主要诱导因素（王平和孙涛，2013）。目前沟道侵蚀已经成为黑土区土壤侵蚀的重要形态，侵蚀沟道广泛分布于黑土区（吴海生和隋媛媛，2013）。沟道侵蚀侵吞耕地，剥蚀土壤表面，减少耕地面积，破坏土壤结构，降低土壤肥力和粮食生产能力，直接影响农村的经济发展、农民的收入来源，减慢社会经济的发展速度（刘兴土和阎百兴，2009）。侵蚀沟的发展使原本接连成片的耕地变得支离破碎，大型农机具无法直接使用；延长河道源头，增加河道来水量，增加河道防洪压力；威胁道路两边居民居住地安全，影响人们的正常生产，提高人们生活成本，降低生活质量；侵蚀沟的发展对经济社会发展还会造成其他的间接影响（王念忠和沈波，2011）。对东北黑土区漫川漫岗区侵蚀沟的各项研究是当前农业生产和水土保持工作中亟待解决的问题之一。水土流失造成表层黑土每年以 0.3～1.0cm 的速度递减，平均土层厚度已由 20 世纪 50 年代的 60～70cm 下降至目前的 20～30cm。严重的水土流失给黑土带的农业生产生态环境和农业经济发展带来了极大的危害，土地承载力有所降低，土壤结构恶化，生产力下降，粮食产量低而不稳（刘春和郑贵廷，2013）。

除土壤侵蚀以外，土壤有机质和团聚体的流失也属于我国东北黑土区土壤退化的表现形式。随着水土流失和用养失调，黑土的有机质含量也明显下降。土地人为翻耕后，土壤环境条件逐渐被改变，造成有机质合成和分解失去平衡，有机质因分解速度大于合成速度，导致土壤中有机质含量呈下降趋势，土壤结构紧实，保水和保肥能力减弱，养分储量和保肥性相对下降，团聚体比例降低。同时，黑土已由原来的碳“汇”变成了碳“源”，对全球气候变化将产生深远的影响（苑亚茹，2013）。而且地力下降，直接影响农作物的产量，降低农民的收入。为保障粮食产量不得不大量施用化肥来提高产量，不仅增加了农民的投入，而且无形中土壤肥力更加恶化，大量的化肥随雨水流入河流，使水体富营养化。单方面追求产量而不综合考虑环境因素，严重影响土地利用的可持续发展，因而对面源污染的控制已经成为当今亟须解决的农业问题之一（Gao et al.，2006）。

东北黑土区水土流失综合防治工程是改善生态环境、保护有限的黑土资源、促进农林牧渔业可持续发展的要求，是提高人民生活水平和社会经济全面发展，造福子孙的宏伟工程（宋怡馨，2013）。黑土地正在面临着巨大的挑战，寻找合理有效的黑土地治理方案、控制水土流失、合理进行作物布局、改善土地现状、保证黑土地的可持续发展是我们面临的艰巨任务，不容忽视，迫在眉睫。掌握黑土区生态环境状态，研究黑土退化的时空演化规律、演变趋势，探索黑土退化的驱动因素，提出防止黑土退化、水土流失和增加黑土有机质含量的有效工程措施和对黑土进行保护性开发的相关政策和措施，是当前治理黑土水土流失和肥力下降等突出问题的必要措施。

2.2 国内外研究进展

中国的农作物秸秆资源非常丰富，产出量居世界首位，目前秸秆总产出量已超过 7 亿 t，占全世界的 20%～30%（季陆鹰等，2012；Jiang et al.，2001），其中，玉米秸秆产量最大，占秸秆总量的 77.2%（高利伟等，2009）。农业生产过程中大量秸秆被焚烧，造成了营养元素的流失和严重的环境污染，鉴于其危害性强，国外发达国家并不支持这样的做法（Wrest park history contributors，2009）。秸秆还田作为秸秆利用的一种重要且有效的方式，既可以避免资源的过度浪费和焚烧秸秆带来的环境问题，同时秸秆还田对土壤的持续生产有重要的影响，秸秆蕴含有大量的氮、磷、钾和中、微量元素等矿质养分，还可补充土壤有机质的消耗（Kumar and Goh，1999），秸秆分解后养分得到释放并能改善土壤性状（Hulugalle et al.，1986）。国内外许多学者在秸秆还田与耕作方式对作物产量及品质、土壤特性、养分特性（Eagle et al.，2000）以及农业生态系统的影响等方面开展了广泛的研究（Głąb and Kulig，2008），以期从源头控制农业面源污染，并为我国农田生态环境安全和农业生产可持续发展提供试验依据。

2.2.1 秸秆还田对水土流失影响

农业面源污染已经成为影响水资源污染的最重要来源，氮和磷等营养物质通过农田地表径流、农田退水及下渗等方式进入水体，引起水体污染，使面源污染问题更加突出。因此，农田养分径流损失方面已经成为环境学者目前研究的热点问题（Shigaki et al.，2007）。秸秆还田技术是当今世界范畴内改善农田生态环境，发展现代农业、旱作农业的重大措施，是节水农业的重要环节，也是保障粮食数量、质量安全和农业可持续发展的有效手段。秸秆还田可以减少资源的浪费和秸秆直接焚烧带来的环境污染，还可以提高土壤地力，改善土壤结构，减少因秸秆燃烧引发的社会问题（Streets，2006；Bijay-Singh et al.，2008；Yang et al.，2008）。

我国东北地区上层土壤腐殖质高，土质疏松，降水集中，导致水土流失严重和土地生产力下降（Filho et al.，1991）。秸秆还田处理能提高土壤水分利用效率，在较为干旱的年份尤为明显地增强了土壤水库的扩蓄增容能力（路文涛等，2011）。研究表明，湖泊 50%以上的氮及 30%以上的磷来自农业面源污染，如太湖农业源含氮量占入湖总氮量的 77%，磷占 33.4%，农田氮磷流失对太湖水质恶化的贡献尤为突出（朱利群等，2012；Yan et al.，2001）。稻田的渗漏水带走大量的营养元素（Zhang et al.，2011a），渗漏水的排放不仅造成土壤养分的流失，同时流入水系，造成区域水体富营养化。刘红江等（2012）研究表明，秸秆还田能够有效降低稻麦两熟农田地表径流养分流失量。采用小麦秸秆还田技术可以使自然降水的蓄水率由传统耕作方式的 25%～35%提高至 50%～65%（杨滨娟等，2012），提高了田间水的利用效率（Kasperbauer，1999）。孙建等（2010）研究表明，秸秆覆盖可使地表水径流量、土壤流失量分别减少 21.9%、88.3%，增加了径流与表层土壤的相互作用（Castillo et al.，1997）。在巢湖流域玉米秸秆覆盖小区，总产流量和产沙量比传统耕作小区分别减少 30.47%和 22.88%，随地表径流迁移的氮磷元素流失量也分别降低了 27.42%和 32.29%（王静等，2010）。秸秆覆盖能够减少坡耕地径流次数、径流量、土壤侵蚀量，且随着覆盖年份与覆盖量增加，保水保土效果更明显。Acharya 等（1998）研究表明，秸秆覆盖有利于小麦生长，维持土壤结构良好，使其根系密度可达传统耕作模式的 1.27～1.40 倍，减少因径流携带的土壤颗粒。Wang 等（2011）发现，秸秆还田有利于细根的生长，能有效利用较深层次的土壤水分，减轻上层土壤水分的胁迫。在坡岗地试验研究中，8 度横垄玉米在秸秆还田条件下，4 场降水中的径流量比传统耕作分别减少了 13.2%、18.0%、32.1%、57.6%，而 5 度横垄秸秆还田则分别减少了 55.9%、32.5%、42.9%、88.2%，表明坡岗地中秸秆还田可以减少坡面径流产生，各处理可大大提高产流量的减少幅度（许晓鸿等，2014）。同时关于东北黑土区坡耕地的留茬，轮作和秸秆还田与传统耕作方式对比，径流量减少 36.4%～66.7%，泥沙量减少 75.2%～86.4%，其中，秸秆还田耕作措施控制土壤水土流失效果最显著（许晓鸿等，2013）。

2.2.2 秸秆还田对土壤中氮素淋失的影响

氮素是地球上生物的重要生源要素，长期以来，人类一直从生物圈生态发展和满足人类食物需求的角度加以研究和利用。土壤中养分平衡率超过 20%就可能对环境造成威胁（Choudhury and Kennedy，2005），我国氮素盈余率平均值已经接近 20%，已经对生态环境构成威胁。施入土壤中的氮素，往往通过氮挥发、硝化和反硝化作用、淋溶和径流流失等（Gollany et al.，2004；Li et al.，2007）方式从农田生态系统中消耗。近年来，国内外科研人员越来越重视用豆科植物作为绿肥肥田，因为其碳氮比较低，还田后在土壤中能迅速被微生物分解转化成无机氮，提高土壤氮矿化率和速效氮的释放量，能为当季作物提供有效氮素（Groffman et al.，1987）。戴志刚等（2012）的研究表明，不同耕作模式下秸秆还田对土壤全氮含量影响较小，主要原因是秸秆中含氮量较少且以有机态存在，不利于转化为土壤全氮。研究表明，连续秸秆还田同时配施氮肥有利于提高土壤硝态氮的含量（汪军等，2010a），因为秸秆单独还田会导致土壤碳氮比较大，造成碳氮失衡（Kumar and Goh，2003）。我国北方旱地土壤氮素的年淋失量为 4%～19%（Zhu and Chen，2002），其中，硝态氮和铵态氮是氮素流失的主要形态（Udawatta et al.，2006），同时受降水和地形影响（Cao et al.，2003），大多随径流流失。赵伟等（2012）也有研究表明，秸秆直接还田处理和腐解还田处理，土壤的可溶性有机氮含量分别低于常规种植方式的 5.69%和无秸秆处理条件下的 12.66%。小麦秸秆还田后，种植夏玉米和夏大豆，较未还田处理碱解氮分别增加 11.38mg/kg 和 2.28mg/kg（李昌珍等，2013）。张彬等（2010）的研究表明，玉米秸秆还田量为 5000kg/hm^2，能显著增加土壤中的碱解氮。稻麦两季作物，水稻全部秸秆还田，碱解氮净增 25.5mg/kg（洪春来等，2003）。连续 9 年秸秆还田条件下，土壤全氮的增加幅度仅次于土壤有机质，还田一定年限后，对土壤全氮补偿效应显著（慕平等，2012）。在小麦和玉米均秸秆还田的施肥和不施肥处理比较试验中，农田土壤全氮分别降低 3.2%和 5.5%，降低幅度较不还田处理的 9.4%和 9.0%小很多，仅单季作物秸秆还田并施肥相对较低，单独施肥或单独秸秆还田不能满足作物后期生长的需要，无施肥也无秸秆还田的表现比较显著，在整个作物生长季均较低（王磊等，2012）。王小彬等（2002）测得秸秆还田较未还田处理的肥料氮利用率提高约 7 个百分点。Kaewpradit 等（2009）研究发现，花生残留物和秸秆混合能延长氮素释放时间，长期保持养分有效性，提高土壤供应有效氮和作物对氮需求的同步性。秸秆还田能提升土壤有机质含量和质量、增加速效养分含量和土壤氮素有效性等，对制约农业生产力发展因素有一定的改善作用（潘剑玲，2013）。

秸秆直接还田可避免氮素挥发损失的发生，增加作物对氮素的吸收，提高作物的氮素吸收效率（Takahashi et al.，2003），增加土壤中微生物有效碳含量，极大地刺激了土壤微生物的活动（Recous et al.，1999），能有效地增加土壤微生物量氮的含量。在不同耕作条件下，水稻秸秆不还田翻耕、旋耕、免耕的总氮径流流失量分别为 6.78kg/hm^2、8.50kg/hm^2、11.09kg/hm^2；秸秆还田条件下，翻耕、旋耕、免耕的总氮径流流失量分别为 4.82kg/hm^2、6.44kg/hm^2、8.87kg/hm^2，能有效减少稻田氮素养分径流流失总量和流失率，秸秆还田的措施会增加早稻耕作初期的硝态氮的淋失量（朱利群等，2012）。玉米秸秆含有大量的化学能，是土壤微生物生命活动的能源，土壤微生物量氮是土壤氮素养分转化和循环研究中的重要参数，秸秆还田为微生物提供了碳源和能源，增加了脱氮微生物的活性和数量

(Baudoin et al.，2009)。从整个生育期水平来看，秸秆还田土壤微生物量氮高出常规栽培的 3 倍，在灌浆期表现出比较高的水平，直接还田处理和腐解还田处理的土壤可溶性有机氮含量均低于对照处理，分别低 5.69%和 12.66%(赵伟等，2012)。在秸秆还田过程中，微生物长期和作物幼苗争夺土壤速效氮，而在矿化之后才能释放速效养分（Chaves et al.，2006）。成熟小麦秸秆还田可促进秸秆碳的矿化，使微生物活性增强，显著增加土壤中矿化氮含量（Henriksen and Breland，1999）。作物秸秆还田是将作物积累于秸秆中留存的养分物质再次回归土壤，促进土壤养分补充和循环，并希望通过氮素净矿化作用提高土壤氮素有效性，增加作物生长过程中土壤氮素供应能力（Tosti et al.，2012）和供氮的潜力。秸秆直接还田的潜力很大，已经成为我国沃土工程和丰收计划的重要内容，要切实采取政策和农业措施加快技术推广步伐（申源源和陈宏，2009）。

2.2.3 秸秆还田对土壤中磷素淋失的影响

磷是植物生长发育所必需的三大营养元素之一，也是引起水体富营养化的关键元素（Gburek et al.，2000）。近几十年来，由于高量施用磷肥导致土壤磷素累积甚至迁移，农田生态系统磷素流失的现象越来越严重。一般 90%的磷素流失来源于流域中 5%的耕地面积，集中在一两次暴雨之间（Tunney et al.，1997）。虽然土壤磷素水平的提高是增加旱坡地磷素流失潜能的重要前提，但是坡地土壤磷素的流失还与坡度植被覆盖度及降水等因素有密切的关系(崔力拓和李志伟，2008)。在施用磷肥的季节，地表径流夹带的悬浮颗粒的磷素水平与施磷水平密切相关(戴照福等，2006)。磷肥施入土壤以后，其有效性会发生衰减（Samadi and Gilkes，1999)，同时坡地土壤还存在流失的可能，影响作物的生长，也可能造成水资源的污染。稻田土壤中促进磷素迁移的水载体含量丰富，并且在淹水条件下，土壤对磷素的固定能力降低，提高了磷素的溶解活性，磷素流失现象更加明显（单艳红等，2005）。据报道，有机质含量高、表层土壤速效磷比例高、频繁耕作都是引起土壤磷素大量淋洗的主要原因（王艳丽等，2012）。国外土壤磷素流失的研究主要集中在旱地和草地，国内对水田土壤磷素流失的研究也只处于探索阶段，对水田土壤磷素流失特征和评价缺乏系统研究（李学平和邹美玲，2010）。

秸秆还田对保持土壤磷素有重要的意义。秸秆还田对有效磷的影响变化随季节变化明显，夏季呈下降趋势，而冬季呈上升趋势。磷肥的盈余率高达 77.06%，但是磷素的后效较高（Zhao et al.，2009），容易被土壤固定，具有为作物提供磷营养的潜力。秸秆还田对土壤中氮、磷和钾等元素及微生物群落的影响很明显（Sasal et al.，2006）。旱地玉米秸秆还田不仅增加了土壤全氮的含量，也使有效磷幅度增加了 50.9%～498%，以粉碎秸秆量 1600kg/667m^2 最为显著（徐萌等，2012），为玉米提供了良好的土壤生长环境。秸秆还田受还田年限影响较大，短期还田时，土壤中磷素不会发生明显的变化，大量研究表明，长期秸秆还田能明显地增加土壤中的速效磷和全磷的含量（Norwood，1999）。也有研究表明，秸秆还田使土壤中全磷、速效磷有所减少，因为秸秆中 60%的磷呈离子态，释放快，但含量低，故释放量少（戴志刚等，2010）。稻田的秸秆还田较常规耕作模式下的磷素径流流失负荷平均减少了 12.05%，降低稻田磷素流失风险（王静等，2013）。稻麦两熟条件下，秸秆还田地表径流磷素流失量为 1.1kg/hm^2，显著低于常规耕作磷素流失量（1.3kg/hm^2）（刘红江等，2012）。在冬小麦夏玉米的种植过程中，秸秆还田能有效增加土壤中速效磷的含量（叶丽丽等，2010），其中，对土壤磷素的突出作用体现在 0～20cm 土层，同时对 20～40cm 土层的有效磷的储备也具有一定的积极作用。秸秆还田使土壤流失更难，降低降水条件下泥沙带走的全磷含量，实验数据表明，玉米秸秆还田、优化施肥与非秸秆还田相比，全磷含量提高了 25%，速效磷含量提高了 14.89%，而同时氮磷肥减少 20%的处理土壤的全磷含量提高了 13.9%，速效磷含量提高了 8.77%，流失的土壤中全磷含量变化趋势与速效磷含量变化相同（程燕，2013），能增加有效磷的含量，易被作物吸收（Cheng et al.，2013）。秸秆还田合理配施氮肥，可以降低农田养分流失，减少其对地下水污染的威胁，降低磷的淋失风险（汪军等，2010b）。

2.2.4 秸秆还田对土壤有机质的影响

有机质是土壤养分的重要载体，很多研究表明，秸秆还田能增加土壤中的养分含量，尤其能显著增加土壤总有机碳含量（刘定辉等，2008），可以显著增强土壤固碳效应，间接缓解了土壤质量下降的趋势（张四伟等，2012）。少免耕耕作条件下，减少对耕层的扰动，有利于土壤易氧化有机碳的积累，有利于土壤保水，减缓土壤有机质的分解作用（戴志刚等，2012）。随着秸秆还田年限的增长，秸秆还田对土壤理化性质的优化作用越来越明显（慕平等，2011）。很多研究也表明，立茬少耕处理能促进土壤中有机质的富集，减少有机质消耗。

2.3 材料与方法

2.3.1 试验区概况

试验地地处温带大陆性半湿润气候区，位于黑龙江省哈尔滨市方正县德善乡史皮铺村（45.796° N，128.865° E），日照充足，四季分明，冬长夏短，光热资源比较丰富。年平均温度在 3℃左右，年最低温度为-35℃，年最高温度为 34℃，无霜期为 110～145d。大于 10℃的有效积温为 2600～2700℃，年日照时数为 2500～2700h，多年平均降水量一般在 556mm，主要集中在 6～8 月。试验地长年种植玉米，播前旋耕。试验前耕层土壤的主要理化性质见表 2-1，土壤耕层厚度如图 2-1 所示。

表 2-1 试验前耕层土壤的主要理化性质

土层（cm）	容重（g/cm^3）	有机质（g/kg）	全氮（g/kg）	全磷（g/kg）	pH	速效磷（mg/kg）	土壤水分（%）
0～10	1.41	19.81	2.82	0.83	5.70	62.5	12.7
10～20	1.46	17.44	2.19	0.68	6.10	46.3	14.3
20～30	1.50	7.39	1.04	0.42	6.05	13.2	13.5

图 2-1 土壤耕层厚度

2.3.2 试验设计

秸秆还田试验开始于 2014 年，共设置 5 个处理，即玉米立茬少免耕+横垄（CN）、苜蓿粉碎还田+横垄（MR）、玉米秸秆粉碎还田+横垄（CR）、大豆秸秆粉碎还田+横垄（SR）、玉米常规种植+顺垄（CK）。每个处理 3 次重复，完全随机区组排列。小区面积为 4m×8m，试验地坡度为 8°～10°。每年 4 月 28 日播种，播种前进行旋耕，施入心连心复合肥为底肥，N、P_2O_5、K_2O 的养分含量分别为

17%、17%、17%，施肥量为 500kg/hm^2，占总施肥量的 71.4%，6 月 18 日追肥，追肥为尿素，含氮量为 46.4%，施肥量为 200kg/hm^2，占总施肥量的 28.6%，10 月 19 日收获。对不同作物秸秆进行还田，秸秆粉碎长度为 3～5cm，采用手动铡切的方式。各个处理采取相同的田间管理方式，小区间用彩钢板隔开，隔离带高度大于等于垄高，高出地面 25cm。

2.3.3 研究材料、方法及技术路线

（1）样品采集与处理

供试土壤采自黑龙江省哈尔滨市方正县试验田，土壤类型为黑土。在作物生长季节，按照时间顺序每月采样一次，作物生育期内尽量考虑与主要生育期吻合或接近，采集不同试验小区内 0～10cm、10～20cm、20～30cm 的土层土壤，采样方法采用相同的标准和方式，去除土壤表面的凋落物然后用土钻进行采集。每个小区随机取 3 个点，每个点取 3 层，相同土层进行混匀，分成两份，一份为新鲜土样，放入 4℃冰箱进行保存并及时进行鲜土测定指标的测定；另一份进行自然风干后磨土并过筛，用于测定土壤养分含量。

（2）技术路线图

本研究技术路线如图 2-2 所示，研究所用的径流装置如图 2-3 所示。

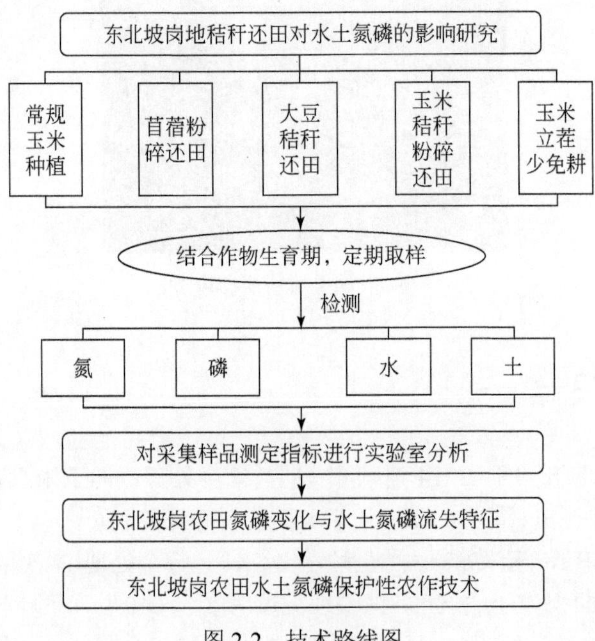

图 2-2　技术路线图

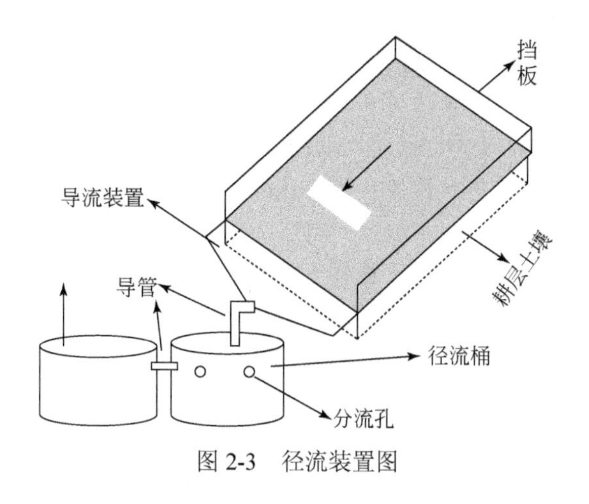

图 2-3 径流装置图

2.3.4 研究内容与方法

（1）研究内容

1）不同作物秸秆还田条件下的农田土壤氮磷变化特征研究。在坡岗农田开展玉米、大豆与苜蓿三种作物秸秆还田的定位试验，在作物不同生育期，测定土壤0～10cm、10～20cm 和 20～30cm 三个土层氮磷及其主要化学形态的量变化，揭示不同作物秸秆还田条件下的土壤氮磷变化特征，为东北坡岗农田土壤氮磷保育提供科学依据。

2）不同作物秸秆还田条件下的农田水土氮磷流失特征研究。在坡岗农田开展玉米、大豆与苜蓿三种作物秸秆还田的定位试验，在作物不同生育期，采用坡地径流采集设施，收集并测定不同试验小区的水土流失数量及其氮磷的数量与主要化学形态，结合不同土壤耕作措施分析，揭示不同作物秸秆还田条件下的农田水土氮磷流失特征，为东北坡岗农田的水土氮磷保持提供科学依据。

（2）检测内容与方法

1）土壤含水量：采用烘干法测定。将 10g 左右的新鲜土样放入已知重量的铝盒中称重，随即放入 105℃的烘箱内烘 6～8h 至恒重。

2）土壤硝态氮、铵态氮含量：使用 0.01mol/L 的 $CaCl_2$ 浸提，用 AA3 连续流动分析仪进行测定。浸提，称取新鲜土样 12.00g，加入 100mL 0.01mol/L 的 $CaCl_2$，震荡 60min 后过滤，取 10mL 上清液，采用流动分析进行测定。

3）土壤有机质含量：风干土，过 100 目筛，采用重铬酸钾容量法—外加热法进行测定。

4）土壤碱解氮含量：风干土，过 2mm 筛，采用氢氧化钠—硼酸碱解扩散法。

5）土壤全氮含量：风干土，过 100 目筛，半微量开氏法。

6）土壤全磷含量：风干土，过 100 目筛，采用 NaOH 熔融—钼锑抗比色法。

7）土壤速效磷含量：风干土，过 2mm 筛，0.5mol/L 的 $NaHCO_3$ 浸提—钼锑抗比色法。

8）玉米产量：测定千粒重、穗粒数，进行产量估算。

9）大豆产量：测定每个小区的单产，然后折算公顷产量。

10）苜蓿产草量：取 $4m^2$ 样方进行干草的测定，取 3 个小区平均值折算为公顷产量。

11）径流水量：试验期间，记录试验区域降水气象资料。每次自然降水产生径流后，及时采用多点法测定地表径流池的径流水深度，根据径流池面积计算地表径流量。

12）径流泥沙量：采用全年径流流沙量的一次性测定，并进行土壤中速效养分的测定。

13）水中总氮、总磷含量：碱性过硫酸钾消解紫外分光光度法。

具体测定方法与过程严格按照土壤测定的国家标准方法进行。

（3）数据统计与分析

实验数据采用 Microsoft Excel 2007 软件进行整理统计，并使用 SAS 9.2 统计软件进行各项指标差异显著性分析。

2.4 东北坡耕地农作物秸秆还田对土壤氮磷的影响

秸秆含有丰富的养分，但是现在对秸秆并没有达到充分的合理利用，不仅造成资源的浪费，也可能造成一定的环境污染（崔明等，2008）。自 20 世纪 90 年代以来，发达国家已经注重秸秆还田田间试验研究，并针对不同耕作方式对耕层土壤有机质动态变化进行长期跟踪监测（Tan et al.，2006）。秸秆还田方式有很多种，很多学者就秸秆还田对土壤养分含量的影响有不同的研究结果，其还田结果受土壤温度、秸秆还田量、粉碎程度、土壤微生物和土壤水分等多种因素的影响（王同朝等，2006）。秸秆还田对维持土壤肥力，尤其是维持坡地农田的营养元素有重要的作用（Cruse and Herndl，2009；Lal，2009）。秸秆中含有大量的氮、磷、钾等营养元素，秸秆还田能使养分再次回归土壤，使土壤养分显著增加（Hundal et al.，1988）。土壤中的氮素大部分呈有机结合态，无机态氮素含量一般不超过 5%（王磊等，2012）。国内外学者越来越重视豆科作物秸秆肥田，添加豆科作物秸秆能提高土壤中氮素的释放量，为当季作物提供有效氮素（Groffman et al，1987）。东北地区秸秆在改善土壤理化性状中的应用较少，本试验通过不同作物粉碎还田研究对土壤速效养分含量的影响，以及对土壤养分流失的作用，为寻找合理的土壤改良技术提供科学依据。

土壤耕作方式在农业的发展中占有重要的地位。为了减少土壤侵蚀和径流所带走的养分含量，尤其是土壤中速效养分的流失，目前采取的利于水土保持的耕作方式有很多，立茬少免耕方式是其中一种应用较多的保护性耕作方式。立茬少免耕能通过改善土壤的孔隙度、土壤入渗、土壤物理性质，减少地表径流带走土壤颗粒的可能性，有效控制农药化肥的流失，从而达到保水、保土、保肥的作用（王燕等，2008）。少免耕在我国已得到广泛应用，能有效减少土壤中养分的流失，保护性耕作使大田土壤环境形成一种特殊性，故而土壤养分的变化也会因为土壤环境的变化而产生特殊的变化规律。为此，本研究以黑龙江省哈尔滨市方正县坡岗地为研究对象，开展耕作措施对坡岗地土壤养分的影响研究，以期为黑土区坡岗地农业减少养分流失提供理论依据。

2.4.1 秸秆还田对土壤中碱解氮的影响

2015年4～10月，各处理土壤中碱解氮含量的动态变化差异性情况见表2-2。在全年生长季，0～10cm、10～20cm、20～30cm土层的土壤碱解氮含量呈现逐渐降低趋势，在施肥后一个月略有上升，然后下降并趋于不变。

表2-2 2015年4～10月各处理土壤中碱解氮含量的动态变化 （单位：mg/kg）

土层深度	处理	4月	6月	7月	8月	9月	10月
0～10cm	CN	313.04a	208.87a	258.08b	123.82a	89.59ab	64.41c
	MR	308.68a	220.54a	240.63b	99.50b	81.42b	79.40b
	CR	325.20a	229.88a	307.70a	106.54ab	95.92ab	84.95ab
	SR	329.07a	247.95a	229.41b	95.61b	95.32ab	89.40ab
	CK	320.67a	263.61a	241.11b	109.04ab	108.71a	97.35a
10～20cm	CN	317.31a	146.98b	164.28b	74.93b	67.48b	54.04b
	MR	247.47b	172.91ab	198.54a	80.91b	78.04b	64.34b
	CR	213.58b	222.65a	202.56a	106.91a	85.01ab	84.01a

续表

土层深度	处理	4月	6月	7月	8月	9月	10月
10～20cm	SR	236.46b	206.08ab	209.52a	92.44ab	82.12ab	85.17a
	CK	315.36a	241.02a	208.40a	106.93a	98.75a	89.17a
20～30cm	CN	209.88a	70.92c	92.50c	60.14ab	32.56c	29.50dc
	MR	133.72c	88.36bc	82.37c	46.23b	43.78bc	21.75d
	CR	119.60c	76.04c	168.31a	43.88b	51.05ab	44.17ab
	SR	144.16bc	108.14b	118.83b	49.49b	36.71bc	53.25a
	CK	184.10ab	163.56a	169.71a	77.07a	64.20a	36.45bc

注：表中小写字母表示不同处理之间的差异显著性（$P<0.05$）

0～10cm 土层，播种前各处理之间无显著性差异，7 月取样在追肥一个月以后，CN、MR 和 CR 处理土壤碱解氮含量稍有增加，CR 表层土壤碱解氮含量较前一次取样提高 33.85%，且显著高于 MR 和 SR 处理。8 月结果显示，CN 处理碱解氮含量显著高于 MR 和 SR 处理，CR、CK 处理之间无显著差异，但是土壤中碱解氮含量均高于 MR、SR 处理。收获后，CK 处理碱解氮含量最高，CN 处理最低，CR、MR、SR 处理没有显著差异。在作物不同生长阶段不同处理对土壤表层碱解氮含量的影响不同，各处理降低了表层土壤中碱解氮含量，其中，CN 处理显著低于 MR、CR、SR 处理，其主要原因可能是立茬少耕的耕作方式导致表层土壤硬度较大，化肥氮土壤残留减少。

10～20cm 土层，在播种前，MR、CR、SR 处理之间没有显著差异，碱解氮含量较 CN、CK 处理低，在 6 月追肥前，CK 处理碱解氮含量最高，CR 处理土壤碱解氮增加了 4.2%，其他处理均为降低趋势，且 CN 处理碱解氮含量最低，在所有处理中降低幅度最大。在收获季，SR 处理碱解氮含量较上一次取样升高幅度为 3.71%，因为大豆根瘤菌的固氮作用，迅速提高了土壤中速效氮素的含量，其他处理较上一次取样均为降低趋势，而且降低幅度大不相同，其中，CR 处理降低幅度最低，仅为 1.18%。在收获季，与播种前相比，CR、SR 处理与 CK 处理相比，碱解氮含量由播种前的显著低于 CK 处理到收获后的无显著差异，说明 CR、SR 处理从全年生长季来看，可以显著减缓降低 10～20cm 土层的土壤碱解氮含量。而 CN 处理中层土壤的碱解氮含量降低幅度最大。

20～30cm 土层与 10～20cm 土层结果大致相同，CN 处理在播种前碱解氮含量达到最大值。种植前，MR 处理与 SR 处理差异不显著，但显著低于 CN 和 CK

处理，原因是温度升高，秸秆腐解速度快，且玉米秸秆还田比大豆和苜蓿秸秆生物量大。收获季，CN 处理较 9 月取样降低幅度低于 MR、CR、CK 处理，因为立茬少耕减少了人为对土壤底层的扰动，不利于玉米根系的深扎，减缓了底层土壤养分的降低速率。SR 处理碱解氮含量较上一次取样升高幅度为 45.1%，高于其他各处理，其中，MR 处理含量最低。与播种前相比，CR、SR 处理土壤碱解氮含量的降低幅度远远低于 CK 处理，说明 CR、SR 处理可以显著减缓降低 20～30cm 土层的碱解氮含量。CN 处理土壤底层碱解氮含量降低幅度高于其他各处理。底层土壤土层中碱解氮含量变化趋势复杂，一方面是因为试验期较短，另一方面是因为试验误差也不可避免。

2.4.2 秸秆还田对土壤中硝态氮的影响

2015 年 4～10 月各处理不同生长阶段不同土层中硝态氮含量如图 2-4 所示，各处理之间生长季土壤硝态氮含量的变化趋势基本相同，各处理在 0～10cm 土层与 10～20cm 土层的硝态氮含量没有显著差异，20～30cm 土层显著低于耕层土壤。所有处理硝态氮含量在全年生长季过程中大体呈现先升高后降低再略有升高的趋势，其中，各处理生长季土壤中硝态氮含量呈现最高值的阶段不同，均在收获季前后呈现最低值。在 0～10cm 土层，播种季，CK 处理显著高于其他各处理，其中，MR 处理硝态氮含量最低。在追肥之前取样中，CK 处理表层土壤硝态氮含量达到最高，其他处理差异不显著，MR 处理硝态氮含量较播种季提高 129.5%，提高幅度高于 CN、CR、SR 处理。在追肥后一个月，玉米种植小区的硝态氮含量显著高于大豆和苜蓿，其中，玉米三个处理之间硝态氮含量从大到小为 CR>CK>CN。随着温度的升高，CR 和 CN 处理能明显提高土壤表层硝态氮含量，CK 处理虽然硝态氮含量高于 CN 处理，但是较上一个月相比，CR、CN 处理土壤硝态氮含量分别提高了 56.1%和 100.7%，CK 处理却降低了 37.05%。苜蓿和大豆对氮素的利用效率高于玉米，减少土壤中硝态氮的残留量，CR 和 CN 处理，能在 7 月有效增加土壤中硝态氮含量。9 月各处理土壤硝态氮含量均有显著降低，且各处理之间差异显著。表层土壤中硝态氮含量由高到低排序为 SR>CN>MR>CK>CR。10 月，CN 处理土壤硝态氮的含量显著高于其他处理，CN 处理能有效地增加土壤表层中硝态氮的含量，减少速效氮的分解，减少氮素的损失，甚至高于 CK 处理，其主要原因是秸秆未及时降解，秸秆还田作用没有及时显现。

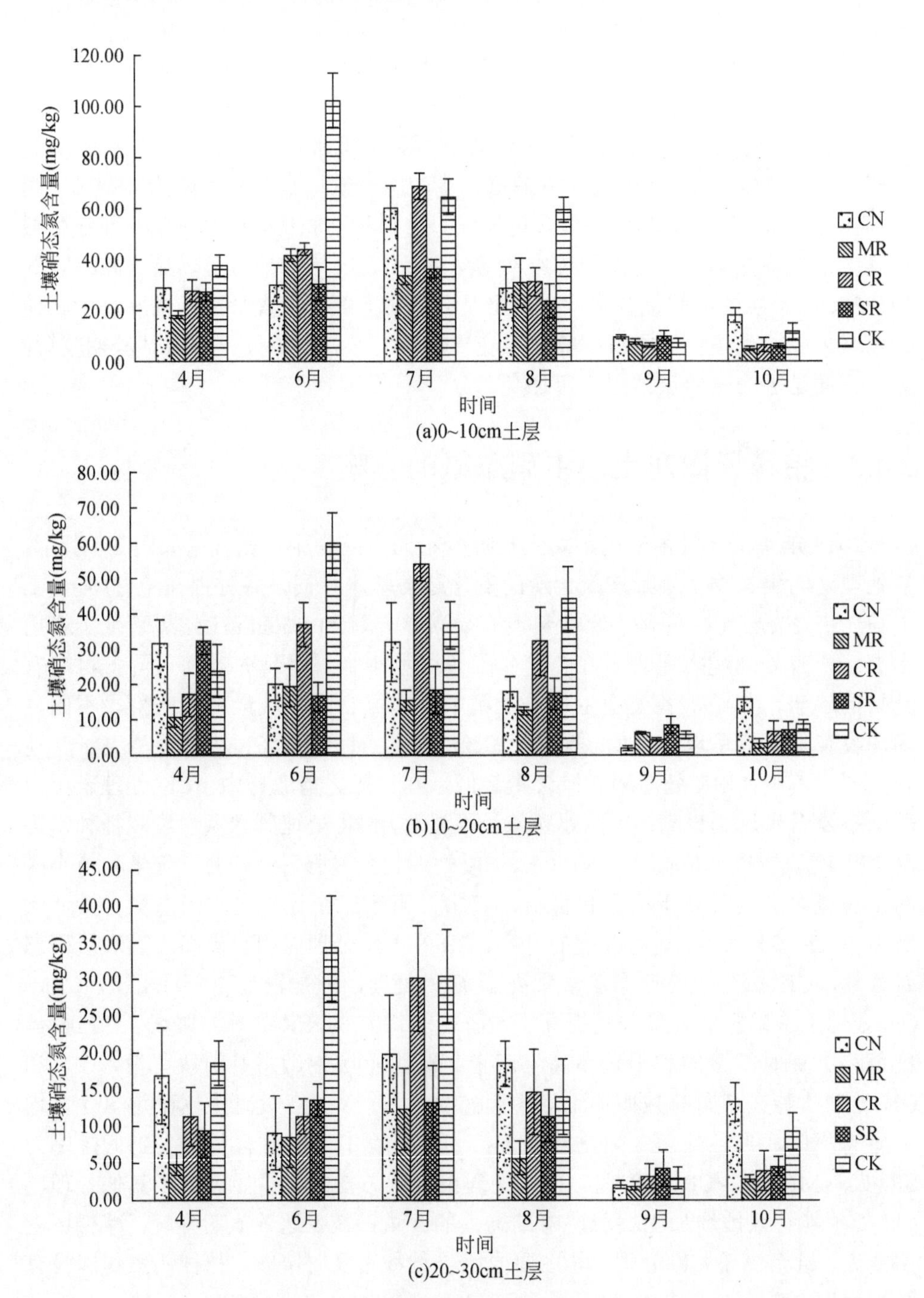

图 2-4　2015 年 4～10 月各处理不同生长阶段不同土层中硝态氮含量

注：图中数据为平均值±标准误差

在 10～20cm 土层，春耕前，各处理土壤硝态氮含量与表层土壤表现不同，各处理从高到低排序为 SR>CN>CK>CR>MR，各处理之间差异显著。与表层土壤相比，播种前 CN、SR 处理略高于表层土壤硝态氮含量，其他均为降低趋势。整个生长季，硝态氮含量变化趋势与表层土壤基本一致，在收获季前后达到最低。7 月，CR 处理硝态氮含量最高，显著高于其他各处理，说明秸秆还田在一定时期、一定程度上提高了土壤硝态氮含量。由于硝态氮容易被作物吸收，在收获季，CR 处理硝态氮含量与 CK 处理没有显著差异，CN 处理却提高了收获季土壤中的硝态氮含量，显著高于其他处理。

在 20～30cm 土层，各处理土壤硝态氮含量显著低于 0～10cm、10～20cm 土层，这与东北坡岗地黑土耕层有关，在 20～30cm 土层呈现黄土层，土壤养分含量显著低于耕层土壤，但是全年生长季的增减趋势与耕层土壤相同。6 月，CK 处理硝态氮含量达到最大，三层土壤增减趋势保持一致，7 月，CR 处理明显增加了各层土壤中硝态氮含量，其他处理增加幅度均低于 CR 处理。10 月较 9 月，略有升高。收获季，作物生长所需消耗的养分减少，提高了土壤中硝态氮含量的积累。

2.4.3 秸秆还田对土壤中全氮的影响

2015 年 4～10 月各处理不同生长阶段不同土层中全氮含量如图 2-5 所示。各处理表层土壤全氮变化趋势大致相同，呈现先显著降低然后趋于不变的趋势。每次取样，各处理之间差异性不显著，CN 处理在整个生长季中，表层土壤全氮含量最低。7 月，CR 处理全氮含量显著高于其他处理，可能因为温度升高，秸秆腐解补充了玉米生长所需氮素，提高了土壤中全氮含量。

在 10～20cm 土层，播种前 MR、CR、SR 处理与 CK 处理相比，土壤全氮含量差异显著，CN 处理与 CK 处理相比，全氮含量略低于 CK 处理，但是无显著差异。6 月，中层土壤各处理之间差异性显著，其中，MR 处理全氮含量最低，显著低于其他处理，因为苜蓿处于苗期，自身固氮能力尚弱。与播种前相比，CR 处理中层土壤全氮含量并没有降低，反而提高了 8.5%。8～9 月，MR 处理土壤全氮含量提高 13.7%，而其他各处理均有不同程度的降低。收获季，各处理之间全氮含量呈现显著性差异，CN 处理全氮含量最低，与播种前比，各处理均有不同程度的降低，其中，CR 处理下降幅度最低，仅为 4.9%，CN 处理下降幅度为 66.9%，高于其他处理的下降幅度。

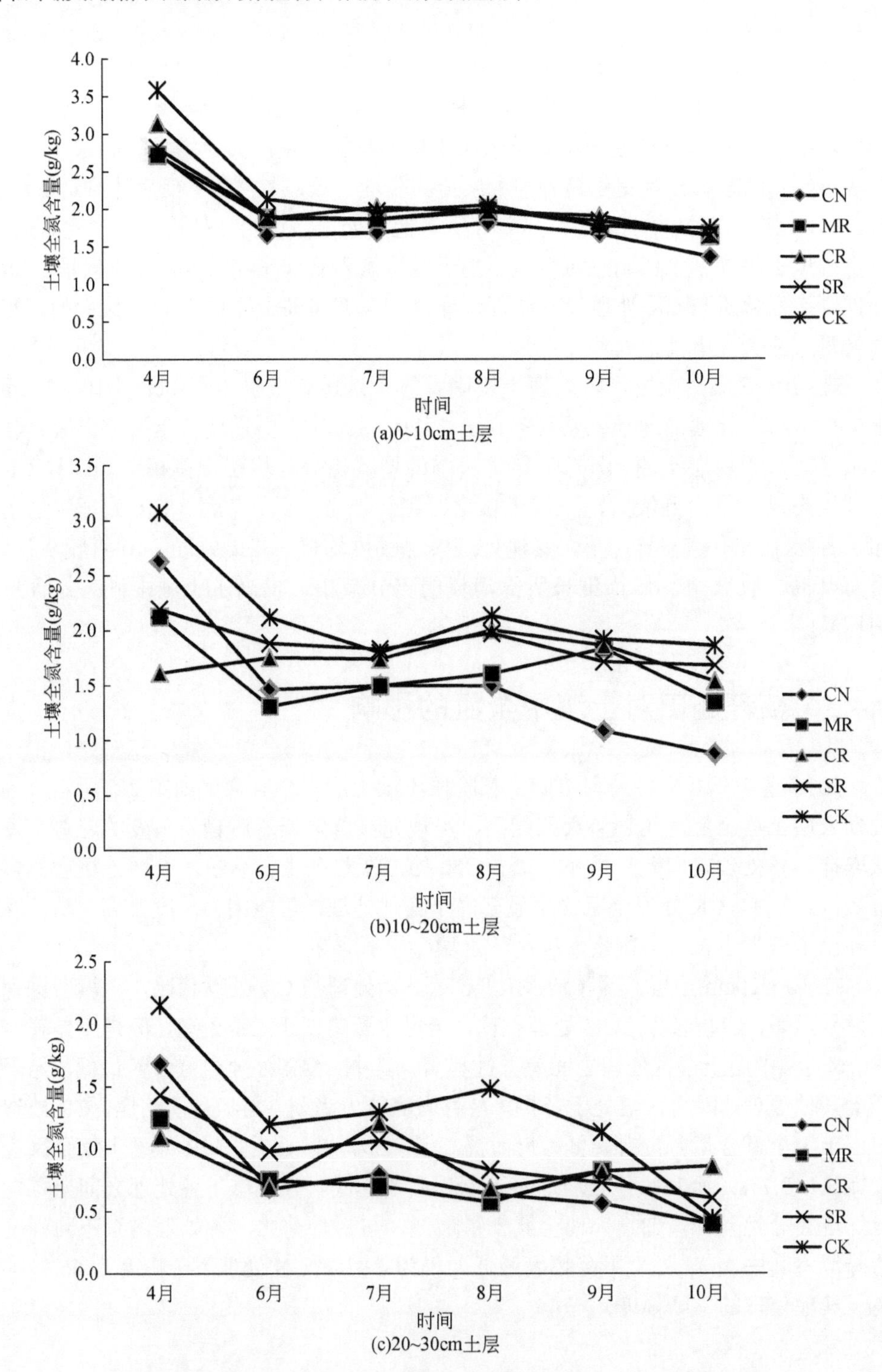

图 2-5　2015 年 4～10 月各处理不同生长阶段不同土层中全氮含量

在 20～30cm 土层，各处理全年生长季变化规律不同，其中，CR 处理呈现先降低再升高再降低再升高的趋势，其他处理在收获季均为降低趋势，其中，CK 处理下降幅度最大。7 月，除 MR 处理外，其他处理底层全氮含量较施肥前略有上升，这可能与东北坡岗地区进行追肥并中耕有直接的关系。

在试验进行两年的情况下，不同作物秸秆还田和玉米的不同种植方式对土壤全氮含量没有显著影响，但是在一定时期内秸秆还田对土壤全氮含量有明显的增加作用。从全年生长季来看，土壤全氮含量的变化趋势与土壤速效氮含量变化趋势完全不同。在 6 月进行追肥以后，全氮含量并没有因为施肥的原因有显著增加，可见追施氮肥对土壤中全氮含量的变化没有显著影响。全氮含量较播种前有所减低，但是全年生长季没有显著的变化。

2014 年和 2015 年收获季各处理各土层土壤全氮含量如图 2-6 所示，2014 年收获季各处理之间全氮含量无显著差异，在 10～20cm、20～30cm 土层，MR 处理土壤全氮含量低于其他各处理，差异不显著。原因是种植苜蓿年限短，还没有发挥苜蓿良好的自身固氮作用，土壤全氮含量降低。2015 年各处理之间全氮含量差异不显著，在 10～20cm、20～30cm 土层，CN 处理全氮含量低于其他处理，立茬少耕的耕作方式减少土壤的孔隙度，增加土壤容重，减缓土壤中氮素转化能力，导致底层土壤氮素含量降低，相同土层各处理之间无显著差异。10～20cm 土层各处理之间差异性显著，底层土壤 CR 处理全氮含量最高，SR 处理也显著高于 CN、MR、CK 处理，CR 处理在一定意义上可增加土壤全氮含量。2014 年与 2015 年收获季相比，2015 年全氮含量有明显的降低，各处理表层土壤降低幅度不显著，10～20cm 土层全氮含量下降幅度不同，其中，CN 处理下降幅度为 56.1%，最大，SR 处理下降幅度最小，为 12.8%。

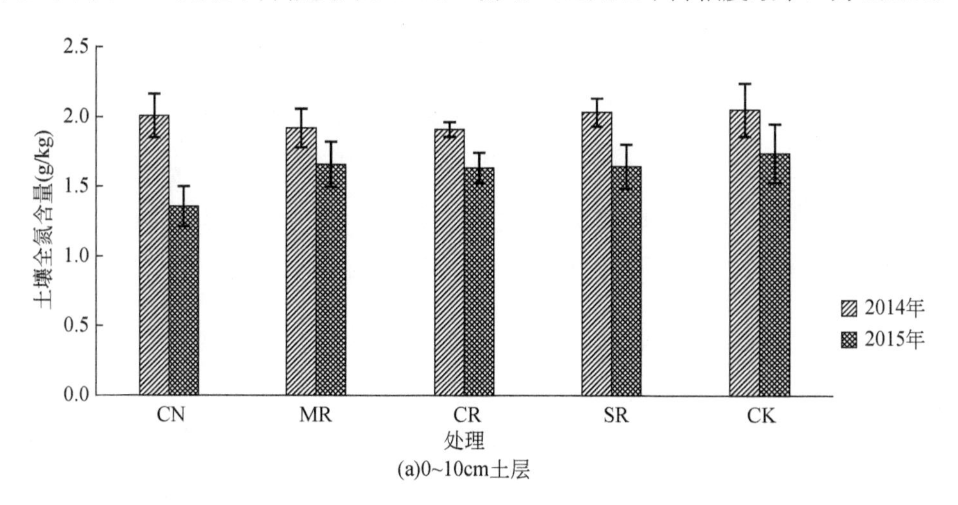

(a)0~10cm土层

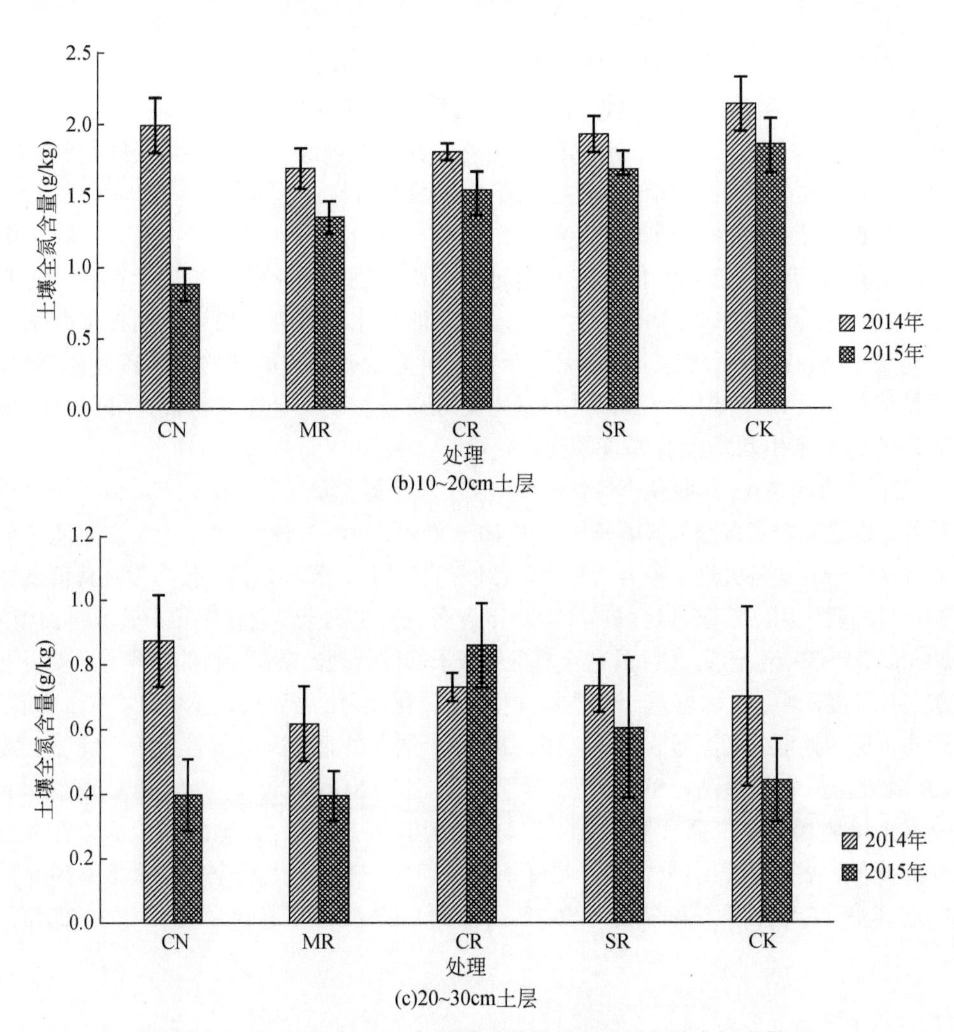

图 2-6　2014 年与 2015 年收获季各处理各土层土壤全氮含量

注：图中数据为平均值±标准误差

20～30cm 土层各处理变化规律不明显，CR 处理显著高于 2014 年，增加幅度为 17.8%。CR 处理显著增加了土壤 20～30cm 土层的全氮含量。

2.4.4　秸秆还田对土壤中速效磷的影响

2015 年 4～10 月，各处理土壤速效磷含量的动态变化差异性情况见表 2-3。在全年生长季中，各土层土壤速效磷含量大体呈现出先降低后升高再降低的趋势，但是表层土壤因为秸秆的施入及其他因素的影响呈现出一定的特殊性，土壤中速效磷含量的降低和升高趋势不是特别明显，在播种前，CN 处理各层土壤均显著高于其他试验小区，可能是因为冬季进行秸秆覆盖，有利于提高土壤温度和水分，从而加快速效磷的转化。各处理之间，不同土层速效磷含量呈现出不同的差异。在 10～20cm、20～30cm 土层，CR 处理速效磷含量低于 CN 和 CK 处理，原因是秸秆粉碎还田进行翻耕，增加了土壤中孔隙度，不利于冬季土壤温度的保持，减少磷的转化，导致速效磷含量在底层土壤中含量较其他处理低，但是差异不显著。

表 2-3　2015 年 4～10 月各处理土壤速效磷含量的动态变化　（单位：mg/kg）

土层深度	处理	4 月	6 月	7 月	8 月	9 月	10 月
0～10cm	CN	87.80a	56.01b	19.96c	70.19a	28.10b	43.03a
	MR	47.20c	44.94c	43.22b	54.88b	34.11b	24.24b
	CR	53.90bc	56.33b	56.21a	61.34ab	45.71a	24.58b
	SR	61.60b	39.47c	26.88c	57.40b	44.94a	33.15ab
	CK	55.07bc	74.90a	63.19a	50.69b	28.87b	36.83ab
10～20cm	CN	46.48a	30.42b	14.08b	47.25c	14.42b	10.09bc
	MR	24.63b	11.48c	5.08c	23.83e	16.49b	5.85c
	CR	19.08b	22.38bc	38.48a	62.27b	18.21b	5.80c
	SR	18.82b	17.27c	13.87b	33.06d	15.69b	13.40b
	CK	46.40a	55.19a	36.80a	84.45a	27.88a	32.27a
20～30cm	CN	19.74a	10.36b	1.84c	22.50ab	6.21a	6.64a
	MR	13.42b	5.90c	2.71c	13.03bc	6.80a	1.72b
	CR	9.67b	7.80bc	12.42ab	25.11a	7.11a	1.87b
	SR	12.03b	10.22b	8.61b	15.73abc	6.47a	5.48a
	CK	12.14b	16.29a	16.72a	9.52c	7.25a	5.97a

注：表中小写字母表示不同处理之间的差异显著性（$P<0.05$）

在 6～8 月三次取样中，各处理之间速效磷含量呈现出不同的变化，且差异显著。7 月是作物的快速生长季，水热条件充足，表层 0～10cm、10～20cm 土层，与 CK 处理比，CN、MR、SR 处理均显著低于 CK 处理，其中，CR 处理与 CK 处理比较，无显著差异。在 20～30cm 土层，与 0～20cm 土层规律相似，CR 处理与 CK 处理差异不显著。与 6 月相比，7 月各处理表层土壤呈现下降趋势，其中，表层土壤 CR 处理下降幅度最小，仅为 0.21%，CN 处理下降幅度最大，为 64.4%。其他土层，除了 CR 处理和 CK 处理 20～30cm 土层外，各处理均出现不同程度的下降，下降幅度显著。CR 处理在表层 0～10cm 较 6 月没有明显变化，10～20cm、20～30cm 土层分别提高了 71.9%、59.2%。原因是立茬少免耕减少了人为翻耕土壤的扰动，减缓土壤温度的升高，土壤底层上茬玉米根系腐解较慢，不利于土壤中磷素的转换，而苜蓿和大豆本身不能产生磷素，作物生长所需磷素全部来源于土壤，这是引起土壤速效磷降低的主要原因。7 月水热条件好，有利于秸秆腐解，翻耕粉碎还田在有利条件下，能释放秸秆中的养分，提高土壤中速效磷含量。8 月较 7 月取样 CK 处理呈现降低趋势（10～20cm 土层除外），CN、MR、CR、SR 各处理均有不同程度的增高。在 10～20cm 土层各处理之间的速效磷含量差异性显著。7、8 月是作物快速生长季，不同作物对养分需求量不同，因为秸秆的加入和少免耕的种植方式，8 月的 0～10cm 和 20～30cm 土层中，CN、CR 处理均比 CK 处理有效磷含量高，同时，MR 和 SR 处理也较 CK 处理含量高，但是 MR 和 SR 处理在 7 月和 8 月各土层中均低于 CR 处理。

9 月较 8 月土壤速效氮含量有显著下降，各处理之间下降幅度不同，其中，CN 处理土壤速效磷含量最低，其他处理之间差异显著性不强。在收获季，随着温度的降低，作物生命活性减慢，也减少了土壤中磷素的转化，MR 和 CR 处理各土层土壤速效磷含量较低，CN 处理 0～10cm 土层土壤速效磷含量增高了 53.1%，高于 CK 处理的增长（28.7%），显著高于其他各处理。MR 处理土壤速效磷含量低于其他处理，因为苜蓿本身不能固定磷素，苜蓿生长所需磷素均来源于土壤，秸秆粉碎还田也仅仅能在短时间内提高土壤表层的养分含量。立茬少耕因为没有进行翻耕，在成熟期对养分的吸收减少，使得表层土壤中养分含量富集，而底层土壤因为得不到养分及时、充分的补充，使养分含量分布不均匀，造成 10～20cm 土层速效磷低于 SR 和 CK 处理。与播种前比，作物生长带走一定量的磷素，土壤中速效磷含量均有所降低，但是各处理之间降低程度不同，收获季各处理差异显著性较播种前下降，相同处理在不同土层呈现出较强的养分垂直分布规律，随着土层深度的增加，土壤中养分含量不断减少。

2.4.5 秸秆还田对土壤中全磷的影响

2015 年 4～10 月，各处理不同生长阶段不同土层中全磷含量如图 2-7 所示。在全年生长季中，土壤中全磷含量变化幅度比较小。在 0～10cm 土层，播种前 MR 处理全磷含量低于其他各处理，其中，CN、SR 处理与 CK 相比，没有显著差异，CR 处理略低于 CK 处理。6 月追肥前取样结果表明，CN、MR、CR、SR 处理均低于 CK 处理，但 CN、MR、CR、SR 处理之间没有显著差异。但是 7 月土壤样品分析较 6 月各处理变化趋势不同，其中，CN、CK 处理分别降低了 12.3%、7.5%，MR、CR、SR 处理分别提高了 5.2%、23.4%、1.3%，CR 处理显著高于其

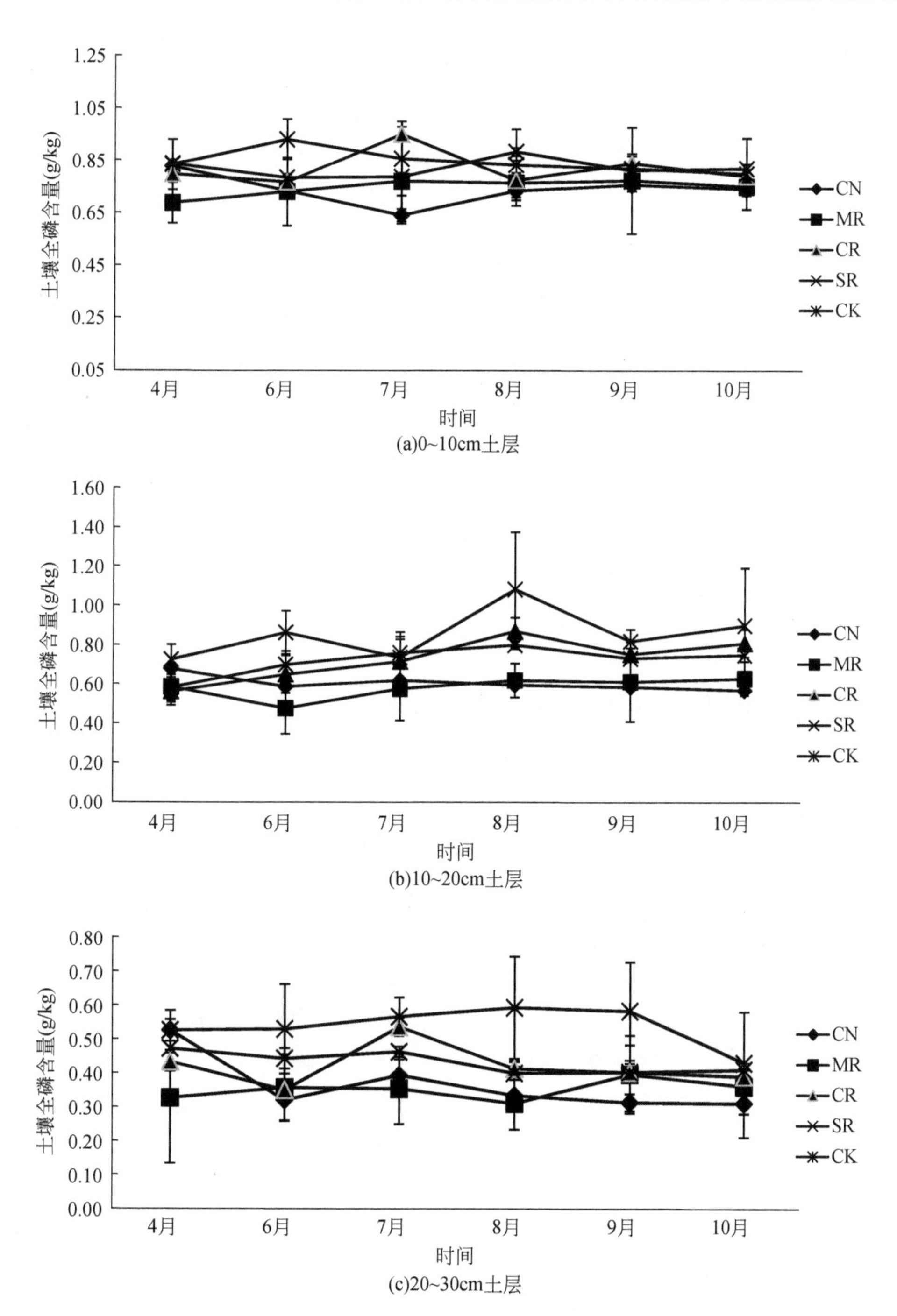

(a)0~10cm土层

(b)10~20cm土层

(c)20~30cm土层

图 2-7　2015 年 4～10 月各处理不同生长阶段不同土层中全磷含量

注：图中数据为平均值±标准误差

他各处理，结果表明，秸秆还田在 7 月较好的提高土壤 0～10cm 土层的全氮含量，其中，CR 处理效果最显著。8、9 月土壤样品各处理分析结果没有显著变化，8 月 SR 处理土壤全磷含量达到全年生长季最高值，高于其他各处理。9 月 CR 处理土壤全磷含量达到最高。秸秆还田处理在 7 月对土壤全磷含量的提高效果显著，与播种前比，CR、MR 处理成熟期土壤全磷含量呈现增长趋势。

在 10～20cm 土层，播种前，MR、CR、SR、CN 处理均显著低于 CK 处理，各秸秆还田处理之间无显著差异。6 月取样分析可知，CR、SR、CK 处理较播种前升高幅度分别为 16.1%、20.7%、17.8%，其中，SR 处理土壤中全磷含量最大。7 月 CN、MR、CR、SR 各处理较 6 月有明显的提高，CK 处理呈现降低趋势，降低幅度为 13.9%，各处理之间无显著差异。收获季除 CN 处理外，其他处理较播种前均有不同程度的提高。原因是 CN 处理能减少土壤的孔隙度，可能影响磷素的转化速率，但各处理之间无显著差异。

20～30cm 处于耕层以下，受作物影响较小，整个生长季全磷含量变化趋势不明显，各处理之间差异性较小，无显著差异。土壤中全磷含量随着土壤深度的增加而减小，相同处理各土层之间差异显著。

2.4.6 秸秆还田对土壤中有机质的影响

2015 年 4～10 月，各处理土壤有机质含量的动态变化差异情况见表 2-4。通过 4 月耕种前第一次取样数据可以得出，各处理有机质含量在 0～10cm 土层基本相同，10～20cm 与 20～30cm 土层各处理有机质含量从大到小排序为 CK>CN>SR>MR>CR。在收获季，10～30cm 土层各处理有机质含量从大到小排序为 CK>SR>CR>CN>MR。可见，CR 和 SR 处理能有效地提高土壤有机质含量。6 月取样结果显示，较耕种前，除了 20～30cm 土层 CN 处理有机质下降 58.1%、MR 处理下降 11.8%外，其他各土层各处理有机质含量均有显著的提高，原因是温度升高，土壤微生物活动加快，提高了土壤微生物的活动及秸秆还田多产生的有机物质（林咸永等，1997），加快了秸秆腐解速度，养分得到释放，而作物对土壤养分的吸收还未达到旺盛阶段，同时播种时期施用的复合肥对土壤中养分的提高也有一定的作用。而 CN 和 MR 处理没有对耕层进行翻耕，底层土壤人为扰动少，土壤温度上升慢，作物生长需要吸收养分，导致养分略有降低。各处理三个土层，土壤有机质随月份的变化规律大致相同，但是各处理之间规律变化不尽相同。

表 2-4 2015 年 4～10 月各处理土壤有机质含量的动态变化 （单位：g/kg）

土层深度	处理	4 月	6 月	7 月	8 月	9 月	10 月
0～10cm	CN	19.6a	26.6a	22.3c	25.3a	20.3b	28.7a
	MR	18.8a	28.6a	30.1a	24.2a	26.8a	27.0a
	CR	19.4a	28.1a	23.2c	22.9a	26.3a	27.1a
	SR	19.0a	29.8a	27.4b	24.5a	25.8a	28.0a
	CK	19.7a	26.9a	30.7a	23.7a	24.8a	28.2a
10～20cm	CN	18.1ab	23.8b	18.0c	11.7d	13.8c	19.4c
	MR	13.1c	25.1b	26.2b	20.6c	23.7ab	16.9d
	CR	11.1c	26.9ab	20.6c	24.0b	25.3ab	25.6b
	SR	14.7bc	27.7ab	30.4a	30.6a	22.8b	27.9ab
	CK	19.5a	30.9a	24.9b	27.7a	26.7a	28.6a
20～30cm	CN	13.2ab	5.5c	9.3b	4.7d	6.6c	6.0b
	MR	9.4cd	8.3c	9.3b	6.3c	11.6b	3.5c
	CR	6.4d	6.9c	13.8a	6.8d	10.6b	9.0a
	SR	9.9bc	13.9b	14.7a	8.3b	7.3c	6.5b
	CK	13.8a	19.3a	15.6a	19.9a	15.8a	8.4ab

注：表中不同小写字母表示不同处理之间的差异显著性（$P<0.05$）

CN 处理和 CK 处理相比，0～10cm、10～20cm 土层土壤有机质含量在收获季高于播种季，提高比例分别为 46.4%、43.1%和 7.18%、46.7%，20～30cm 土层有机质含量较播种前降低幅度分别为 54.6%、39.4%。10～20cm 土层 CN 处理提高有机质含量幅度低于 CK 处理，20～30cm 土层有机质含量降低幅度也高于 CK 处理，说明立茬少耕种植方式在第一年实验过程中没有显著提高土壤有机质含量。

CR、SR、MR 处理，在播种前和收获后与 CK 处理相比，0～10cm 土层各处理之间有机质含量均没有显著差异，10～20cm 和 20～30cm 土层各处理之间有机质含量有一定差异性，收获后较播种前在 10～20cm 土层 CR、SR 处理有机质含量增长幅度分别为 130.6%、89.8%，显著高于 CK 处理的有机质含量增长幅度（46.7%）。20～30cm 土层 SR 处理有机质含量降低幅度为 34.1%，低于 CK 处理有机质降低幅度，CR 处理却使土壤中有机质含量增加了 40.2%。MR 处理在第一年进行粉碎还田因为没有旋耕，7 月各土层土壤有机质含量达到最大，这与温度的升高，还田的苜蓿得到分解有关，同时苜蓿的快速生长，带走大量的养分，导致土壤中有机质含量快速下降，较其他处理呈现降低趋势。

2014 年和 2015 年收获季各处理各土层土壤有机质含量如图 2-8 所示。在 0～10cm、10～20cm、20～30cm 土层，2015 年收获季有机质含量均显著低于

2014 年收获季。因为常年采用传统种植方式，作物带走的养分较多，投入的有机物少，仅靠化肥的大量投入来维持粮食持续增产，导致黑土耕层逐渐下降，现在仅为 20cm 左右，使土壤中养分含量呈现出明显的垂直分布，随土壤深度的增加，土壤有机质含量逐渐降低。两年作物秸秆还田，没有迅速弥补土壤中被作物带走的有机质，没有直接显著促进有机质的积累。而且，2014 年收获季进行秸秆翻耕还田，次年种植时，玉米秸秆可能已经矿化了一段时间，减少了秸秆对春耕时肥料中养分的固定，这是有机质含量较 2014 年降低的可能性原因。就种植玉米而言，每年化肥投入不变，这也是土壤中有机质含量下降的原因之一。

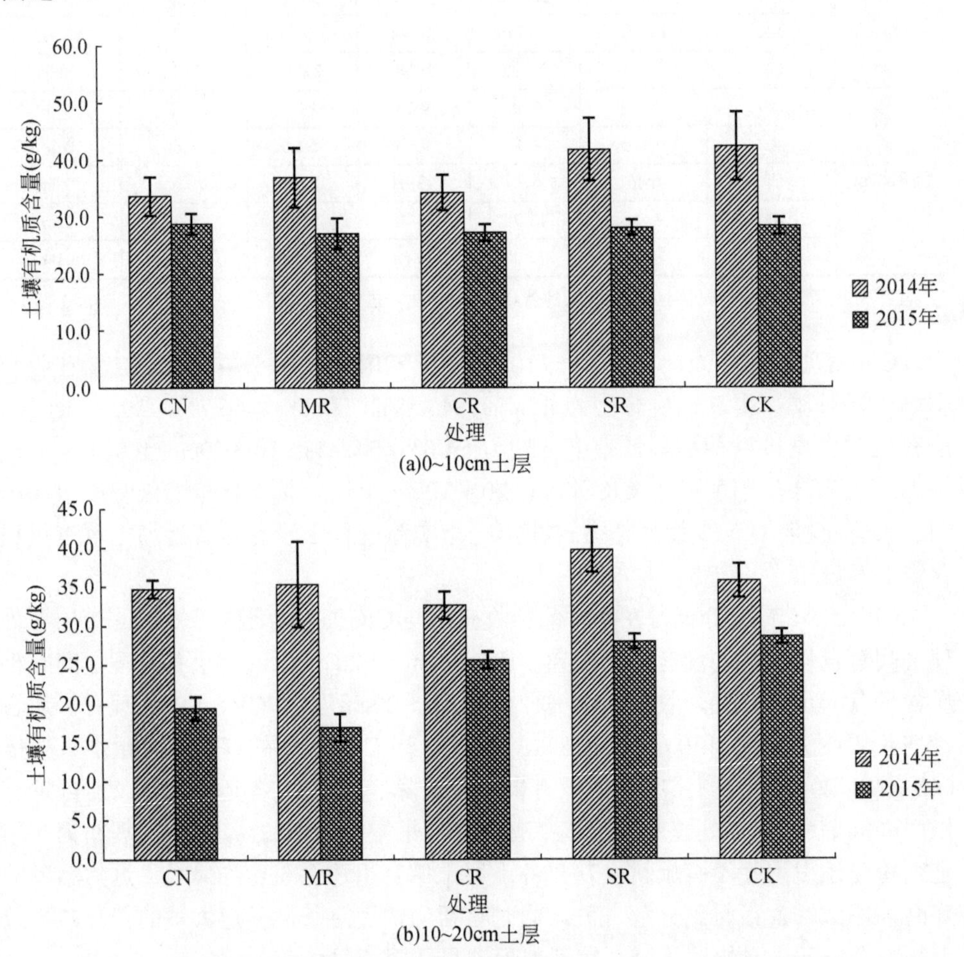

(a)0~10cm土层

(b)10~20cm土层

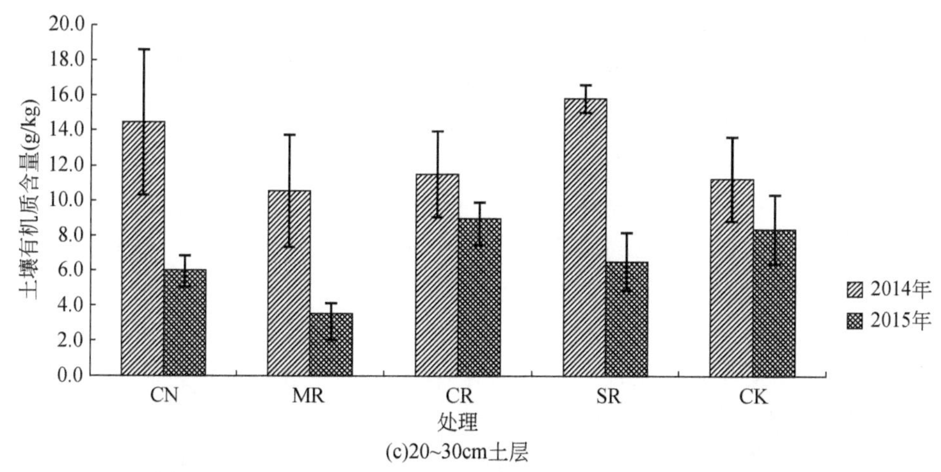

(c)20~30cm土层

图 2-8 2014 年与 2015 年收获季各处理各土层土壤有机质含量

注：图中数据为平均值±标准误差

较 2014 年收获季，CR 处理土壤有机质含量降低幅度明显低于其他处理的降低幅度。苜蓿秸秆没有进行翻耕，表层土壤的有机质含量较其他处理没有显著变化，随着苜蓿的生长，苜蓿发达的根系带走 10～20cm、20～30cm 土层大量的有机质，苜蓿的还田生物量少于玉米秸秆，对土壤养分的提升作用在短时间内表现不明显。长期种植玉米的耕地，2014 年种植大豆小区，土壤有机质含量较种植玉米和苜蓿的试验处理含量高，大豆与玉米轮作对土壤有机质含量的影响还需要进一步的试验验证。2015 年收获季，所有处理有机质含量均有所降低，但是 SR 处理与 2015 年其他处理相比，表层土壤有机质含量没有显著变化，10～20cm 土层有机质含量呈现出 SR>CR>CN>MR 的分布趋势。东北地区温度低，秸秆腐解速度慢，秸秆中的养分不能及时释放出来供作物生长利用，可能出现微生物从土壤中夺取养分，与作物竞争，从而影响作物正常生长发育，直接导致土壤中有机质含量的减少。造成 2014 年和 2015 年各处理土壤有机质变化幅度较大的原因有很多，一方面，试验进行时间相对较短，另一方面，也有一定的人员和检测方法等原因造成的实验室测定误差。因此，秸秆还田对黑土土壤有机质的影响还需要进行长期试验、监测。

2.4.7 不同种植模式对土壤养分影响的讨论

东北坡岗地不同作物秸秆还田处理和玉米的不同垄作方式生长季进行土壤养分的检测结果表明，各处理对土壤中各养分含量的影响均不相同，尤其是对不同的速效养分的影响。在作物生长季，不同月份土壤中的养分变化不同。碱解氮能够反映土壤氮素水平和供氮能力，土壤碱解氮含量与种植作物和作物生长的吸氮量有很大的相关性。本研究表明，同一处理在不同土层呈现出随着土壤深度的增加，碱解氮含量显著降低的趋势；同一处理，在生长季的不同阶段，碱解氮含量呈现先减少后增加再降低的趋势。其中，碱解氮含量升高原因可能是 6 月进行追肥，导致土壤中的碱解氮含量略有升高，但是不能达到播种前的水平，收获季，各处理土壤中碱解氮含量达到最低水平，其中，CN 处理土壤碱解氮含量最低（20～30cm 土层除外，为次低）。在生长季初期（4～6 月），在 0～10cm 土层各处理之间碱解氮含量没有显著差异。从全年生长季碱解氮含量的变化趋势来看，CR 处理显著减缓降低了土壤碱解氮含量，SR 处理使 20～30cm 土层的碱解氮含量显著高于 CN、MR 和 CK 处理，也高于 CR 处理。

土壤中硝态氮的积累量与作物产量和不同生长季作物吸收氮素的能力有密切的关系（郭玉炜，2012）。追肥前，CK 处理硝态氮含量呈现最高值，这与底肥施用缓控复合肥有直接关系，追肥后，玉米快速生长，带走大量的养分，CK 和 MR 处理表层硝态氮含量呈现降低趋势，其他处理均呈现不同程度的增加，其中，CN 处理增高幅度最大，为 100.7%。在干旱土壤中，硝态氮会在一定的土层积累。立茬少耕方式因为减少了对土壤的扰动，增加了土壤紧实度，追肥后一个月与其他玉米种植小区相比，硝态氮含量最少，比传统耕作方式降低硝态氮的淋失（Mkhabela et al.，2008）。在收获季，CN 处理土壤硝态氮含量显著高于其他处理，原因是 CN 处理能使表层土壤养分富集，同时不利于作物根系的发展，各土层土壤硝态氮含量呈现显著的垂直分布规律，在整个生长季呈现先降低后升高再降低、收获季略有升高的趋势。玉米和大豆处理各土层硝态氮含量显著低于其他处理，CR 处理在 7 月对土壤硝态氮含量有明显的提高，秸秆还田处理在一定阶段一定程度上能提高土壤硝态氮含量。本研究的目的在于寻找更为恰当的耕作方式和黑土养地措施，因此，对土壤养分及养分流失的分析应该结合径流所带走的养分和土壤中残留养分对黑土的影响进行综合分析评价，还需要进行长期实验和监测。

土壤速效磷的变化在一定程度上可以表现出土壤磷素肥力水平。通过 6 次取样测定结果分析得出，土壤中速效磷含量随着土壤深度的增加而逐渐减少，各土层之间速效磷含量差异显著，这与碱解氮含量的垂直分布特征是相同的。磷素在土壤中具有固定性强、移动性弱和当季利用率低的特点，全年的作物生长季，土壤中各土层的速效磷含量变化趋势相同，均是先降低后升高再降低的变化规律，随着种植年限的增加，苜蓿在各土层内的土壤速效磷含量先降低后增加，这与郜继承等（2009）的研究结果相同。其中，8 月各处理在 0～10cm 和 10～20cm 土层中的速效磷含量在全年生长季中呈现最高值。但是速效养分升高时期和升高原因不同，速效氮的含量增加是因为 6 月进行氮肥的追加，7 月速效氮含量有一定幅度的升高，速效磷的含量增加是因为作物根系的吸收作用减弱，减少了对土壤中养分的消耗。

2015 年 4～10 月，对土壤全氮含量进行检测表明，土壤中全氮含量随着土层深度的增加而降低，土壤中全氮含量变化趋势大致为显著降低，然后趋于不变，在 10～20cm 土层深度，作物根系发达，追肥前各处理之间出现显著性差异。黑土经长期种植作物后，施用化肥，土壤总氮含量明显下降（张迪和韩晓增，2010），一个原因是虽然玉米、大豆、苜蓿秸秆粉碎还田没有直接提高土壤全氮含量，但是却降低了土壤全氮含量的降低幅度，这与苜蓿和大豆能自身固定氮素有一定的关系，减少从土壤中吸收的氮素量；另一个原因是秸秆的加入，降低了土壤氮素的矿化速度，增加土壤全氮含量，该研究结果与刘继明等（2013）的研究结果一致。2014 年 10 月进行秸秆粉碎还田处理，在播种前 CN、MR、CR、SR 各处理土壤全氮含量均低于 CK 处理，原因是秸秆的加入，提高了土壤透气性和微生物活性，氧气可利用性提高，加快土壤中氮的矿化和硝化作用，可能会消耗土壤中原有氮库的储量（Soon et al.，2007；Kong et al.，2005；Hermle et al.，2008），使土壤中氮素降低。在试验过程中，立茬少耕对土壤全氮含量的影响效果不显著，对土壤表层全氮的富集作用也不明显，各处理之间差异性不显著。

土壤有机质含量及其动态变化主要取决于土壤有机质的输入与降解之间的平衡（Graham and Haynes，2005）。2015 年 4～10 月对各处理按时间顺序进行有机质含量的检测，全年生长季中，表层土壤 7 月 CN、CR、SR 处理显著低于 CK、MR 处理，MR 处理能较好地固定氮素，提供苜蓿生长所需，同时苜蓿粉碎覆盖还田也使其表层土壤有机质含量有明显的提高。收获季土壤 0～10cm、10～20cm 土层土壤较播种前有明显的提高，表层土壤各处理之间没有差异，10～20cm 土层 MR 处理收获季有机质含量最低，显著低于其他各处理，绿肥还田与玉米秸秆还田各有特点，豆科作物分解速度快，很多氮素以气体 N_2O 的方式损失，且改善土壤有机质品质效果不佳（Breland，1994）。20～30cm 土层收获季较播种前有机质含量变化与表层土壤不同，显著降低。

在试验过程中，不同作物秸秆还田没有对土壤全磷含量产生显著影响，同时，CN 处理与 CK 处理相比，土壤全磷含量没有显著差异，这与颜丽等（2004）的研究结果一致。苜蓿能固定空气中的氮素供自身生长，却不能固定磷素，生长所需磷素只能全量从土壤中摄取，因此，苜蓿会降低土壤全磷含量，但是与其他处理之间差异不显著，这与贾宇等（2007）的研究结果一致。

与 2014 年收获季各小区相比，2015 年收获季各小区有机质含量均有不同程度的降低，连续种植能降低土壤养分的含量，但是不同试验处理土壤中有机质含量降低程度不同。在每年的生长季，表层土壤各处理均有显著差异，且 2015 年较 2014 年各小区均有显著降低。CR 处理土壤有机质降低幅度低于其他处理，说明秸秆粉碎还田在一定程度上能增加土壤有机质含量。由于有机质容易受到土壤类型、温度和作物种类等因素影响，而且秸秆还田量、施肥量及降水量等不同，研究结果显示，秸秆还田对有机质影响不同（张鹏等，2011）。因为东北地区温度低，秸秆腐解速度慢，可能因为有机物料的投入，影响土壤中有机质的转化，直接导致有机质含量下降，发生养分争夺情况。秸秆还田和保护性耕作方式对东北黑土坡岗地的护地、养地的应用效果需要进行长期试验才能有一个更合理正确的评价，为东北坡岗地的可持续发展寻找更加科学的耕作方式。

2.5 小　结

1）秸秆还田对土壤碱解氮的影响。降低了 0～10cm 土壤耕层的碱解氮含量，有利于减少坡地表层土壤氮随水径流损失。三种作物秸秆粉碎还田处理之间的表层土壤碱解氮含量没有明显差异；玉米立茬还田显著低于其他作物及玉米秸秆粉碎还田，降低幅度为 18.9%～33.8%，其主要原因可能是立茬表土层硬度较大，化肥表施后的氮挥发损失大，化肥氮的土壤残留减少。整个作物生长期间的土壤碱解氮含量逐渐降低，追肥后又有显著增加。10～20cm 的土壤碱解氮含量低于表层土壤，主要是表层土壤淋溶所致。可以看出，0～10cm 表层土壤的碱解氮含量高，10～20cm 的土层也高。本试验结果玉米与大豆秸秆粉碎还田与对照没有显著差异，但显著高于苜蓿粉碎还田与玉米秸秆立茬还田，该结果有待进一步分析。20～30cm 土层的变化相对复杂，变化规律不明显，一方面试验期较短，另一方面试验误差也难以避免。

2）秸秆还田对土壤硝态氮的影响。与对照相比，作物秸秆粉碎还田显著降低 0～10cm 的土壤硝态氮含量，MR、CR、SR 处理降低幅度分别为 58.4%、46.4%、48.6%，不同作物之间没有显著差异。这一结果表明，作物秸秆还田能够有效减少耕作层土壤硝态氮含量，降低土壤硝态氮淋失风险，对减少地下水及地表径流液中硝酸污染具有重要意义。相比之下，玉米秸秆立茬少耕却显著增加表层土壤硝态氮含量，甚至高于对照 54.0%，其主要原因是秸秆未及时降解，秸秆还田作用没有显现。以 0～10cm 为对照，10～20cm 及 20～30cm 土层的硝态氮含量也表现为降低趋势。

3）秸秆还田对土壤全氮的影响。秸秆还田对 0～10cm 土层的土壤全氮与对照相比，均未达到显著差异，不同作物之间没有显著差异，表明秸秆还田初期，作物秸秆对土壤总氮的贡献有限，只有长期秸秆还田才有可能提高土壤全氮含量。

玉米秸秆立茬还田与作物粉碎还田相比，土壤全氮含量显著降低 21.8%，其主要原因一方面是作物秸秆不能还田腐烂分解，另一方面是不能深施氮肥而引起的氮素损失。10～20cm 土层与表层土壤相比，土壤全氮变化不大；20～30cm 土层与表层土壤相比，土壤全氮相比降低很多。主要原因是长期浅耕导致试验地耕层仅为 14cm，基肥施肥深度为 8～12cm，而追肥深度只到 5cm。

4）秸秆还田对土壤速效磷的影响。秸秆还田对 0～10cm 表层土壤速效磷的影响，与对照相比均未达到显著差异水平。但是玉米秸秆立茬还田分别高于苜蓿秸秆还田（18.79mg/kg）与玉米粉碎还田（18.45mg/kg），且达到显著水平；不同作物之间的秸秆粉碎还田也没有达到显著差异水平。10～20cm 与 20～30cm 土层的规律性不强。

5）秸秆还田对土壤全磷的影响。秸秆还田对 0～10cm 表层土壤的全磷含量与对照相比，没有达到显著差异；不同作物之间没有差异，玉米立茬还田与粉碎还田没有差异。这一结果表明，土壤全磷主要受制于磷肥施用的影响，秸秆还田的影响较小。随着土壤深度增加，土壤全磷表现为降低的趋势。

6）秸秆还田对土壤有机质的影响。与对照相比，秸秆还田对 0～10cm 土层的有机质含量没有达到显著差异；不同作物秸秆还田无差异；玉米立茬还田与粉碎还田也没有差异。土壤有机质含量随土层深度增加表现为降低的趋势。

|第 3 章| 松干流域冻融交替下环境因子变化特征

在低温环境中，当地层温度降低到土层的冻结点时，土层内水分开始冻结，一般将≤0℃的各种岩石和土壤统称为冻土。按土壤冻结的持续时间可分为多年冻土、季节冻土、隔年冻土和短时冻土。通常将夏季融化层以下多年保持冻结状态的冻土称为多年冻土；将冬季上层土体冻结，而夏季全部融通的冻土称为季节性冻土。将冻土上层夏季融化、冬季冻结的土壤称为活动层（周幼吾等，2000；李述训等，2002；王娇月等，2011）。

全球范围内多年冻土的分布面积占到陆地总面积的 1/4，主要分布在环北极、中低纬度的高山、高原（Anisimov and Nelson，1996）。加拿大、俄罗斯、中国北部和美国阿拉斯加地区是冻土分布最为广泛的区域，面积分别达到 $10\times10^6 km^2$、$2.5\times10^6 km^2$、$1.9\times10^6 km^2$、$1.1\times10^6 km^2$（陈杰等，2005）。此外沿 35°N 一线也有一些分布，主要以落基山、安第斯山、乞力马扎罗山和中国青藏高原地区的高海拔山区、高原为主。另外，南半球的冻土主要分布在南极地区，且绝大多数覆有较深的积雪和冰冻层。当考虑广大中纬度地区广泛的季节性冻土和短时冻土时，全球多年冻土和季节冻土的面积约占陆地总面积的 70%（王娇月等，2011）。

在中国，多年冻土主要有两种，即高纬度冻土和高海拔冻土。前者主要分布在 46°N～53°N 的大兴安岭、小兴安岭地区，海拔多在 1000m 以下；后者主要分布在西部高山和青藏高原地区，大部分位于 27°N～35°N，海拔在 2000m 以上。其中，青藏高原冻土区是全世界高海拔多年冻土分布面积最广、最集中的地区，占全球高海拔冻土面积的 76%。这两类多年冻土区总面积约为 $2.15\times10^6 km^2$，占国土面积的 22.3%。另外，中国还有近 $4.45\times10^6 km^2$ 的季节性冻土区，因此全国土地受冻融影响的面积达到 68.6%，是世界第三大冻土国（周幼吾和郭东信，1982）。

伴随土壤热量季节性和昼夜性的变化，冻土区（包括季节性冻土）上层土壤亦存在季节性或昼夜性冻融交替（freeze-thaw cycles）的现象，这在高纬度苔原、针叶林，中纬度阔叶林、草原、农田，以及高海拔山地草甸等寒冷生态系统中极为普遍。高寒生态系统表层土壤经历昼夜冻融交替的天数为几天到150天（Zhang et al.，2004）。

3.1 大气温度特征

本研究所在松干流域（地处松嫩平原东北部，松花江中游南岸，长白山支脉张广才岭北段西北麓，蚂蜒河下游。地理坐标：45°49′46″N，128°48′43″E）属北温带季风气候区，大陆性气候特征明显，冬季寒冷漫长，年内温差较大。试验所在地 2014～2015 年大气年平均温度为 3.7℃。监测期内（2014 年 10 月～2016 年 5 月）最冷月为 2016 年 1 月，月平均温度为-21.5℃；最暖月为 2015 年 7 月，月平均温度为 22.1℃；白天平均温度为 6.7℃，夜间平均温度为 1.8℃，白天最高温度为 32.7℃（2015 年 7 月 10 日），夜间极端低温为-33.8℃（2015 年 2 月 9 日）。2015 年一整年内，日均温高于 0℃的天数为 210d，日均温低于 0℃的天数为 155d，夜间最低温度低于 0℃的天数更是长达 183d。可见，一年中有近一半的时间大气温度最低值维持在 0℃以下。每年秋季和春季昼夜气温波动大，温差幅度为 1.7～26℃，白天大气温度高于 0℃，而夜间低于 0℃。气温的这种昼夜波动易引起土壤昼融夜冻循环（diurnal freeze-thaw cycles）。试验期间具有昼融夜冻气象条件的时期和持续天数分别为：2014 年 9 月 29 日～11 月 26 日（59d）、2015 年 3 月 14 日～4 月 25 日（43d）、2015 年 10 月 12 日～11 月 15 日（35d）、2016 年 3 月 5 日～4 月 19 日（46d）。该地区在完整的季节性冻融周期中，秋季和春季昼夜冻融的累积天数为 81～102d（图 3-1），占全年天数的 1/4 左右。

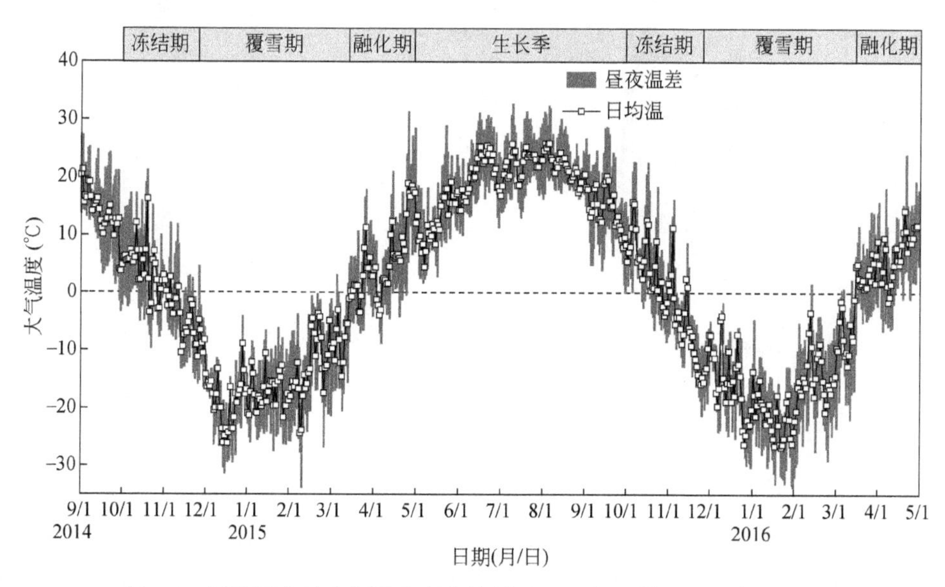

图 3-1　试验所在地大气温度变化特征（2014 年 9 月～2016 年 5 月）

3.2 降水及积雪覆盖特征

试验所在区域降水的季节分布特征显著，2015 年总降水量为 489mm，降水天数为 141d，其中，生长季（5～9 月）降水量为 385mm（78d），占全年总降水量的 78.7%；非生长季（1～4 月和 10～12 月）降水量为 104mm，占全年总降水量的 21.3%。日最大降水量发生在 2015 年 7 月 1 日，达到 23mm。非生长季降水以降雪形式发生，2014 年和 2015 年均从 11 月中下旬开始，土壤完全被积雪覆盖，且随着冬季降水的增加，雪被厚度分别在 2015 年 3 月 2 日和 2016 年 2 月 21 日达到最大值，厚度分别为 44.7cm 和 38cm。2015 年和 2016 年春季分别从 3 月 14 日和 3 月 12 日开始，日最高气温升至 0℃以上，积雪开始融化，且融化速度快，约 2 周时间全部融完。整个非生长季内雪被覆盖天数长达 107 d，占非生长季时间的一半以上（图 3-2）。

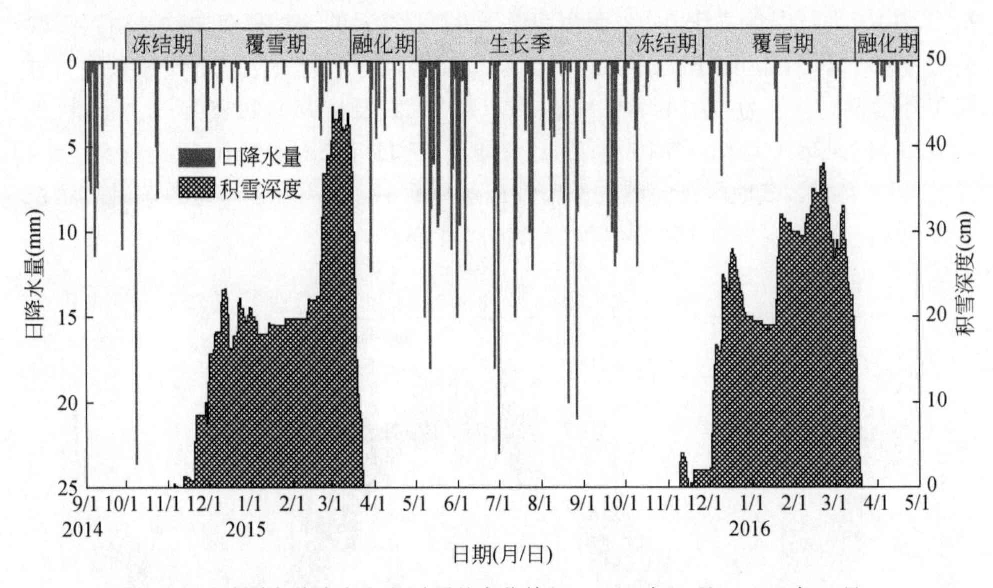

图 3-2 试验所在地降水和积雪覆盖变化特征（2014 年 9 月～2016 年 5 月）

3.3 土壤温度特征

2015 年 6 月 1 日至 2016 年 6 月 1 日，研究采用数据采集传输仪自动监测了玉米田表层（10cm）土壤和深层（30cm）土壤的温度变化情况，结果表明，10cm 深处土壤和 30cm 深处土壤的年平均温度差异不大，前者为 7.5℃，后者为 7.2℃。

不同深处土壤温度同大气温度一样，具有显著的季节特征。3 月至次年 7 月，土壤温度逐日回升；8～12 月，土壤温度逐步降低；12 月至次年 2 月，土壤温度相对恒定。在生长季内：10cm 和 30cm 深处土壤平均温度分别为 19.8℃、17.4℃；10cm 深处土壤月平均温度最高值发生在 7 月，达到 25℃。而 30cm 深处月平均温度最高值发生在 8 月，达到 21.9℃；10cm 深处土壤昼夜平均温差分别为 5.8℃和 0.7℃。10cm 深处土壤昼夜温差最大值达 18.3℃，而 30cm 深处仅为 3.01℃。在非生长季内：10cm 和 30cm 深处土壤平均温度分别为-1.34℃和-0.21℃；尽管表层土壤最低温度发生在 2015 年 11 月 27 日，为-10.4℃，但 10cm 和 30cm 深处土壤月平均温度最低值均出现在 2016 年 2 月，分别为-7.3℃、-5.5℃；10cm 和 30cm 深处土壤平均昼夜温差分别为 4℃和 0.6℃。非生长季表层土壤温度昼夜温差最大值为 18.3℃，与生长季相同，而深层土壤昼夜温差最大值为 2.4℃，小于生长季。但研究发现，尽管冬季覆雪期内大气平均温度为-16.4℃，但表层和深层土壤温度分别维持在-2.5～-10℃、-1.5～-6.8℃（图 3-3）。

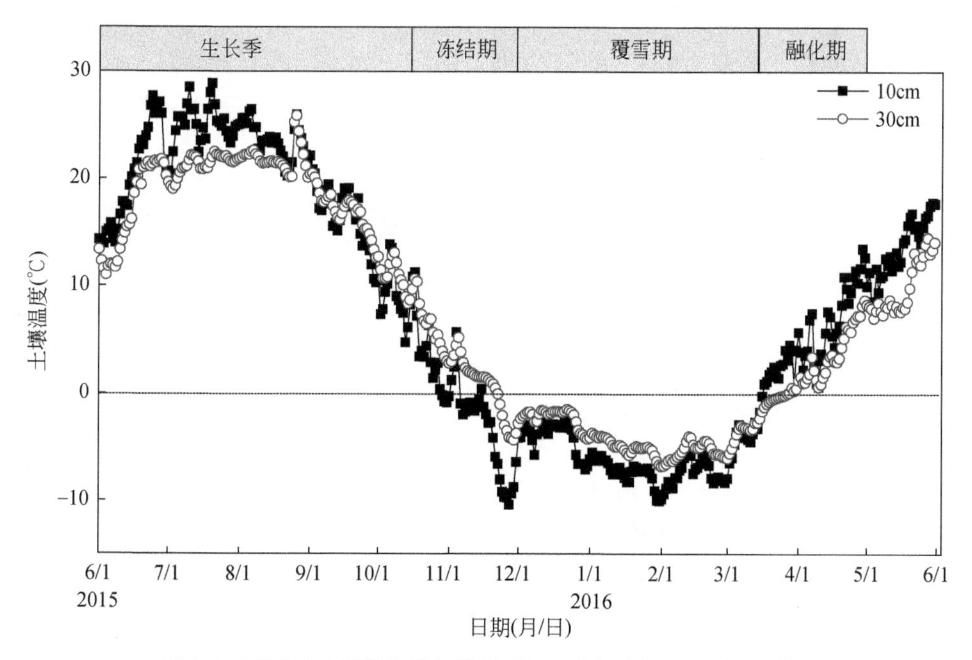

图 3-3 玉米田土壤温度变化特征（2015 年 6 月～2016 年 6 月）

另外，图 3-3 显示在土壤温度的上升时期（3 月中旬至 8 月上旬），表层土壤温度高于深层土壤，而在土壤温度的下降时期（9 月至次年 3 月上旬）深层土壤温度高于表层土壤。同时，全年内，表层土壤温度的极差为 39.3℃，而深层土壤温度极差为 32.6℃。覆雪期表层土壤温度维持在-10℃以上，深层土壤维持在

−6.8℃以上。即便在最冷月份，深层土壤温度的月平均值也仅为−5.5℃。可见，在气温回暖和降低的过程中，表层土壤对大气温度的响应较快，而深层土壤温度变化相对滞后，且深层土壤温度的波动小于表层土壤，同时冬季深层土壤比表层土壤具有相对“温暖”的环境。

尽管自 2015 年 9 月底开始大气温度最低值降至 0℃以下，但半小时一次的连续监测表明，土壤温度降低滞后于大气温度，直到 2015 年 10 月 20 日表层土壤才自上而下地开始冻结，其中，10cm 土壤在 10 月 20 日～11 月 15 日（26d）呈现反复的昼融夜冻的现象，而 30cm 处土壤并未发生昼夜冻融，直到 11 月 23 日该层土壤才完全冻结（图 3-3）。可见，深层土壤开始冻结的时间比大气温度最低值降至 0℃以下的日期滞后了近一个月。另外，自 2016 年 3 月 5 日起，大气温度日最高值升至 0℃以上，但表层土壤温度最高温直到 3 月 17 日才升至 0℃以上，此时土壤开始自上而下地融化。3 月 31 日，30cm 处土壤温度才升至 0℃，比表土融化滞后了半个月。在土壤融化的过程中，3 月 17 日～4 月 13 日（28d），表层土壤与秋季土壤冻结的过程相似，其融化初期也经历了反复的昼夜冻融。总之，冬季表层土壤温度低于深层土壤，表层土壤在冻结和融化的初始时期都经历了多次昼夜冻融，而深层土壤温度昼夜变化小，只存在季节性冻融，而不存在昼夜冻融循环。

3.4 土壤湿度特征

监测期（2015 年 6 月 1 日～2016 年 6 月 1 日）内 10cm 和 30cm 深处的土壤年平均含水量分别为 0.19m^3/m^3 和 0.15m^3/m^3。作物生长季（5～9 月）内 10cm 深处土壤平均含水量为 0.19m^3/m^3，而 30cm 处仅为 0.09m^3/m^3；6 月中旬至 7 月中旬，土壤表层含水量持续降低，7 月底至 9 月底表层土壤的含水量随降水的增加产生明显的波动。生长季表层土壤含水量的最大值为 0.34m^3/m^3，出现在 8 月 29 日。而从 6 月中旬至 8 月底深层土壤含水量始终处于极低的水平，平均值仅为 0.01m^3/m^3。生长季内表层土壤含水量的极差为 0.25m^3/m^3，而深层土壤为 0.29m^3/m^3。作物非生长季（10 月至次年 4 月）：9 月底至 10 月初连续的降水使土壤含水量有所增加，其中，表层土壤含水量的峰值达到 0.31m^3/m^3。10 月中旬至 11 月中旬，深层土壤含水量缓慢降低，而表层土壤出现巨大的波动，同时在 11 月底深层土壤含水量出现了“跳崖式”降低现象。在冬季整个积雪覆盖期内，土壤含水量稳定，表层土壤含水量维持在 0.10m^3/m^3，深层土壤含水量略高于表层土壤，基本保持在 0.12m^3/m^3。特别值得注意的是，3 月中旬即积雪开始融化后，表层土壤含水量急剧增加，峰值达到 0.4m^3/m^3（图 3-4）。该值甚至高于生长季的峰值。但积雪融化后表层土壤含水量逐日递减。另外，深层土壤在 3 月底土壤融化时土壤含水量也出现了大幅度的增加。总之，生长季表层土壤含水量高于深层土壤，且随降水具有显著的波动性，在秋季土壤开始冻结时含水量急剧减少，而春季解冻过程中含水量急剧增加。整个冬季覆雪期内深层土壤含水量略高于表层土壤，两者均维持在稳定水平。

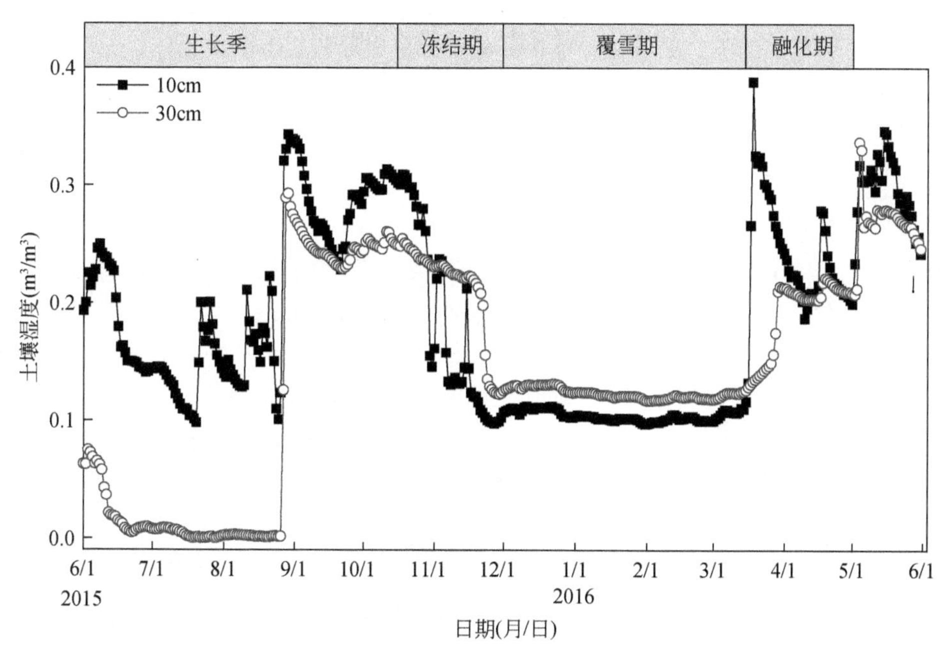

图 3-4 玉米田土壤湿度变化特征（2015 年 6 月～2016 年 6 月）

第4章 松干流域冻融交替下土壤氮变化特征及影响机制

冻土区土壤累积有丰富的有机质，但是低温使得寒冷生态系统土壤有机质分解缓慢，可供植物利用的有效氮素相对缺乏，故该类地区生态系统生产力受土壤氮素有效性限制明显（Vitousek and Howarth，1991）。但冻融交替对地下生物地球化学过程具有强烈的效应。例如，在土壤冻结过程中的物理作用力会造成土壤团聚体的碎化（Chai et al.，2014），损害植物根系（Kreyling et al.，2012），形成的冰晶会杀死部分微生物（Freppaz et al.，2007），甚至打破一些化学键，释放出部分被包裹的新鲜基质和无机氮，进而增加土壤氮素养分有效性（Yang et al.，2014），长期的冻结或频繁的冻融交替还会改变土壤微生物群落结构及微生物代谢活性（Kumar et al.，2013；Daou et al.，2016）。因此，冻融交替是驱动寒冷生态系统土壤氮循环的重要自然作用力。

尽管冻土融化和冻融交替的扰动会促进有机质分解，增加土壤氮素矿化量，提高土壤氮素有效性，进而改善春季植物对氮素的需求（Freppaz et al.，2007；朴河春等，1995），但是，频繁的冻融交替多发生在植物非生长季（春季或初冬），此时植物、微生物对氮素的需求量极低，因此，土壤有效氮供应与生物利用存在时间不一致性，这一矛盾可能导致该时期氮素损失风险升高。主要表现在氮素反硝化作用增强，以及溶解性氮素随融雪水径流损失等（Matzner and Borken，2008；陈哲等，2016）。另外，与自然生态系统不同，农田普遍存在过量施肥的现象，导致土体累积大量的硝酸盐（Ju，2014），而非生长季不存在植物根系与微生物对矿质氮素的竞争，这样过剩的活性效氮素可更多参与硝化、反硝化过程（Schimel and Bennett，2004）。

N_2O 作为土壤氮素循环过程中硝化、反硝化作用的重要产物，因具有增温潜势大、破坏臭氧能力强、大气滞留时间长的特点而备受关注（Ravishankara et al.，2009）。政府间气候变化专门委员会（Intergovernmental Panel on Climate Change，IPCC）最新报告指出，过去几个世纪大气 N_2O 浓度大幅度增加，2011 年全球大气 N_2O 浓度达到历史新高（324.2ppb[①]），且目前仍以 0.73ppb/a 的速率增加（IPCC，

① $1ppb=1\times10^{-9}$。

2013）。而近几十年来氮肥的大量施用导致农田土壤成为大气 N_2O 的首要人为排放源。尽管关于农田土壤对全球 N_2O 收支的贡献已有较多的研究（Snyder et al.，2009），但 N_2O 仍存在诸多不确定的源，释放的数量级也未知，同时自然环境中特殊时期 N_2O 的排放也往往被忽略。例如，Goodroad 和 Keeney（1984）第一次指出，在早春消融时期，土壤 N_2O 的排放急剧增加。这表明，农田非生长季可能是土壤 N_2O 排放的热点时期，存在冻融交替的土壤在冻融过程中所释放的 N_2O 可能也是大气 N_2O 收支评估中所缺失的重要源。但目前农田温室气体研究结果大多基于作物生长季，忽略了非生长季土壤 N_2O 的排放。本研究中将重点关注非生长季土壤氮、碳变化动态。

试验地位于黑龙江省哈尔滨市方正县，具体地理坐标为 128°48′43″E，45°49′46″N，是典型的中纬度季节冻土区，作物非生长季长达 200 多天，全年有超过一半时间土壤处于冻结和积雪覆盖状态。该地区年内温差较大，近十年来年平均气温 2.6℃，年内 7 月温度最高，月平均温度可达 22.3℃，极端高温曾达 36.3℃；1 月温度最低，月平均气温-20.6℃，极端低温曾达-36.8℃。冬季平均积雪厚度 15cm，最大积雪厚度一般在 2 月份，达 50cm。该县地势平坦，平均海拔 50～200m；河流水系发达，灌溉条件便利；土壤肥沃，有机质平均含量 15～25g/kg，属于世界三大黑土区之一，是我国重要的粮食生产基地。大田农作物主要为水稻和玉米。5 月初～9 月底为作物生育期，10 月初～次年 4 月底为农田休闲期。该地区林地多为天然次生林，同时建有大面积人工林。

本研究中试验样地分别选择当地四种典型土地利用类型，包括两类农田（水稻田、玉米田），两类林地（天然林、人工林）。每块样地中随机设置三个小区，农田的小区面积为 5m×10m，林地为 10m×10m。农田小区的所有管理措施与当地的田间管理方式相同。天然林中乔木以栎树为主，人工林中所植树种为红松。水稻田、玉米田的耕作年限分别为 15 年和 30 年，天然林为温带落叶阔叶次生林，林龄约 30 年，人工林仅包括红松一种树木，林龄 15 年。

在每个小区中随机布设静态箱底座，选择在晴天的上午 8:00～11:00 采集气体样品，使用气相色谱仪测定气样中 N_2O、CO_2、CH_4 浓度。为准确评估非生长季土壤温室气体的排放量，10～11 月（土壤开始自上而下冻结）、3～4 月（土壤开始逐步融化），这两个土壤冻融的关键时期内将采样频率提高为每两天一次，而在生长季和冬季覆雪期内每 10 天采集一次。春季融化期日进程的监测中每两小时采集一次气样，每天 12 次，连续监测两天。土壤样品的采集日期与采气相同。土壤主要分析的指标有铵态氮（NH_4^+）、硝态氮（NO_3^-）、溶解性有机氮（dissolved organic nitrogen，DON）、溶解性总氮（total dissolved nitrogen，TDN）、溶解性有机碳（dissolved organic carbon，DOC）、微生物量碳（microbial biomass carbon，MBC）、微生物量氮（microbial biomass nitrogen，MBN）。另外同步监测土壤温度（soil temperature，ST）、土壤湿度（soil moisture，SM）、大气温度、降水的变化情况，且记录冬季积雪出现、覆盖和融化的时间，以及冬季积雪厚度的变化。

下文将对冻融交替下土壤氮的测定结果进行分析，土壤碳的测定结果分析见第 5 章。

4.1 土壤有效氮库特征

4.1.1 铵态氮

非生长季四类样地的土壤 NH_4^+ 含量呈 U 形变化趋势但无明显的峰谷，即秋季冻结期逐渐降低，冬季覆雪期达到最低值且长期维持在低的水平，次年春季融化期含量增加（图 4-1）。不同的是，农田土壤 NH_4^+ 含量在秋季急剧减少，稻田和玉米田的下降幅度达到 14～15mg/kg，而两类林地的降幅仅为 4～8mg/kg。同时值得注意的是，在融化期四类样地的土壤 NH_4^+ 含量变化剧烈，融化初期 NH_4^+ 含量急剧增加，稻田、玉米田、天然林、人工林土壤 NH_4^+ 含量分别增加至 18.38mg/kg、7.99mg/kg、29.24mg/kg、22.66mg/kg，其分别是融化前的 7.24 倍、8.32 倍、6.54 倍、12.32 倍。尽管在融化期 NH_4^+ 含量整体上呈增加趋势，但四类样地在融化初期（3 月底）NH_4^+ 含量出现峰值后又迅速下降，4 月底又开始缓慢增加。四类样地

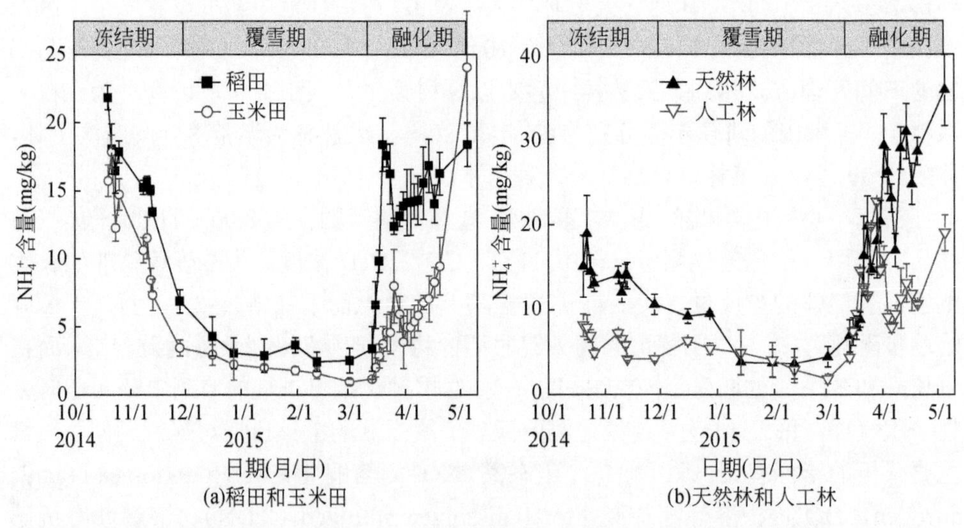

图 4-1 非生长季四类样地土壤铵态氮（NH_4^+）含量变化特征（2014 年 10 月～2015 年 5 月）

间，非生长季内两类林地土壤 NH_4^+ 含量高于农田，稻田高于玉米田，天然林高于人工林。另外，玉米田 NH_4^+ 含量在 5 月 5 日急剧增加，这主要与播种前（4 月 28 日）土壤的翻耕有关。

4.1.2　硝态氮

非生长季四类样地土壤 NO_3^- 含量变化类似，均呈现秋季冻结期减少，冬季覆雪期缓慢增加，次年春季融化期增加的规律（图 4-2）。冻结期，农田土壤 NO_3^- 含量减少幅度较大，达到 13～14mg/kg，而林地 NO_3^- 含量减少幅度仅为 2～4mg/kg。覆雪期，四类样地土壤 NO_3^- 含量呈累积的趋势，这同土壤 NH_4^+ 含量的变化趋势相反。稻田、玉米田、天然林、人工林在覆雪期末期 NO_3^- 含量的净增量分别为 4.41mg/kg、5.94mg/kg、27.1mg/kg 和 7.31mg/kg。其与覆雪前相比，NO_3^- 含量分别净增加了 4.74 倍、0.72 倍、6.88 倍、0.73 倍。融化期，除稻田在融化初期土壤 NO_3^- 含量有所下降而后期缓慢上升之外，其他三类样地的 NO_3^- 含量变化与 NH_4^+ 含量的变化趋势相同，即先急剧增加后下降再逐渐上升。融化初期玉米田、天然林、人工林土壤 NO_3^- 含量的最大值分别达到 32.68mg/kg、75.44mg/kg、39.56mg/kg，分别是积雪开始融化前的 6.12 倍、5.31 倍、2.49 倍。可见，除稻田外，其他样地在融化期土壤 NO_3^- 含量同 NH_4^+ 含量类似地出现了脉冲式增加的情况。另外，整个非生长季玉米田的 NO_3^- 含量均高于稻田，天然林在冻结期和覆雪期的初始阶段 NO_3^- 含量低于人工林，但在后期累积增加导致其含量超过人工林。

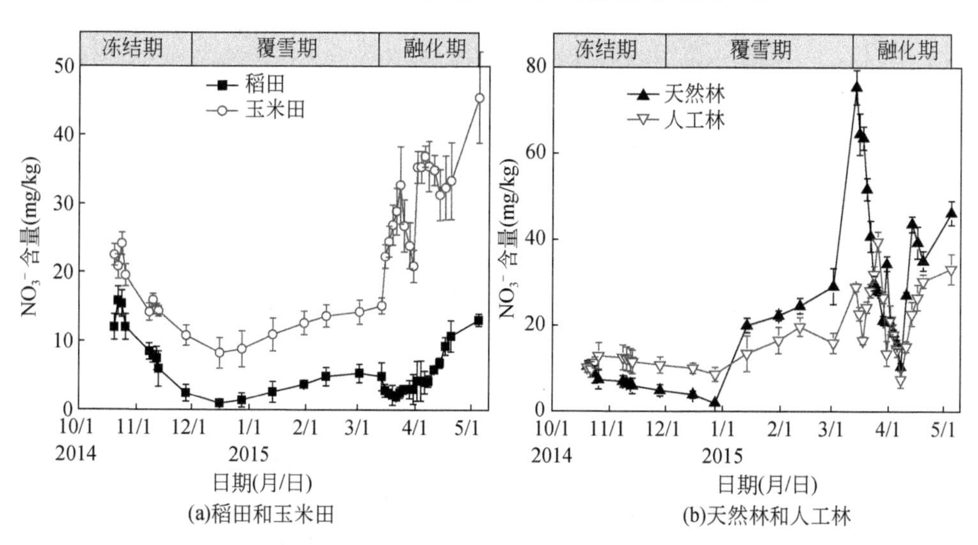

图 4-2　非生长季四类样地土壤硝态氮（NO_3^-）含量变化特征（2014 年 10 月～2015 年 5 月）

4.1.3 净氮矿化量和净氮矿化速率

四类样地的净氮矿化量和净氮矿化速率在冻结期和融化期都具有较大的波动，而在覆雪期净氮矿化量和净氮矿化速率基本保持相对恒定，特别是净氮矿化速率几乎为零（图 4-3）。冻结期，四类样地土壤净氮矿化量的变异系数（coefficient of variation，CV）达到-120.59%～-376.64%，净氮矿化速率的 CV 值达到-123.47%～

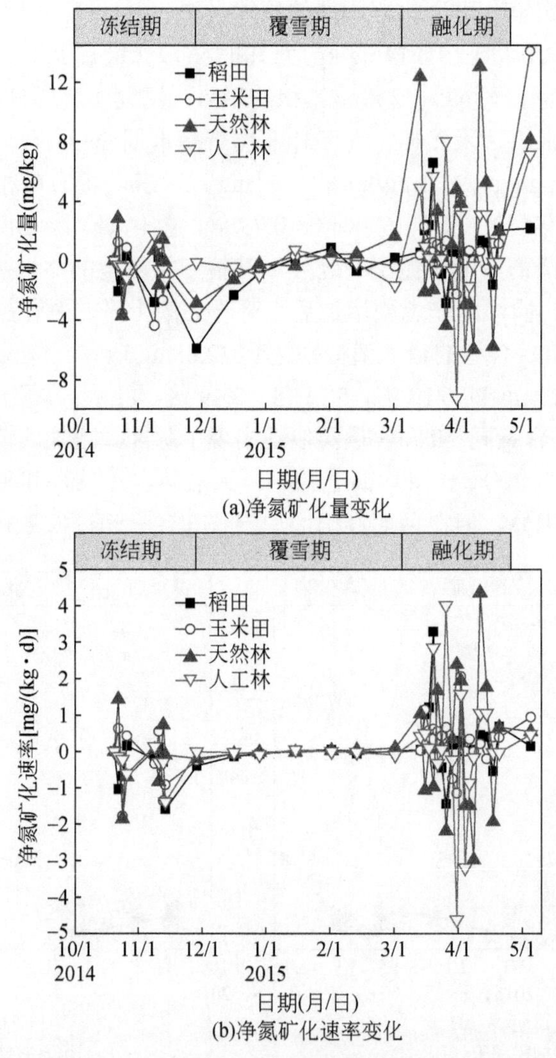

图 4-3 非生长季四类样地土壤净氮矿化量和净氮矿化速率含量变化特征

（2014 年 10 月～2015 年 5 月）

-545.35%；融化期稻田、玉米田、天然林和人工林土壤净氮矿化量的 CV 值分别为 249.21%、244.07%、350.16%、437.57%，净矿化速率的 CV 值分别为 318.24%、195.41%、1165.19%和 1289.82%。而覆雪期，四类样地的净氮矿化量小，维持在 -2.34～1.66mg/kg，净氮矿化速率也仅为-0.13～0.09mg/（kg・d）。可见，四类样地在覆雪期氮素转换量和转化速率极低，而非生长季的土壤氮素转化主要发生在冻结期和融化期，特别是融化期，且林地融化期氮素转化比农田更为激烈。另外，冻结期和融化期内矿质氮素存在快速的动态转化过程，既有剧烈的释放，也有显著的消耗，而并非净积累或消耗。

4.1.4 土壤溶解性有机氮

四类样地在非生长季内土壤溶解性有机氮（DON）含量变化规律基本一致，大致呈 W 形，即冻结期和覆雪期缓慢降低，融化期先急剧升高再持续降低然后逐渐增加（图 4-4）。冻结期和覆雪期内，四类样地土壤的 DON 含量维持在较低水平，但两类林地土壤 DON 含量高于农田。融化期内，稻田、玉米田、天然林和人工林土壤 DON 含量也呈明显的脉冲式增加，其平均含量分别是融化前的 2.23 倍、4.31 倍、4.35 倍和 2.64 倍。可见，融化期初期土壤 DON 含量同无机氮一样出现短暂集中的爆发。此外，玉米田 DON 含量在 5 月 5 日急剧增加，这同该时期 NH_4^+ 含量的变化规律相似。

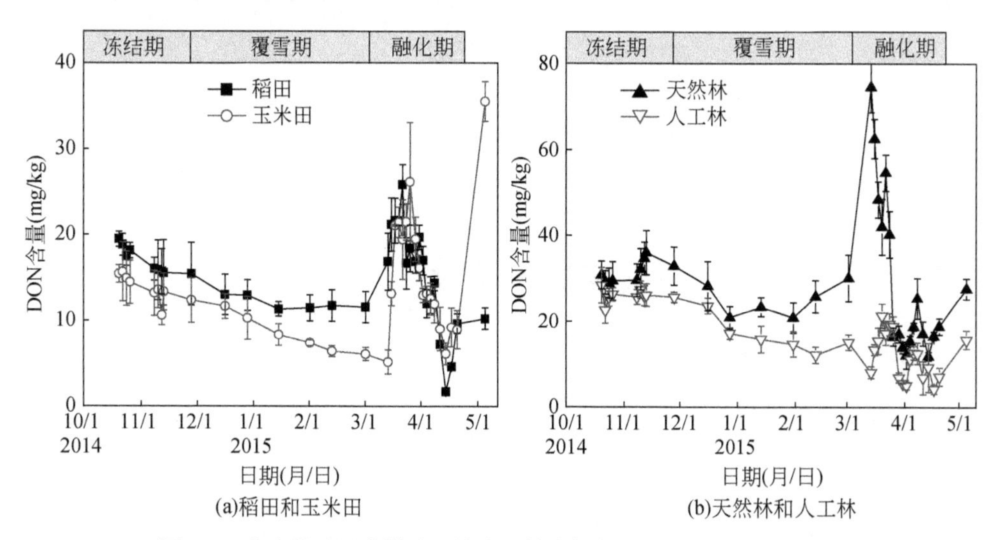

图 4-4 非生长季四类样地土壤溶解性有机氮（DON）含量变化特征

（2014 年 10 月～2015 年 5 月）

4.1.5 土壤微生物量氮

四类样地非生长季土壤微生物量氮（MBN）的变化规律相类似，均呈现出先下降再逐步上升的趋势（图 4-5）。冻结期内四类样地土壤 MBN 出现小幅度的减少，最低值出现在积雪覆盖前，而在覆雪期内 MBN 逐渐增加，两类农田的增加趋势均比两类林地明显。融化期内四类样地的 MBN 均出现了大幅度的增加，仅天然林存在极大值外，其他三类样地并未出现类似矿质氮含量脉冲式增加的现象。这表明，在季节性冻融过程中，土壤 MBN 变化相对平稳，覆雪期和融化期土壤微生物群落会增加氮固持量。

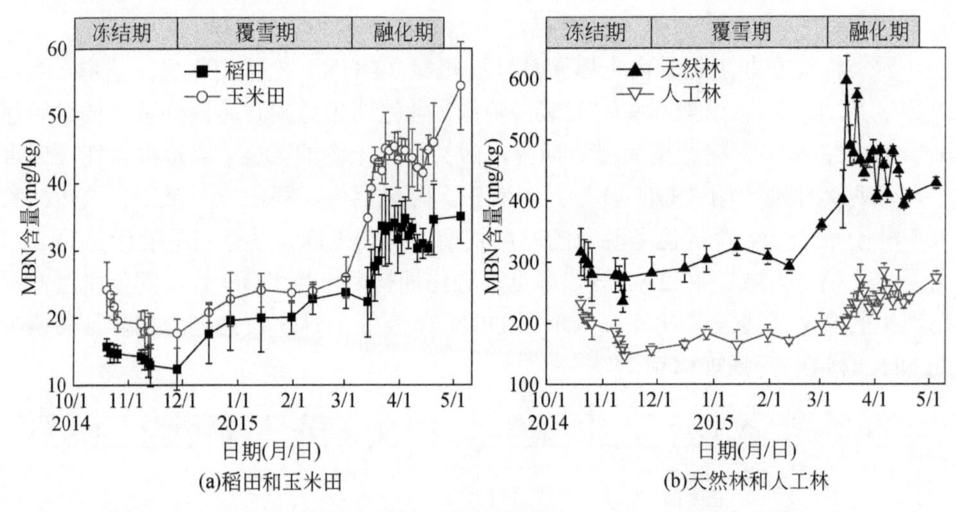

图 4-5 非生长季四类样地土壤微生物量氮（MBN）含量变化特征（2014 年 10 月～2015 年 5 月）

4.1.6 不同冻融时期土壤氮素差异

冻结期、覆雪期和融化期的方差分析结果表明，除玉米田和人工林土壤溶解性有机碳（DOC）外，四类样地土壤矿质氮（包括 NH_4^+、NO_3^-）、总无机氮（inorganic nitrogen，IN）、溶解性有机碳氮（DOC、DON）、可溶性总氮（TDN）、微生物量碳氮（MBC、MBN）、微生物量碳氮比（MBC∶MBN）及净氮矿化量（net nitrogen mineralization，NNM）和净氮矿化速率（net nitrogen mineralization rate，NNMR）含量在不同冻融期之间具有显著差异。具体差异情况见表 4-1。总体而言，四类样地土壤总有效氮素表现为融化期、冻结期>覆雪期；微生物量碳氮表现为融化期>

覆雪期>冻结期（人工林除外）；而微生物量碳氮比却表现为覆雪期>融化期、冻结期；融化期四类样地的净氮矿化量和净氮矿化速率显著高于冻结期和覆雪期（表 4-1）。总之，非生长季内土壤氮素、微生物量、矿化速率及微生物群落的碳氮构成都在不同冻融时期间发生显著变化，非生长季特别是春季融化期也是土壤养分循环的重要时期。

表 4-1　四类样地不同冻融期土壤养分及方差分析

样地	冻融期	NH_4^+ (mg/kg)	NO_3^- (mg/kg)	IN (mg/kg)	DON (mg/kg)	TDN (mg/kg)	DOC (mg/kg)	MBN (mg/kg)	MBC (mg/kg)	MBC∶MBN	NNM (mg/kg)	NNMR [mg/(kg・d)]
稻田	冻结期	16.69a	10.65a	15.39a	17.12a	24.78a	51.12b	14.28c	192.69b	13.58a	-7.89c	-0.44c
	覆雪期	3.69c	3.05b	3.56c	12.50b	12.33b	55.70b	19.44b	272.89a	13.79a	-2.72b	-0.08b
	融化期	13.85b	4.91b	11.88b	14.93ab	27.52a	79.85a	31.33a	287.90a	9.15b	13.50a	0.29a
玉米田	冻结期	12.31a	18.25b	13.70a	13.89a	34.63a	100.96a	20.24b	144.22c	7.29b	-8.36c	-0.35c
	覆雪期	2.15c	11.34c	4.23b	8.93b	18.01c	93.26a	22.71b	242.62b	10.34a	-1.18b	-0.05b
	融化期	6.31b	30.12a	11.71a	15.72a	28.69b	98.26a	43.78a	311.17a	7.71b	24.64a	0.35a
天然林	冻结期	14.45b	7.75c	12.99a	31.31a	43.47b	127.68b	283.21c	1052.43c	3.72b	-1.85b	-0.16c
	覆雪期	6.44c	17.23b	8.90c	25.99b	30.97c	132.20b	309.15b	1843.57b	6.66a	-0.67b	-0.02b
	融化期	20.26a	36.99a	24.11a	29.61ab	54.15a	273.36a	462.86a	2835.24a	6.40a	15.81a	0.16a
人工林	冻结期	6.47b	11.53b	7.64b	25.98a	32.82a	113.27a	189.28b	907.74b	4.87b	-2.79b	-0.35c
	覆雪期	4.26c	13.58b	6.38b	17.69b	22.25b	108.93a	174.80b	1213.51a	6.90a	-0.73b	-0.03b
	融化期	12.55a	23.37a	15.04a	11.65c	26.69b	116.55a	240.61a	1078.21a	4.60b	12.31a	0.14a

注：表中小写字母表示不同处理之间的差异显著性（$P<0.05$）

4.2 冻融环境下土壤 N_2O 通量

4.2.1 N_2O 通量年际动态

2014 年 10 月至 2016 年 5 月的监测结果表明，季节性冻土区土壤 N_2O 排放在一年中具有显著的季节动态特征（图 4-6）。春季融化期和植物生长季是土壤 N_2O 排放的两个重要时期。非生长季，稻田、玉米田、天然林和人工林四类土地利用方式下土壤 N_2O 排放速率长期维持在较低的水平，甚至在冬季覆雪期内四类样地土壤 N_2O 表现为弱吸收。而本研究发现，当春季积雪融化后，土壤解冻过程中四类样地土壤 N_2O 通量急剧增加，融化期的峰值是冬季覆雪前土壤 N_2O 最大排放速率的 9～20 倍。2015 年、2016 年春季融化期四类样地土壤 N_2O 排放速率的峰值分别达到 257.43μg/(m^2・h)、210.48μg/(m^2・h)(稻田)；207.44μg/(m^2・h)、199.15μg/(m^2・h)（玉米田）；71.86μg/（m^2・h)、110.89μg/（m^2・h)（天然林）和 87.04μg/(m^2・h)、67.56μg/（m^2・h)（人工林）。且春季排放峰值也是全年的最大值，其中，稻田和天然林土壤春季 N_2O 爆发性释放的特征尤为突出，前者 2015 年和 2016 年融化期内的峰值是生长季峰值的 11～13 倍，后者为 6～10 倍。但各类样地春季排放高峰期持续时间较短，均集中在 3 月中旬至 3 月底，4 月初时通量值迅速降低至较低的水平。生长季，四类样地土壤 N_2O 均存在持续性排放。稻田、玉米田、天然林和人工林土壤 N_2O 通量的波动范围分别为-2.62～18.54μg/（m^2 • h）、5.54～152.51μg/（m^2 • h）、1.62～10.92μg/（m^2 • h）、2.77～46.06μg/（m^2 • h）。其中，玉米田和人工林存在明显的峰值，前者峰值发生在追肥后不久（2015 年 6 月初），后者峰值出现在 7 月底。而在整个植物生长季内，稻田和天然林土壤 N_2O 通量始终在较低的水平波动，且不存在明显的峰值。另外，在生长季末期，玉米田土壤 N_2O 通量存在另一个排放小高峰期，峰值为 56.20μg/（m^2 • h），该特征有别于其他三类样地。

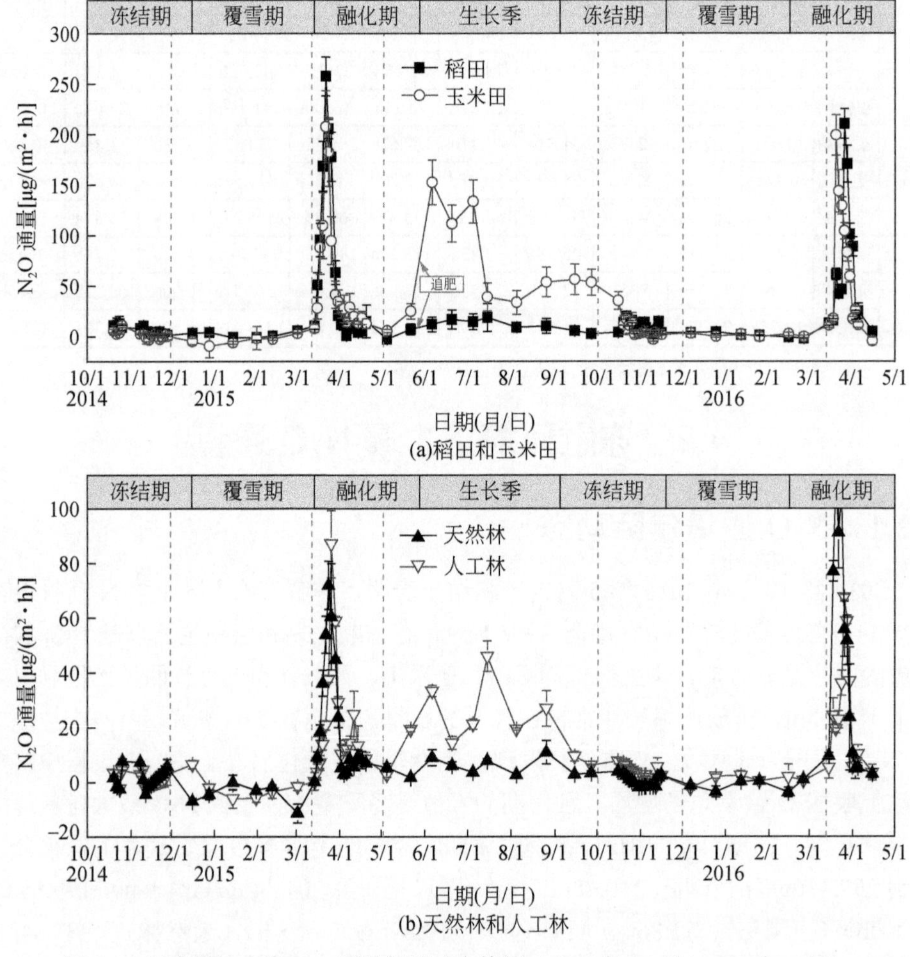

图 4-6　四类样地土壤 N_2O 通量年际动态特征（2014 年 10 月～2016 年 5 月）

全年内四类样地之间土壤 N_2O 排放动态特征差异主要体现在生长季。其中，玉米田 N_2O 排放速率在施肥后迅速增加，且在之后的 1 个月的时间内维持在较高的水平［100～150μg/（m^2·h)]，7 月中旬至 8 月中旬排放速率降低，而 8 月底至 9 月底再次增加，出现另一个排放小高峰期。尽管稻田 5～7 月 N_2O 排放速率有所增加，但增加趋势并不突出，整个生长季始终维持在较低的排放水平。生长季内两类林地土壤 N_2O 排放均表现为不规则波动，但人工林的排放速率始终高于天然林，同时在 7 月底出现最高峰，而天然林并未出现明显的排放峰。另外，虽然在非生长季四类样地土壤 N_2O 的排放规律相似，但农田（稻田和玉米田）土壤在春季的 N_2O 排放峰值远高于林地（天然林和人工林）。

4.2.2 N_2O 通量季节特征

（1）不同冻融期 N_2O 平均通量

统计分析表明，时期和样地两个因素均显著影响土壤 N_2O 通量（表 4-2)。稻田、玉米田、天然林、人工林土壤 N_2O 年平均通量分别为 19.01μg/(m^2·h)、27.47μg/（m^2·h)、5.61μg/（m^2·h)、9.32μg/（m^2·h)。其中，两类农田之间、两类林地之间年平均通量差异均不显著，但两类农田的 N_2O 年平均通量均显著高于两类林地。同时，非生长季内四类样地的 N_2O 平均通量也表现为农田［水稻田 20.26μg/（m^2·h)，玉米田 15.37μg/（m^2·h)］显著高于林地［天然林 4.94μg/（m^2·h)，人工林 5.2μg/（m^2·h)]，而两类农田之间、两类林地之间差异均不显著。但生长季内，玉米田土壤 N_2O 平均通量［63.56μg/（m^2·h)］显著高于其他三类样地，稻田和天然林平均通量［8.84μg/（m^2·h）和 5.18μg/（m^2·h)］显著低于人工林［20.56μg/（m^2·h)]。另外，四类样地在生长季和非生长季的 N_2O 平均通量变化规律并不完全相同，其中，玉米田和人工林生长季 N_2O 平均通量显著高于非生长季，而稻田却恰好相反，天然林土壤 N_2O 平均通量则在这两个季节内基本相当［图 4-7（a)]。

表 4-2 N_2O 通量方差分析

因素	自由度 df	*F* 值	显著性
时期	3	6.779	0.000
样地	3	43.422	0.000
时期×样地	9	3.800	0.000

同一样地不同冻融期内，四类样地 N_2O 平均通量的变化规律相似，均表现为融化期显著高于冻结期和覆雪期。稻田、玉米田、天然林、人工林融化期的 N_2O 平均通量分别为 51.38μg/(m^2·h)、46.53μg/(m^2·h)、16.8μg/(m^2·h）和 15.89μg/（m^2·h)。稻田和天然林融化期的 N_2O 平均通量甚至高于其生长季的平均通量。冻

结期四类样地的 N_2O 平均通量仅为 7.61μg/（m^2·h）、2.64μg/（m^2·h）、1.15μg/（m^2·h）和 1.03μg/（m^2·h）。覆雪期内除稻田土壤 N_2O 平均通量为正值［1.8μg/（m^2·h）］，表现为净释放外，其他三类样地均为负值［玉米田-3.06μg/（m^2·h），天然林-3.12μg/（m^2·h），人工林-1.33μg/（m^2·h）］，表现为大气 N_2O 弱“汇”。总之，不同时期内四类样地土壤 N_2O 平均通量大小顺序表现为，稻田：融化期>生长季、冻结期>覆雪期；玉米田：生长季>融化期>冻结期>覆雪期；天然林：融化期>生长季>冻结期、覆雪期；人工林：融化期、生长季>冻结期、覆雪期（图 4-7）。

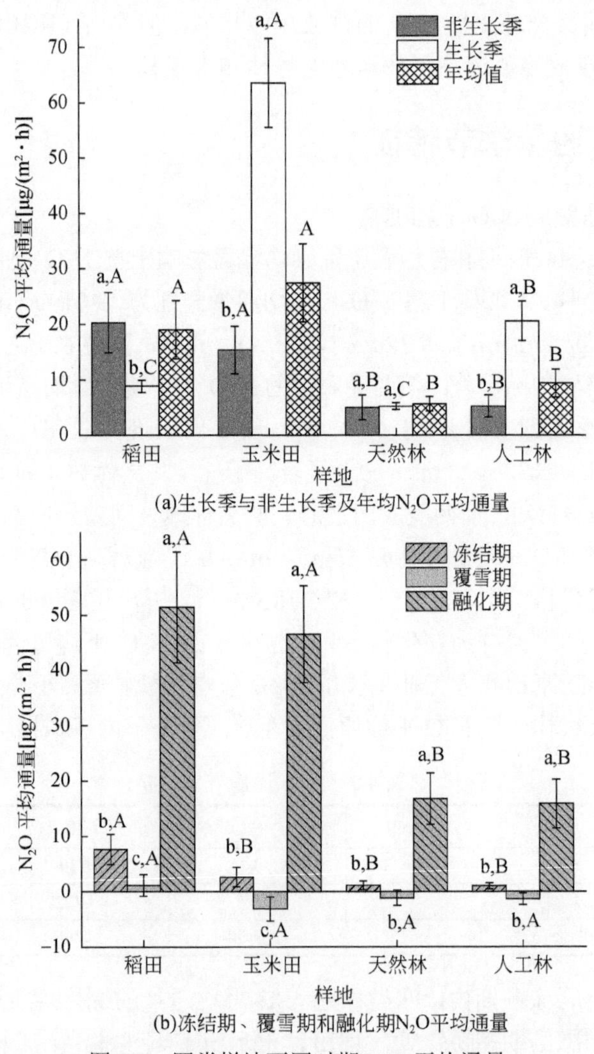

图 4-7　四类样地不同时期 N_2O 平均通量

注：小写字母表示同一样地不同时期之间通量差异性，大写字母表示相同时期不同样地之间通量差异性。不同字母表示差异显著（$P<0.05$）。误差线代表标准差

另外，不同样地在同一时期内，土壤 N_2O 平均通量大小顺序表现为：①生长季：玉米田>人工林>稻田、天然林；②冻结期：稻田>玉米田、天然林、人工林；覆雪期：四类样地平均通量无显著差异；③融化期：稻田、玉米田>天然林、人工林。可见，非生长季内四类样地排放的差异主要体现在春季融化期，且春季农田 N_2O 平均排放速率高于林地。而生长季稻田和天然林的土壤 N_2O 平均排放速率低于其他两类样地（图 4-7）。总之，季节性冻土区不同土地利用方式下土壤 N_2O 排放的季节特征有所区别。

（2）不同冻融期 N_2O 累积排放量

为进一步探索季节性冻土区土壤 N_2O 在不同冻融时期排放量及各时期对全年排放量的贡献，通过累加法计算了各个时期 N_2O 累积排放量。结果表明（图 4-8），在一个完整的季节性冻融周期内，稻田和玉米田土壤 N_2O 累积排放量分别为 1.08kg/hm^2 和 3.01kg/hm^2，而天然林和人工林的累积排放量低于农田，仅为 0.34kg/hm^2 和 0.99kg/hm^2。其中，玉米田的年 N_2O 累积排放量显著高于其他样地，天然林的 N_2O 累积排放量最低。除稻田外，其他三类样地的土壤 N_2O 累积排放主要来源于生长季。玉米田、天然林和人工林生长季的 N_2O 累积排放量分别占全年的 78%、58%和 83%。而稻田非生长季的 N_2O 排放量对全年的贡献高达 67%。另外，尽管在生长季内天然林土壤对全年贡献较大，但非生长季的贡献也高达 42%。因此，非生长季内土壤 N_2O 排放对全年的贡献是不可忽略的。

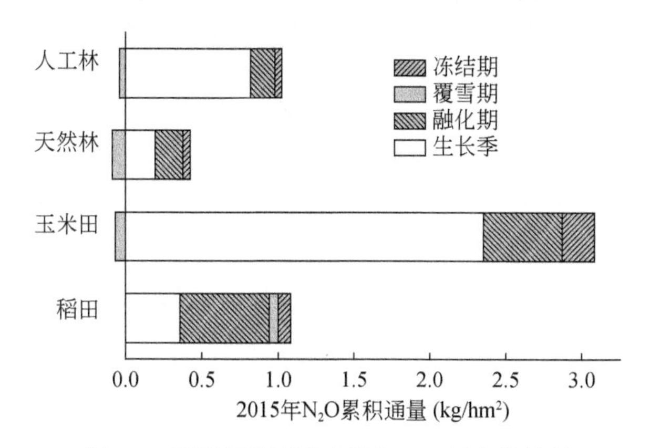

图 4-8 四类样地不同时期内 N_2O 累积排放量

针对非生长季内不同冻融时期中土壤 N_2O 的排放，结果显示（图 4-8），稻田、玉米田、天然林和人工林在融化期的排放量分别占到各自样地非生长季总排放量的 81%、71%、79%和 75%。尽管四类样地之间非生长季对全年排放量的贡献有所区别，但非生长季内四类样地的排放量有 70%～85%来自积雪和土壤融化时期。

稻田在融化期的 N_2O 累积排放量甚至占全年排放量的 54%。可见，融化期土壤 N_2O 集中释放的特征突出，因此，未来在评估季节性冻融土壤 N_2O 排放时需要考虑非生长季对年排放总量的贡献，且重点关注春季融化这一关键时期。

4.2.3 春季融化期 N_2O 通量日进程

鉴于连续两年在春季融化期监测到土壤 N_2O 存在集中爆发性释放的特征，且春季表层土壤存在显著的昼融夜冻，因此，为了判定融化期监测数据是否可靠，以及昼融夜冻条件下温室气体的排放情况，本研究在 2016 年春季融化期内对稻田和玉米田做了两天土壤温室气体排放的昼夜进程测定。结果表明，两类样地土壤 N_2O 排放存在明显的“单峰”变化规律，白天上午排放速率具有较大的增幅，而下午排放速率急剧下降，晚上排放极低甚至弱吸收。2016 年 3 月 19 日～3 月 22 日白天稻田和玉米田土壤 N_2O 的平均排放速率分别为 53.28μg/（m^2 • h）、79.89μg/（m^2 • h），而夜间平均排放速率仅为 10.89μg/（m^2 • h）、21.06μg/（m^2 • h），两类样地白天 N_2O 平均通量是夜间的 4～5 倍。但不同样地和不同天之间土壤 N_2O 排放昼夜进程峰值和峰值出现的时间不同。其中，稻田 3 月 19 日和 3 月 21 日的峰值分别为 54.11μg/（m^2 • h）和 121.36μg/（m^2 • h）；玉米田土壤 N_2O 排放在这两日的峰值分别为 85.47μg/（m^2 • h）和 152.4μg/（m^2 • h）。另外，3 月 19 日稻田土壤 N_2O 排放最高峰出现在 12:00 时前后，而玉米田则出现在 16:00 时前后；3 月 21 日两类样地的排放峰值出现的时间较为接近，为 10:00～12:00 时。昼夜之间的通量最小值出现在日出前 2:00～4:00 时，其中，稻田的最小通量为-1.05～0.88μg/（m^2 • h），玉米田最小通量略高于稻田，为 0.58～9.13μg/（m^2 • h）（图 4-9）。

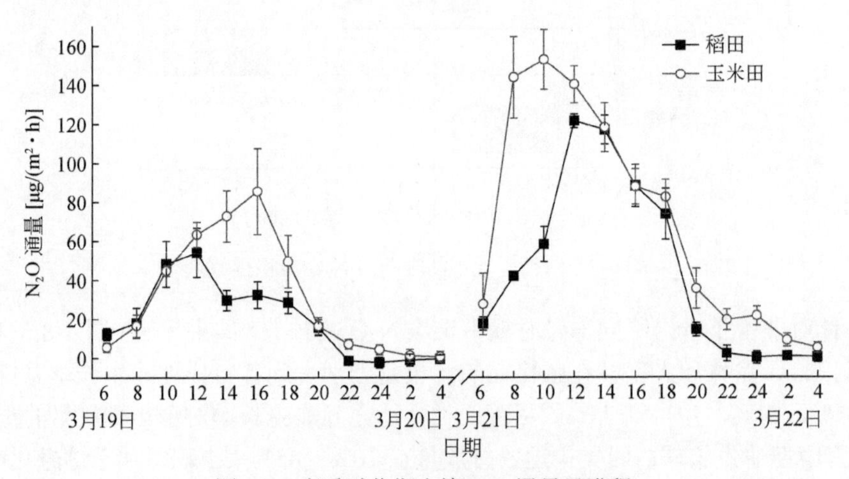

图 4-9 春季融化期土壤 N_2O 通量日进程

4.3 非生长季 N_2O 排放影响机制

4.3.1 春季昼夜冻融对 N_2O 排放影响

春季融化期表层土壤伴随昼夜大气温度变化呈现明显的昼融夜冻现象，这种昼融夜冻循环的时间持续近 1 个月。为确定昼夜之间的冻融循环是否影响融化期土壤 N_2O 排放，本研究连续监测了昼夜之间稻田和玉米田表层土壤（10cm）温度的变化情况和土壤 N_2O 排放的日进程。结果（图 4-10）表明，在春季融化期内，所监测的日期（2015 年 3 月 19～3 月 22 日）中大气昼夜温度在-6～10℃波动，最低温度出现在早晨 5 时前后，最大值出现在午后 14:00 时左右。稻田和玉米田土壤温度昼夜变化呈明显的正态峰，与大气温度变化不同的是，土壤温度在夜晚变化幅度很小，夜间基本维持在 0～-1℃，其并未随大气温度的降低而显著下降。稻田与玉米田土壤温

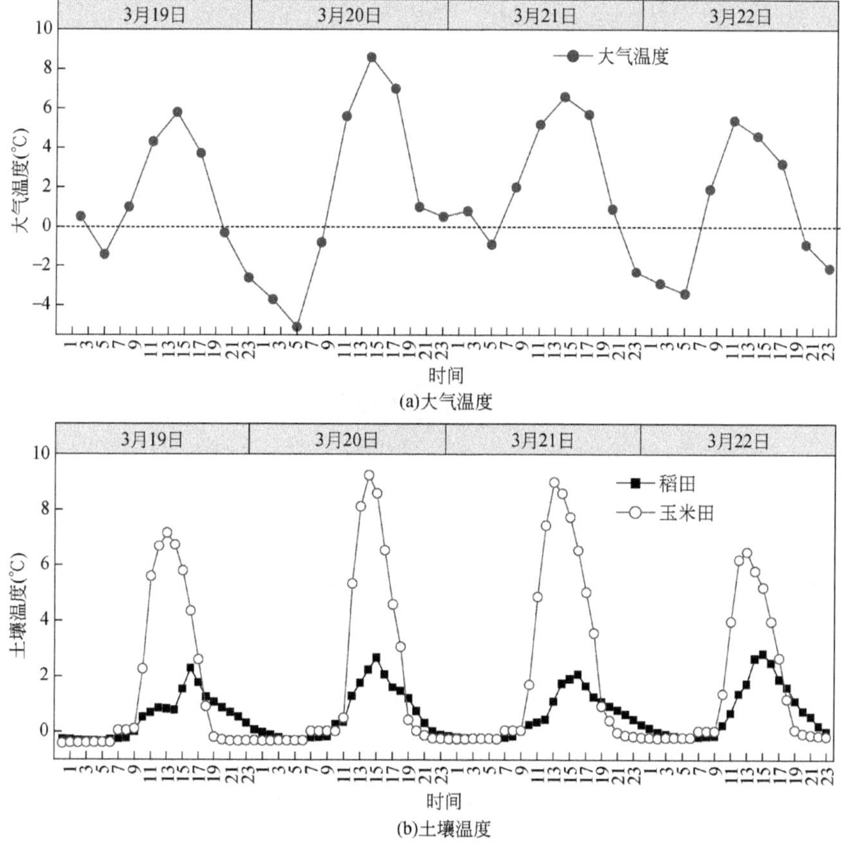

(a)大气温度

(b)土壤温度

图 4-10 春季融化期（2015 年 3 月 19 日～3 月 22 日）大气温度、土壤温度昼夜变化动态

度昼夜之间的差异主要体现在白天，其中，玉米田土壤温度在白天上升迅速，峰值与当日气温的最大值相当，甚至略高，而稻田土壤温度上升较慢，峰值仅为2～3℃，且下午和晚上温度的下降也缓于玉米田。此外，玉米田的峰值出现在13:00～15:00时，稻田峰值晚于玉米田两小时，出现在15:00～17:00时。

在昼夜之间两类农田土壤N_2O通量与表层土壤温度均呈极显著线性正相关关系（$P< 0.01$）。另外，土壤N_2O通量与大气温度同样呈极显著线性正相关关系（$P< 0.01$）。这表明融化期内当白天大气温度升高，土壤解冻后N_2O排放量随土壤温度的增加而增加。相反，当夜晚温度降低，土壤冻结后排放量随之降低。可见春季融化期内土壤N_2O排放的昼夜规律受土壤温度和大气温度的控制（图4-11）。

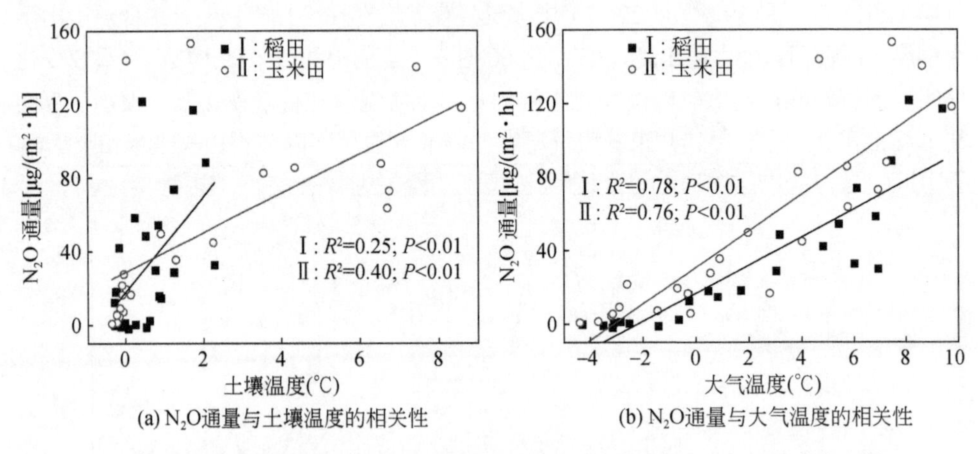

(a) N_2O通量与土壤温度的相关性　(b) N_2O通量与大气温度的相关性

图4-11　春季融化期农田土壤N_2O通量日进程与土壤温度、大气温度的相关性

4.3.2　N_2O通量与影响因素回归分析

针对非生长季内N_2O排放突出的特征，本研究着重分析了非生长季的环境因素和土壤有效氮素及微生物量同N_2O通量的关系。环境因子中：四类样地的土壤湿度与N_2O通量均呈显著的正指数相关关系，而土壤温度和昼夜温差与N_2O通量的相关关系均不显著。另外，特别值得注意的是，在春季融化过程中土壤N_2O排放与融化的天数呈显著的峰函数关系。稻田和玉米田土壤N_2O通量与融化天数拟合函数峰值的横坐标为8.9，这表明在融化开始后的前9d时间中土壤N_2O排放量持续增加，而之后随着天数的增加，排放速率下降，融化持续18d后排放速率回归到较低水平。而天然林和人工林土壤N_2O通量的峰值比农田出现的时间相对滞后，峰值分别出现在第10d和第11d。四类样地中融化期土壤N_2O通量均在峰值

出现后约 5d 后排放速率回归到较低的水平。可见，融化期土壤 N_2O 排放速率大、时间短（图 4-12）。

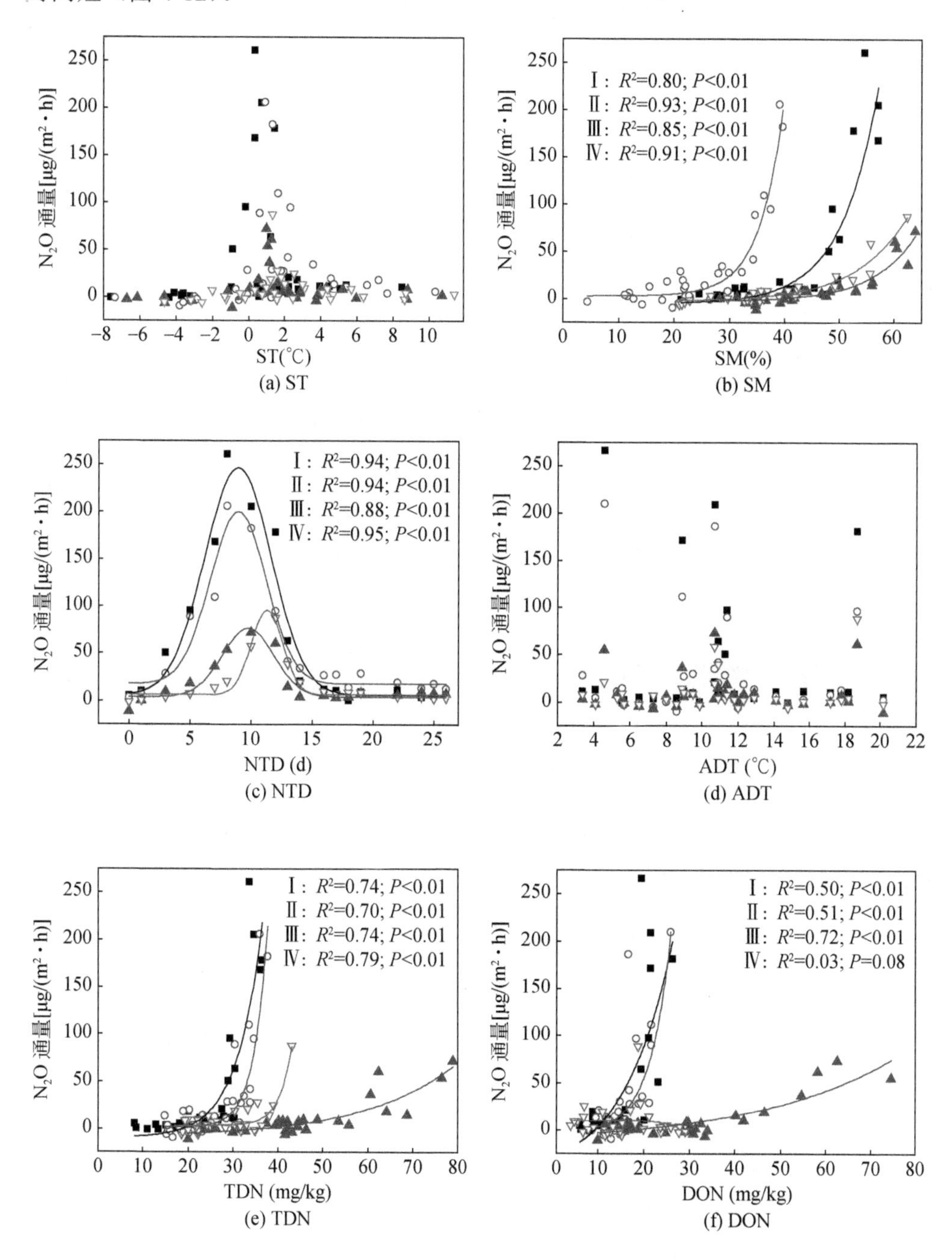

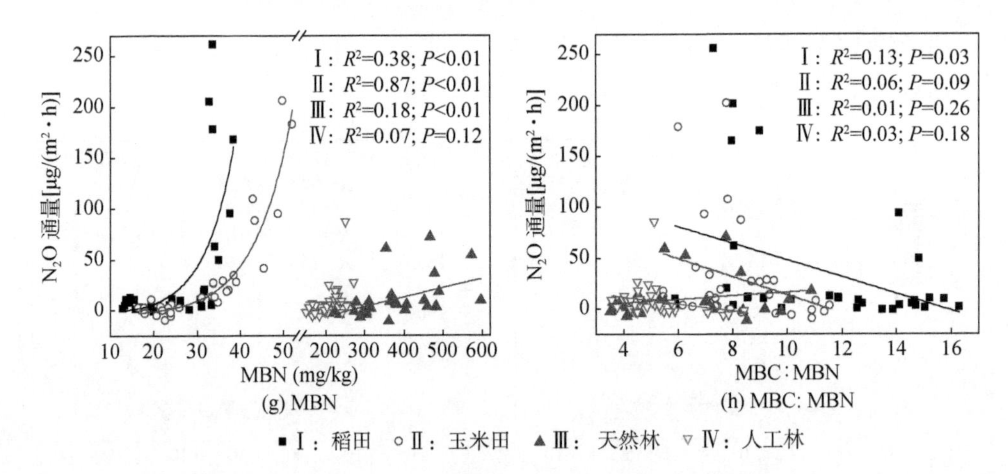

图 4-12　土壤 N_2O 通量与 ST、SM、NTD、ADT、TDN、DON、MBN、MBC∶MBN 的回归分析

注：NTD 代表融化天数，ADT 代表昼夜温差。下同

土壤有效氮素中：四类样地土壤 TDN 含量与 N_2O 通量均呈显著正指数相关关系。除人工林外，其他三类样地土壤 DON 和 MBN 含量也均与 N_2O 通量呈显著的正指数相关关系。稻田土壤 MBC∶MBN 与 N_2O 通量呈线性正相关关系，其他样地土壤 MBC∶MBN 与 N_2O 通量均无显著相关关系（图 4-12）。

4.3.3　结构方程模型

对两类农田生态系统而言，在非生长季的环境因子中土壤湿度对 N_2O 通量变异的直接效应(路径系数 β)为 0.335，且土壤湿度通过 NH_4^+—N_2O、NH_4^+— MBN—N_2O、NH_4^+—NO_3^-—MBN—N_2O、NO_3^-—MBN—N_2O、DON—N_2O、DON—NO_3^-—MBN—N_2O 和 MBN—N_2O 这七条途径对 N_2O 通量的间接影响分别为 0.080、−0.049、−0.041、−0.049、0.131、0.012 和 0.208。可见，土壤湿度对 N_2O 通量变异的总解释度为 0.627，这表明非生长季土壤湿度可以解释土壤 N_2O 通量变异的 62.7%。而土壤温度与 N_2O 通量的直接效应相关性不显著，但土壤温度通过显著影响 NH_4^+（β=0.558）和 NO_3^-（β=0.784）而间接影响 N_2O 排放，其通过 NH_4^+—N_2O、NH_4^+—MBN—N_2O、NH_4^+—NO_3^-—MBN—N_2O 和 NO_3^-—MBN—N_2O 这四条途径对 N_2O 通量的间接影响分别为 0.115、−0.076、−0.059 和 0.137（图 4-13）。可见，土壤温度对 N_2O 通量的间接效应的总和仅为 0.123。所以，农田土壤在非生长季内，决定 N_2O 排放的主要环境因子是土壤湿度，而非土壤温度。

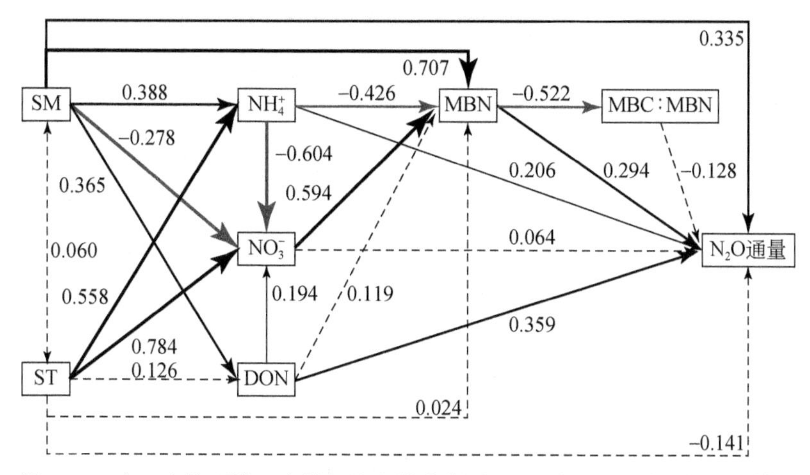

图 4-13 农田土壤环境、有效氮素和微生物对 N_2O 通量影响的结构方程模型

在土壤 N_2O 生产反应底物的各类有限氮素中，除 NO_3^-外，NH_4^+和 DON 含量对 N_2O 通量均具有显著的直接正效应（β=0.206，β=0.359）。NH_4^+通过 MBN—N_2O 和 NO_3^-—MBN—N_2O 这两条途径对 N_2O 通量的影响均为负效应（−0.125 和 −0.105）。NO_3^-通过 MBN—N_2O 途径对 N_2O 通量影响的间接效应为 0.175。DON 通过 NO_3^-—MBN—N_2O 途径对 N_2O 通量影响的间接效应仅为 0.034。总之，NH_4^+、NO_3^-和 DON 三种有效氮素对非生长季农田土壤 N_2O 通量的总效应达到 0.544。另外，MBN 对 N_2O 通量变异的直接解释度达到 0.294。而 MBC∶MBN 对 N_2O 通量的效应不显著（图 4-13）。可见，非生长季农田土壤有效氮素水平和微生物量分别作为氮素生物化学转化的反应底物和主体对 N_2O 排放具有决定意义。

同农田生态系统类似，土壤湿度仍是影响两类林地非生长季土壤 N_2O 通量的主要环境因素，其直接效应为 0.625。同时，土壤湿度对土壤有效氮有强烈的正效应，其通过 NH_4^+—N_2O、NO_3^-—N_2O 和 DON—N_2O 这三条途径对 N_2O 通量的间接效应分别为 0.115、0.167 和 0.185。但由于 MBN 对 N_2O 通量具有显著的负效应（β=−0.555），而 NH_4^+、NO_3^-和 DON 又对 MBN 具有正效应，土壤湿度通过 NH_4^+—MBN—N_2O、NO_3^-—MBN—N_2O 和 DON—MBN—N_2O 这三条途径对 N_2O 通量的间接效应为负，分别为−0.135、−0.152、−0.098。可见，非生长季土壤湿度对 N_2O 通量的总效应为 0.707（β 直接效应=0.625，β 间接效应=0.082）。另外，土壤温度对 N_2O 通量的直接效应不显著，其仅通过 NH_4^+—MBN—N_2O 和 NH_4^+—N_2O 这两条途径间接影响 N_2O 排放，但两条途径的正负效应大致相互抵消（图 4-14）。所以，同农田土壤一样，与土壤温度相比，土壤湿度仍是影响非生长季林地土壤 N_2O 排放的主要环境因子。

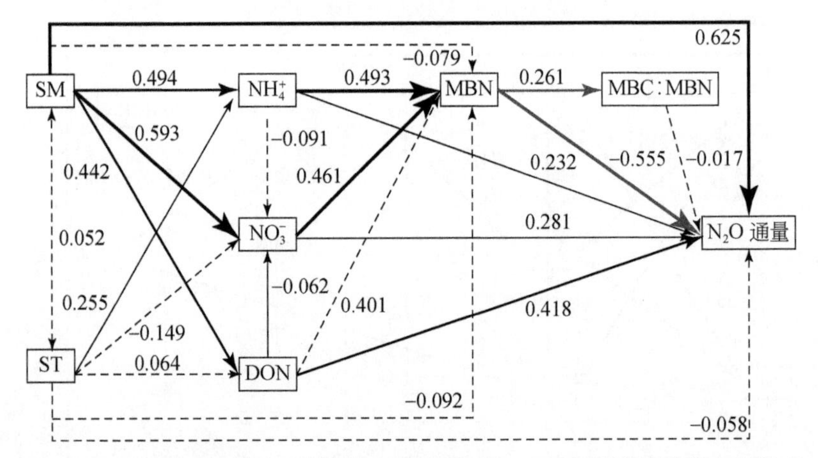

图 4-14　林地土壤环境、有效氮素和微生物对 N_2O 通量影响的结构方程模型

林地中土壤有效氮含量对土壤 N_2O 通量具有显著的正效应，其中，NH_4^+、NO_3^-和 DON 含量对 N_2O 通量的直接效应分别为 0.232、0.281 和 0.418，可见，这三类有效氮素共能够直接解释非生长季 N_2O 通量变异的 93.1%。与农田所不同的是，林地土壤 MBN 对 N_2O 通量具有显著负效应（β=−0.555）。这也导致 NH_4^+、NO_3^-和 DON 通过 MBN—N_2O 途径对 N_2O 通量具有一定的负效应，分别为−0.274、−0.256、−0.223。林地土壤 MBC∶MBN 对 N_2O 通量的效应同样不显著（图 4-14）。

总之，土壤湿度是影响非生长季土壤 N_2O 排放最重要的环境因子，土壤有效氮作为氮转化的原料对 N_2O 生产和排放具有决定作用。

4.4 讨　论

4.4.1 冻融交替和积雪覆盖对土壤养分的影响

积雪融化、土壤解冻是造成中高纬度地区春季土壤有效氮素大量释放的重要生态过程。本研究中春季融化期土壤有效氮素呈脉冲式释放，土壤 NH_4^+、NO_3^-、DON 及 DOC 含量的峰值是土壤解冻前的 2～12 倍。同时，融化期内净氮矿化量和净氮矿化速率的剧烈波动也表明该时期土壤氮素转化强烈，因此，剧烈的矿化是造成该时期氮素有效性显著增加的直接原因。类似的原位试验研究同样发现，春季融化期土壤氮矿化量增加，如 Edwards 等（2006）发现，加拿大北部的冻土沼泽草甸从 4 月初至 4 月末土壤 NH_4^+和 DOC 含量稳步增加，最大值是融化前的 2 倍之多。另外，诸多冻融模拟试验也证实冻融交替会增加土壤养分的释放。例如，Nielsen 等（2001）、Deluca 等（1992）和 Herrmann 和 Witter（2002）曾发现，林地、农田土壤经过冻结处理后净氮矿化量增加了 2～3 倍。Yu 等（2011）利用中国东北三江的沼泽草甸、湿地及大豆农田的土壤模拟了冻融对土壤淋溶的影响，结果同样显示，冻融处理后土壤淋溶液中 NH_4^+、NO_3^- 和 DOC 含量显著增加。周旺明等（2008）通过模拟不同冻结温度和冻融交替次数发现，三江平原沼泽湿地土壤 DOC 和 DON 含量分别在第 1 次和第 4 次冻融处理后出现峰值，为对照的 2～4 倍。本研究中，除稻田 NO_3^- 和人工林 DOC 在春季并未显著增加外，其他样地土壤的有效碳氮含量均存在明显的释放峰。综上可见，冻融对加速土壤养分的释放作用在各种类型的生态系统中是普遍存在的。

剧烈的冻融扰动是造成春季融化期土壤有效氮素增加和净氮矿化量迅速增加的主要原因。原因主要有：①冻融过程中物理作用力造成团聚体结构碎化，释放出新鲜的有机质（Lehrsch et al.，1991）；②土壤有机质的胀缩过程中导致与土壤颗粒结合的大分子有机质的氢键发生断裂，进而释放出更多小分子的有机质；③化学键的断裂还会使被晶格包裹的铵根得以释放（Freppaz et al.，2007）；④土壤冻结中水分形成冰晶会杀死部分微生物，其裂解后释放出小分子糖和氨基酸，增加土壤溶解性碳氮含量（Yanai et al.，2011；杨思忠和金会军，2008）；⑤也有研究指出，土壤融化过程中表层土壤养分的增加是土壤溶液水盐运移所致。因为在土壤自上而下的冻结过程中，冻结层土壤水势降低导致水分不断向上迁移，引起盐分同步上移，当土壤开始融化后加之强烈的地表蒸发使得累积于冻结层中的盐分在融化的表层土壤聚集（张殿发和郑琦宏，2005）。

然而，冻融扰动对土壤氮素释放的刺激是有限的。本研究发现，春季四类样地土壤 NH_4^+、NO_3^-、DON 及 DOC 含量均在融化期出现峰值后又迅速下降。这一结果在一些室内模拟试验中也得到了验证。例如，Schimel 和 Clein（1996）发现，第 1 次冻融交替结束后，苔原桤木-白杨混交林土壤净氮矿化提高 3 倍，而在之后随循环次数的增加净氮矿化量无变化。Herrmann 和 Witter（2002）通过模拟试验证实，在少次（1～4 次）冻融交替处理结束后，土壤净氮矿化迅速增加，但之后随循环次数的增加净氮矿化量不再变化。Grogan 等（2004）同样发现 1 次冻融交替显著提高了极地苔原土壤 DON 含量，而多次冻融交替后 DON 含量反而降低。周旺明等（2008）发现随着冻融次数的增加，土壤 DOC 和 DON 含量呈先增加后降低的趋势，土壤 DOC 含量在 1 次冻融后达到最大值，而土壤 DON 分别在 2 次（−5℃/5℃冻融循环处理）和 4 次冻融循环（−25℃/5℃冻融循环处理）后达到最大值。这些模拟试验共同表明，易受冻融作用影响的不稳定、易分解的活性土壤碳库、氮库数量是有限的。尽管融化初期土壤养分有效性激增，但这种增加可能更多的是土壤冻融过程中剧烈的土壤环境变化导致的一种短期的激发效应，或者是以养分的物理性释放为主，如团聚体破碎、微生物死亡裂解、晶格释放和水盐运移等。例如微生物量氮库在土壤总氮中的比例仅占10%左右（Nannipieri and Eldor，2009），同时微生物量的恢复需要一定时间，因此，冻融交替过程中微生物“死亡—再生”所释放的氮素对土壤总有效氮的贡献有限。Herrmann 和 Witter（2002）综合分析认为，冻融交替作用所增加的有效氮含量仅占氮库的11%～16%。另外，尽管冻融会杀死部分微生物，但其他存活下的微生物反而能快速、高效地利用死亡微生物或由物理作用所释放的有效养分，使有效养分被转移到微生物体内，进而导致净氮矿化量下降。本研究中发现，融化期微生物量氮呈稳步增加的趋势，这恰好支持以上的解释。汪太明等（2011）利用三维荧光分析发现，冻融交替处理后荧光图谱中新出现类蛋白荧光峰，该蛋白是生物降解的产物，表明冻融过程中微生物降解活动增强。因此，融化初期土壤养分增加后又迅速减少，可能与养分的脉冲式释放刺激了微生物活性，进而导致微生物的固持作用增强有关。但也有研究发现，经过大量的冻融交替处理后（42 次），青海云杉林和高山灌丛林土壤中无机氮含量依然提高了2.42 倍和2.82 倍（常宗强等，2014）。因此，冻融交替对土壤有机质分解的长期影响也是不容忽视的。

与室内模拟试验不同的是，在田间尺度上研究并未监测到昼融夜冻循环对土壤养分的显著影响。尽管在 2014 年 10～11 月存在长达两个月昼融夜冻的气象条件，但研究却发现，四类样地土壤 NH_4^+、NO_3^-和 DON 含量并未有所增加，反而呈逐渐下降的趋势。导致秋末冬初土壤有效氮含量并未像模拟试验及春季土壤融化期脉冲式增加的原因可能如下：①大部分室内试验冻融温度的设定与田间情况不符。因为尽管在冬初存在昼融夜冻的气象条件，但由于土壤自身比热大，加之深层土壤温度向上的扩散，以及一些地表凋落物（如农田秸秆、林地落叶）的存在，均在一定程度上减缓了表层土壤随大气温度变化发生昼夜剧烈波动。所以即便夜间大气温度低于0℃时，上层土壤温度变化仍相对温和。研究监测结果也证实，表层土壤初冬冻结与初春融化均滞后大气温度 15～30d，且在冻结初期和融化初期表层土壤夜间均维持在-1～0℃，表层土壤（10cm）的昼夜温差也小于10℃。而室内模拟实验未对除顶部之外的容器周壁采取隔热措施，导致土柱的温度变换迅速，且冻结和融化的温度波动幅度较大，达 10～40℃，这与实际大气温度昼夜之间的缓慢变化不符（Henry，2007）。Nielsen 等（2001）就曾报道，当冻结低温为-13℃（极端）时，Oa 层土壤净氮矿化量增加，-3℃（温和）时无变化；Reinmann 等（2012）发现，经极端冻结（-15℃）处理后云杉-冷杉混交林和糖枫-山毛榉混交林土壤 NH_4^+ 含量分别由 1.5mg N/kg、2.9mg N/kg 增加至 9.6mg N/kg、29.1mg N/kg，净增 5.4 倍、9.0 倍。Larsen 等（2002）发现，适度冻结（-1℃）对桦树林和枫树林土壤净氮矿化无影响，甚至发现在-4℃/2℃

的冻融交替条件下净氮矿化量低于未冻结和永久冻结处理组。周旺明等（2008）将冻结温度分别设置为-25℃、-5℃时也发现，极端的冻结处理（-25℃）导致沼泽湿地土壤的矿化量显著高于温和的冻结处理（-5℃）。因此，极端的冻结温度、巨大的冻融温差及快速的冻融过程使模拟试验的冻融效应比田间更显著。相反，在自然条件下，温和的冻结温度、较小的土壤温差和缓慢的冻融进程使田间尺度的土壤氮素对昼融夜冻的响应并不强烈。②秋季温度缓慢下降，土壤微生物经历类似于低温“驯化”后，其生物化学过程对昼融夜冻的扰动产生适应（Schimel et al.，2007）。因此，微生物对温度变化的耐受性也可能使得初冬土壤微生物参与的氮素生物化学过程并未随温度的变化而发生显著改变。然而，在经历了漫长的冬季土壤冻结、积雪覆盖后土壤微生物可能长期受到低温和有效氮不足的胁迫，因此，当春季温度上升、土壤融化时土壤条件的改善会迅速刺激氮转化相关的生物化学过程，进而使有机质分解加速、净氮矿化量增加。但目前冻融的原位研究中多关注春季土壤从冻结到融化（解冻）这一过程中的冻融效应，而关于秋季/初冬土壤由融化状态过渡到冻结状态（上冻）及深冬覆雪条件下土壤氮素转换的生物化学过程还鲜有报道。

另外，研究还发现，土壤融化过程中不同样地之间净氮矿化的变化规律有所区别。尽管融化初期玉米田、天然林、人工林 NO_3^- 含量出现大幅增加，但稻田 NO_3^- 含量却较长时间维持在低水平，甚至表现为净消耗。Edwards 等（2006）和 Nielsen 等（2001）也曾监测到春季融化期土壤 NO_3^- 近乎不变或者减少的情况。这可能是因为该时期反硝化作用的效率高于硝化作用，使大量 NO_3^- 被消耗，因此，NO_3^- 积累量小于消耗量，故表现为净消耗。Ludwig 等（2004）、Priemé和 Christensen（2001）、Öquist 等（2004）分别通过同位素标记法、乙炔抑制法、控制氧气分压法研究表明，冻融交替增加了反硝化途径气态氮素的释放（如 N_2O）。Yanai 等（2007）利用乙炔抑制法还发现，冻融交替处理刺激了土壤反硝化微生物群落活性，使反硝化途径引起的 N_2O 释放量增加了 7.6 倍。本研究原位监测发现，融化期 N_2O 排放激增的结果也支持以上观点。融化期稻田 NO_3^- 表现为净消耗而其他三类样地表现为净积累，这主要与各类样地土壤水分差异导致硝化、反硝化作用效率不同有关。由于硝化作用为耗氧反应，而反硝化作用为厌氧反应，土壤通气状况直接影响 NO_3^- 的积累与消耗。融化初期四类样地土壤含水量激增，所不同的是，稻田土壤含水量有长达两周的时间维持在 45%以上，而玉米田和两类林地土壤含水量在较短时间内都迅速下降，其中，玉米田一周左右降至 30%，两类林地降至 40%。这种差异主要与耕作方式、地形、植被状况有关。其中，玉米田采用垄作方式，加之地形以漫坡为主，因此，玉米田的融雪水易从垄沟流失，不易在田间滞留。所以在融化初期土壤含水量随融雪激增但很快又下降至低水平；而稻田四周由于存在地埂（用作水稻生长季蓄水），融水不易排出，且该时期温度仍然偏低，蒸发量有限，故土壤在融化期长期处于浸泡状态的厌氧状态；两类林地也以缓坡为主，有利于融水流失。同时由于树枝的遮挡使林地地表温度低于农田，林地的积雪融化速度慢于农田。加之林地的地表枯叶层较厚，干燥的凋落物及腐殖质层也会吸收、滞纳部分融雪水。因此，相比农田而言，林地土壤在融化期较为干燥。故四类样地土壤水分的差异使稻田形成严格的无氧环境，有利于反硝化作用对 NO_3^- 的消耗。相反，玉米田、天然林、人工林相对干燥，土壤通气条件好，有利于硝化作用的进行，从而使 NO_3^- 得以累积。本研究表明，在融化后期当稻田土壤含水量下降后，稻田 NO_3^- 含量表现为净累积。另外，本研究结果表明，在非生长季四类样地 N_2O 和土壤水分均呈极显著正指数函数关系，同时结构方程模型的分析结果也表明，融化期高的土壤含水量条件下增加的 N_2O-N 气态形式的损失可能正来自 NO_3^- 的消耗。在冬季降雪较少的地区，Zhang 等（2011b）对较为干旱的蒙古草原 10 月至次年 4 月土壤净氮矿化的研究同样发现，NO_3^- 总量比入冬前增加了 84%。因此，融雪量及雪水的滞留情况对春季土壤氮素矿化具有重要作用，春季解冻过程中融雪对土壤水分的影响是控制硝化和反硝化作用的重要因素，当水分较高时硝酸盐易被消耗，而水分较低时硝酸盐易累积。也有研究指出，反硝化微生物对低温的适应性要高于硝化微生物（Smith et al.，2010），而融化期土壤温度仍是较低的（0℃左右），因此，反硝化微生物群落的活性可能高于硝化微生物群落，这也会导致 NO_3^- 的消耗大于生产。还有研究表明，当土壤温度低于 10℃时，土壤氨化速率通常要大于硝化速率，因而当冻融促进净氮矿化时，增加的主要是 NH_4^+，而 NO_3^- 的变化幅度则较小（周旺明等，2011；Nielsen et al.，2001）。

总之，研究所测土壤 NO_3^- 含量为某时刻的净含量，而 NO_3^- 的生产和消耗甚至水盐运移和微生物固持等过程被忽略，因此，春季融化期土壤氮素转化的具体过程有待进一步定量研究。

除冻融作用对土壤氮素转化的影响外，中高纬度地区土壤在冬季有一半左右的时间被积雪覆盖，雪下土壤生物化学过程仍像“黑匣子”一样吸引着生态学家的关注（Groffman et al.，2001b；Schimel et al.，2004）。长期的野外监测结果表明，25cm 以上的积雪厚度能够起到一定的保温作用，将土壤与寒冷的大气隔绝，使土壤温度波动更小，有助于形成相对温暖的雪下世界（Groffman et al.，2001a；刘琳等，2011）。这为严酷环境下土壤微生物参与的养分转化创造了一定的条件。本研究所在区域冬季积雪时间长达 110d，占全年的 1/3，属典型的季节性雪被生态系统，而关于该地区冬季雪被之下土壤氮素转化的研究仍为空白。本研究结果显示，尽管整个覆雪期四类样地土壤氮素净矿化量很低，但氮的转化并未完全停止，其中，DON 和 NH_4^+ 含量持续降低表现为净消耗，而 NO_3^- 含量却不断增加，表现为净累积，累积量达 4.41～5.95mg/kg。Zhang 等（2011b）同样发现，内蒙古草原土壤在冬季过后 NH_4^+ 库减少 40%～60%，而 NO_3^- 库增加 80%左右。这一规律在冬季川西北高山森林群落土壤中同样存在（殷睿等，2014）。另外，研究发现，四类样地尽管覆雪期土壤 NH_4^+ 和 NO_3^- 的含量均较低，但 NH_4^+-N 在总的无机氮库中所占比例超过 50%，稻田土壤更是高达 80%以上。刘琳等（2011）和胡霞等（2014）在青藏高原东缘高寒草甸的研究也发现，冬季覆雪条件下土壤无机氮以 NH_4^+-N 为主，占总无机氮的 70%以上，而 NO_3^--N 含量不足 30%。可见，覆雪期土壤 NH_4^+ 在维持无机氮库中发挥重要作用。但研究发现，覆雪期 NH_4^+-N 总体上表现为净消耗，甚至 DON 的含量也逐渐降低，两者在覆雪期的净消耗量约为积雪覆盖前净含量的 50%。而 NO_3^- 却为净积累，且四类样地的 NO_3^- 净累积增加量是积雪覆盖前的 0.72～4.74 倍。这表明，冬季覆雪期土壤有机质的分解和氨化作用是有限的，NH_4^+ 的生产小于消耗，相反 NO_3^- 的生产大于消耗。因此，有理由认为，冬季有更多的 NH_4^+ 和 DON 通过硝化作用以 NO_3^- 形式在土壤中累积。冬季土壤中较高丰富度的氨氧化细菌（ammonia-oxidizing bacteria，AOB）和氨氧化古菌（ammonia-oxidizing archaea，AOA）也在一定程度上证实了这一观点，例如，Wang 等（2012a）发现，越冬期亚高山/高山森林土壤有机层中 AOA 和 AOB 仍保持着较高的活性，在冬季末期时两类微生物基因的丰富度为全年最高值，这表明，硝化微生物对低温有一定的适应性，冬季硝化作用对土壤氮循环过程仍具有较大的贡献。

尽管我们不清楚积雪厚度是否是控制冬季土壤氮素转化的主要因素，但 Schimel 等（2004）曾通过野外模拟试验发现，增加积雪厚度使苔原土壤在整个冬季的覆雪期内都具有高的净氮矿化速率。但 Groffman 等（2001b）等生态学家在美国哈伯德布鲁克实验森林（Hubbard Brook experimental forest）开展的积雪去除模拟试验也表明，温和的土壤冻结温度（>−5℃）会显著增加枫叶林土壤 NO_3^- 的含量。在本研究中，所在区域连续两年的最大积雪厚度将近 50cm，覆雪期表层土壤温度维持在−10℃以上，深层土壤维持在−6.8℃以上。即便在最冷月份，月平均大气温度为−21.5℃，但 30cm 深处土壤月平均温度仅为−5.5℃。可见，该地区冬季覆雪期深层土壤的确具有相对温暖的环境，这种相对温暖的环境为生物化学反应的进行创造了条件。这可能正是造成覆雪期土壤硝酸盐不断累积，微生物量持续增加的主要原因。Groffman 等（2001a）的其他研究工作同时还指出，物理扰动（如土壤冻结）会增加植物毛细根系的死亡，减少植物根系对无机氮素的竞争性吸收，从而导致冬季土壤 NO_3^- 的含量增加。但在本研究的四类样地中，农田作物在土壤冻结期前已收割且两类林地树种均为落叶植物，因此，覆雪期不存在植物根系对无机氮素的吸收。所以，土壤微生物的活动可能还是覆雪之下土壤氮素转化的主要原因。在北极的研究发现，深雪覆盖提高了冬季微生物的活性，促进了有机物分解和净氮矿化（Schimel et al.，2004；Buckeridge and Grogan，2008）。研究也发现，四类样地在覆雪期的土壤微生物量是缓慢增加的，微生物量氮库的增加可能正是来自对无机氮和溶解性有机氮的吸收。因此，该时期土壤氮素仍在“土壤-微生物”之间发生着流通，可能有更多的土壤有效氮被固持在微生物体内，而微生物在春季的代谢、死亡又会重新释放出部分氮素，这为寒冷区植物来年春季的生长提供了一个巨大的潜在氮库（Edwards et al.，2006；Edwards and Jefferies，2013）。因此，季节性冻土区冬季一定厚度的积雪覆盖可通过调节土壤氮素的矿化水平及微生物对氮的固持而影响春季土壤氮素有效性。

总之，本研究关于非生长季土壤有效氮素的监测表明，冬季土壤净氮矿化与微生物活动仍在进行，且不同时期具有显著差异。冬季低温限制了土壤净氮矿化，降低了土壤氮素可利用性，这促使微生物倾向于增加自身对养分的固持。另外，积雪作为季节性冻融生态系统关键的生态因素，其覆盖厚度（积雪量）和持续时间等对非生长季土壤养分循环、微生物活动具有重大意义。关于雪下、冻结土壤及土壤冻融交替过程中不同形态养分转化的定量研究和具体微生物过程的响应是今后需要深入研究的重点。

4.4.2 非生长季土壤微生物对环境的响应

目前关于季节性冻土区非生长季土壤微生物生物地球化学过程（biogeochemical process）的研究仍然较为缺乏。本研究结果表明，东北地区农田和林地土壤在非生长季内土壤 MBN 和 MBC 含量在秋季至初冬这一阶段内均逐步降低，最小值出现在稳定的积雪覆盖出现之前。这可能主要与该时期土壤养分有效性和微生物代谢强度降低，以及部分对温度敏感的微生物死亡有关（杨思忠和金会军，2008）。而冬季覆雪期微生物不但未减少，反而呈增加趋势，特别是 MBC 含量在覆雪期末期达到了最大值，其中，稻田、玉米田和天然林的 MBC 含量甚至是积雪覆盖前的 2～5 倍。这一结果同 Edwards 和 Jefferies（2013）连续五年（2004～2008 年）对亚北极草地土壤微生物量季节变化规律的结果是一致的，其同时还发现，冬季土壤 MBN 和 MBC 显著高于夏季，且土壤融化后微生物量迅速降低，而整个夏季 MBN 和 MBC 均维持在相对较低的水平。Liu 等（2010）同样发现，青藏高原高寒草地土壤微生物量的最大值出现在深冬（1 月）。较厚的雪被使冬季土壤生物化学过程仍在继续，且作为微生物代谢所必需的氮源（DON、NH_4^+、NO_3^-）和碳源（DOC）在“土壤-微生物”之间存在流通。研究结果中，覆雪期土壤 DON、NH_4^+

和 DOC 表现为净消耗，而 MBN 和 MBC 表现为净积累，同时融化初期有效养分先增加后减少。这正如 Schmidt 和 Lipson（2004）所解释的，在深冬积雪覆盖下土壤微生物发挥养分“汇”的功能，即增加养分的吸收，而当积雪融化后部分微生物代谢或死亡会释放一定量的养分，此时微生物又发挥“源”的功能。但融化初期释放的养分又会被现存的微生物迅速利用（Brooks et al.，1996）。这些结果表明，冬季土壤微生物在养分周转中具有重要作用，MBN 库和 MBC 库在非生长季不同时期对土壤养分发挥着“源-汇”功能。因此，在季节性冻土区生态系统中，土壤微生物量在调控土壤养分供给方面具有不可忽视的作用。

目前的观点大多认为，冬季土壤有效养分不足是引起土壤微生物碳氮固持增加的主要原因。传统氮素循环的观点认为，土壤 NH_4^+ 是微生物氮素代谢的剩余产物，故净氮矿化是控制土壤氮转化的关键，同时微生物能够再次吸收土壤中的 NH_4^+ 和 NO_3^-，即所谓的微生物氮固持。近十年来，新的理论进一步指出，含氮高分子聚合物（蛋白质、几丁质和肽聚糖等）在微生物分泌的胞外酶的解聚作用下生成的含氮单体物质（如氨基酸、氨基糖和核酸等）对后续氮素矿化过程的限制更为重要，且微生物不但能吸收无机氮还可以吸收含氮单体物质；同时在氮素相对贫乏的土壤中单体物质会在微域中全部被微生物所利用，无剩余 NH_4^+ 排放；此外，微生物还会增加对土壤中原本积累的可利用有机氮和无机氮的吸收（Schimel and Bennett，2004）。原位监测的试验研究结果支持 Schimel 和 Bennet（2004）的理论。因为非生长季在积雪开始融化之前，四类样地土壤 DON（包括含氮单体物质）和 NH_4^+ 持续降低，而 MBN 持续增加。所以有理由怀疑微生物群落所增加的这部分数量来自微生物对微域中含氮单体物质及 NH_4^+ 的消耗。因为低温导致酶活性降低，有机质分解减缓，且土壤自由水的冻结阻断了有效氮在土壤中的迁移，即使是未冻结的薄膜水，其物质传输的效率也很低，限制了细胞的生长代谢（Price and Sowers，2004；杨思忠和金会军，2008）。因此，冬季土壤 DON、NH_4^+ 和 NO_3^- 处于较低的水平，绝大部分土壤微域中的微生物面临氮素缺乏的胁迫，所以增加氮固持无疑是微生物适应低氮胁迫的一种有效策略。

尽管在具有季节性冻融特征的各类生态系统中，冬季土壤微生物量均存在增加的规律，但并非所有系统中由于微生物固持作用而导致可利用碳氮减少。例如，Liu 等（2010）在青藏高原高寒草地的监测结果显示，深冬（1 月）DON、NH_4^+、和 NO_3^- 含量是增加的；Edwards 和 Jefferies（2013）发现，冬季亚北极草地土壤的 DON 和 DOC 含量呈增加趋势，甚至高于夏季。本研究与以上研究结果的差异可能主要与所针对的生态系统的土壤有机质差异较大有关，原生的高寒草甸、苔原土壤未被扰动，长期累积了大量的有机质，土壤养分背景值高，而本研究所涉及的农田和林地土壤受人为扰动大，特别是农田在长期开垦后土壤有机质锐减，养分水平较低。因此，本研究中的四类样地冬季土壤养分的供给低于天然草甸、苔原，氮素的胁迫也更为严重，故微生物固持会使有效氮素消耗大于生产，使之表现为净消耗。相反，草甸、苔原土壤氮素基础值高，且有机质丰富，氮胁迫相对较低甚至不存在，微生物容易获取代谢所需的养分，且有剩余产物的排出，因此，冬季养分呈净积累。这与 Schimel 和 Bennet（2004）理论中关于土壤氮素丰富条件下微生物代谢途径的解释是一致的。

另外，研究发现，在春季融化初期微生物量迅速增加，这与该时期土壤养分的脉冲式增加具有很好的一致性。正如前文所述，春季土壤的解冻增加了土壤养分的有效性，极大地缓解了养分胁迫。因此，春季土壤微生物量的增加可以理解为是养分供给的刺激所致。同时，研究也发现，DON、NH_4^+、NO_3^-及 DOC 在出现峰值后又迅速下降，与此同时，MBN 在土壤融化后期保持在相对稳定的水平，而 MBC 甚至出现了显著的降低。可见，融化期土壤氮素的供应水平仍是有限的，养分胁迫依旧存在。Buckeridge 等（2010）曾通过氮添加试验表明，氮素输入能够缓解苔原土壤有效氮供应不足，进而使 MBN 含量增加。胡霞等（2013）通过原位添加凋落物试验也表明，凋落物的输入会提高土壤可利用氮素含量，增加细菌和真菌的数量，但微生物生物量氮反而因氮胁迫的降低而减少自身的固持量。这与 Edwards 和 Jefferies（2013）研究中发现的亚北极草地土壤微生物量在夏季反而低于冬季的原因是类似的，因为夏季土壤养分周转快，微生物易于获取所需养分，所以其采取"现用现取"而非"增加固持"的生长方式不失为一种更"经济"的适应策略。如上所述，非生长季土壤养分有效性是决定微生物量的重要因素，在养分供给不足的胁迫下微生物倾向于增加自身固持，使更多的可利用养分以"储备物质"储存在微生物体内。这可能也是微生物群体在冻结或冻融交替环境中对土壤养分状况权衡后的一种生理适应策略（Schimel et al.，2007）。

还有一种观点认为，冬季土壤微生物量的变化是由土壤微生物群落结构组成的变化引起的。正如已有多项研究表明，夏季土壤微生物群落中细菌占据主导地位，而进入冬季后转变为以真菌为主导（Zhang et al.，2014；Lipson et al.，2002；Schadt et al.，2003）。因为真菌比细菌拥有更高的碳氮比（Larsen et al.，2002），所以冬季土壤微生物群落 MBC∶MBN 高于夏季（Edwards and Jefferies，2013）。研究结果显示，玉米田、天然林和针叶林从深秋开始，土壤 MBC∶MBN 持续增加，在土壤开始融化前达到最大值。尽管水稻田在覆雪初期 MBC∶MBN 存在一段降低的趋势，但冻结期和覆雪期的中后期有显著增加，且整个非生长季的 MBC∶MBN 均维持在较高的水平。因此，有理由认为，所研究的四类样地在秋季和冬季土壤 MBC∶MBN 的不断增加是微生物群落由细菌为主向以真菌群落为主的逐渐转变的结果。之所以冬季土壤微生物群落以真菌为主，主要与真菌对低养分环境的适应力强有关,真菌也被认为是靶向对象为稳定基质的分解者。Gilliam（2010）曾通过磷脂肪酸（phospholipid fatty acid，PLFA，用于表征微生物结构多样性）方法研究表明，在养分贫乏的土壤中“真菌：细菌”的比值高于养分丰富的土壤。Zhang 等（2014）通过原位采样分析也发现，冬季（1 月）真菌和细菌特征 PLFA 比值高于夏季（7 月）。相反，细菌的分解能力弱于真菌，一般被认为是靶向对象为不稳定基质的分解者。而冬季枯枝落叶养分含量低、分解难度大，对细菌获取营养是不利的。真菌对养分胁迫高适应性的主要原因是：①在陆地生态系统中真菌是植物残体的初级分解者，能够释放大量胞外酶，分解各类基质，甚至是木质素这种复杂的有机化合物（Sinsabaugh et al.，2002；Waldrop et al.，2000）；②真菌能够主动向营养源生长，使菌丝深入基质内被（Walder et al.，2012），这有助于真菌利用现有的各类营养源；③真菌比细菌具有更高的氮固持和储存能力（Schmidt et al.，2007；Pokarzhevskii et al.，2003）。这与沙漠植物具有的强储水功能是类似的。高的固持能力有助于生物在养分丰富时将更多资源储存在自身体内，以缓解资源短缺时的胁迫。而研究结果也表明，冬季土壤氮素净矿化量、净矿化速率低，且 DON 含量处于低水平，而 MBN 呈缓慢增加的趋势，这暗示，在氮素胁迫下微生物增加氮固持量无疑是一种有效的生活史策略。尽管冬季细菌相比真菌并不占优势，但 Zhang 等（2014）还发现，细菌的种类组成在冬季也会发生调整，其中，“革兰氏阴性菌：革兰氏阳性菌”在冬季的比值高于夏季。而革兰氏阴性菌细胞壁与革兰氏阳性菌的差异使前者更容易在土壤颗粒表面的水膜上移动（Mcmahon et al.，2009），这有助于其在冬季获取更多的养分。因此，即使冬季土壤环境对细菌的胁迫性强，其也可通过调整细胞壁组成的策略来减缓胁迫。

基于以上的分析，可以认为土壤养分有效性是驱动土壤微生物群落转变的内在因素，而微生物对养分和环境变化的响应主要表现在群落结构改变和生理适应增强两方面。在季节性冻土区尽管土壤有机质积累高于非冻土区，但寒冷的气候降低了土壤养分周转，生态系统受氮素限制。因此，一年内受养分供应水平的影响，土壤微生物优势群落、种类及养分获取策略在夏季和冬季有所不同，其中，冬季以获取、固持养分能力强及对低温、冻融交替生理适应性强的微生物为主。在气候变化的情景下，冬季温度、降雪及土壤冻融格局的改变势必影响土壤养分周转和微生物活动。因此，气候变化对寒冷冻融生态系统土壤生物地球化学过程的影响及其反馈是值得深入探讨的重要内容。

4.5 小　　结

季节性冻融是寒冷地区土壤养分循环的重要驱动力，特别是在春季融化过程中土壤养分释放显著，极大地提高了土壤养分的供给水平。所研究的四类样地在融化期土壤NH_4^+、NO_3^-、DON 和 DOC 的含量分别提高了 5～11 倍、1～6 倍、1～4 倍和 1～3 倍；同时土壤融化后微生活动增强，主要表现在 MBN 含量持续增加。除春季融化期外，冬季土壤冻结、积雪覆盖下土壤物质转化并未停止，主要表现为，NO_3^-、DOC 不断累积，NH_4^+、DON 逐渐消耗。另外，在漫长的冬季，土壤微生物量不但没有大幅减少，MBN 和 MBC 含量反而呈增加趋势。这表明，冬季土壤微生物倾向于增加自身的碳、氮固持量。尽管 MBN 和 MBC 含量均有所增加，但 MBC 含量的增加比例高于 MBN，表现在随着积雪覆盖的延续 MBC∶MBN 持续增加，于融雪前达到最大值。这可能主要是因为入冬后随着温度的降低，土壤微生物群落结构由细菌为主转变为以真菌为主导。总之，冬季温度、积雪及土壤冻融格局的改变必将影响土壤养分周转和微生物活动，春季土壤融化是季节性冻土区土壤生物地球化学过程的重要自然驱动力，在气候变化的背景下冬季气候对土壤养分的影响及其反馈作用是值得深入探讨的重要课题。

第 5 章　松干流域冻融交替下土壤碳变化特征及影响机制

寒冷冻融生态系统在全球物质生物地球化学循环中扮演着重要角色。这类生态系统年平均温度低限制了土壤有机质的分解，造成大量土壤有机碳累积（Hobbie et al.，2000；Tarnocai et al.，2009）。例如，已知的陆地生态系统中永久冻土带土壤碳库达到 1330～1580pg[①]（Schuur et al.，2015），极地冻土中储存的有机碳总量超过大气二氧化碳总碳量的两倍（Tarnocai et al.，2009），同时极地和寒带针叶林地区的土壤碳库占全球土壤有机碳总量的 20%～60%（Hobbie et al.，2000）。但高纬度、高海拔地区是全球气候变化的敏感区域，这类地区过去 30 年大气平均温度上升了 0.6℃，其增长速率是全球平均水平的两倍（IPCC，2013）。气候变暖将打破该地区土壤的冻融格局，如使得土壤活动层厚度增加，季节性冻土区的冻结期缩短而融化期延长和表层土壤冻融循环次数增加等（Serreze et al.，2000；Schuur et al.，2015；Henry，2008）。冻土的融化，以及频繁的冻融交替将使得该地区储存的土壤有机质加速分解，并被土壤微生物利用，有机碳矿化过程中大量碳以二氧化碳（CO_2）和甲烷（CH_4）等温室气体（greenhouse gas，GHG）的形式排放进入大气。GHG 排放的增加又会对气候变暖形成正效应，从而进一步加剧寒冷地区土壤有机碳的释放（Schuur and Abbott，2011；Hollesen et al.，2015；Köhler et al.，2011；Packalen et al.，2014）。如此所形成的正反馈的风险是无法预知的，甚至会威胁到高寒地区生态系统安全，影响全球气候，因此，冻融环境中土壤碳生物地球化学循环和 CO_2、CH_4 排放已成为当前全球范围内生态学研究的热点问题之一。

5.1　土壤有效碳库特征

5.1.1　溶解性有机碳

农田和林地在非生长季内溶解性有机碳（DOC）含量变化趋势呈完全不同的

① $1pg=10^{-12}g$。

两种规律，前者为“双峰”形，后者为“单峰”形（图 5-1）。稻田和玉米田土壤DOC 含量在冻结期后期相对冻结开始时增加了近一倍，覆雪期初始阶段两者又下降至土壤冻结前的较低水平，但覆雪期后期又缓慢增加。天然林 DOC 含量在冻结期没有显著变化，但覆雪期呈积累的趋势。而天然林在冻结期和覆雪期的 DOC 含量均无明显波动。融化期开始后，稻田和天然林的 DOC 含量激增至 154.34mg/kg 和 737.20mg/kg，分别是解冻前的 2.33 倍和 3.29 倍。但在达到该峰值后两者又迅速降低，4 月中旬再开始缓慢增加。尽管玉米田融化初期 DOC 含量也有所增加，但仅增加了 37%。人工林相比于天然林来说，其在融化期内 DOC 含量的增加是十分有限的，且未出现明显的峰值。

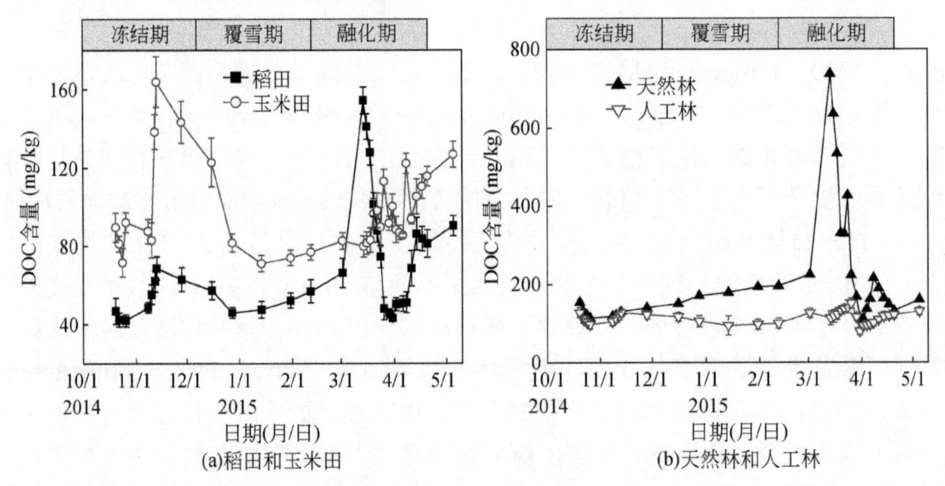

图 5-1　非生长季四类样地土壤溶解性有机碳（DOC）含量变化特征（2014 年 10 月～2015 年 5 月）

5.1.2　微生物量碳

稻田、玉米田和天然林在非生长季内土壤微生物量碳（MBC）含量呈“单峰”形变化趋势，而人工林基本维持在相对稳定的水平（图 5-2）。冻结期和覆雪期内稻田、玉米田和天然林土壤 MBC 含量持续增加，于融化期初期达到峰值，分别为 388.88mg/kg、384.95mg/kg 和 6015.36mg/kg，是冻结期开始阶段的 2.09 倍、2.19 倍和 4.60 倍。这三类样地土壤 MBC 并不像 MBN 一样在融化期维持在相对稳定的水平，而是在峰值后迅速降低。这表明，在冻结期、覆雪期及融化期初期，土壤微生物有增加其碳固持的趋势，而土壤解冻后微生物量碳以释放为主。可见，在非生长季内微生物量氮和微生物碳在微生物群落中呈现不同的固持和释放特征，这也间接说明，寒冷环境中土壤微生物对碳氮具有不同的利用策略。此外，四类样地之间，林地在整个非生长季内土壤 MBC 含量为 1000～6000mg/kg，而两类农田仅为 100～400mg/kg，这远低于林地。因此，不同土地利用方式下土壤微生物量碳具有明显的差异。

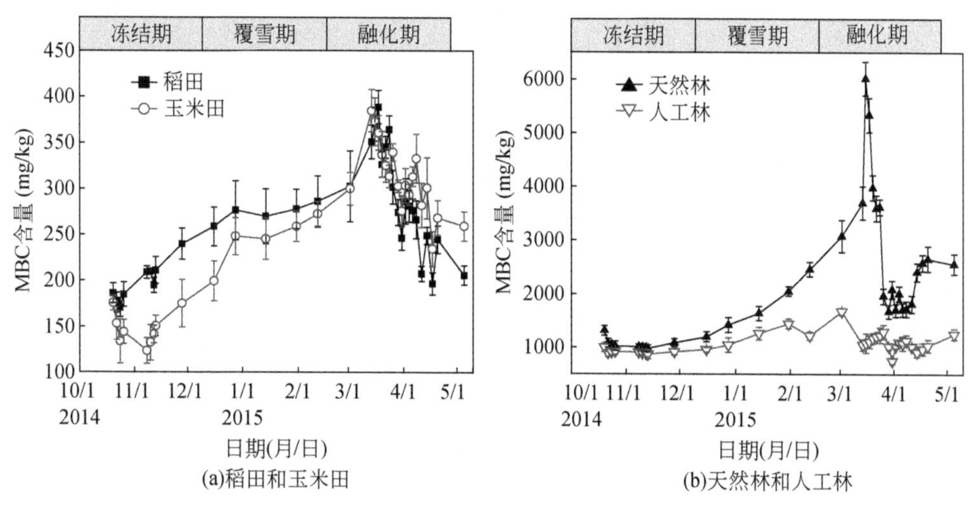

图 5-2 非生长季四类样地土壤微生物量碳（MBC）含量变化特征（2014 年 10 月～2015 年 5 月）

5.1.3 微生物量碳氮比

非生长季内在不同冻融时期土壤微生物群落对土壤有效碳、氮的不同固持量导致微生物量碳氮比也随之发生季节性变化。图 5-3 显示，稻田 MBC∶MBN 呈 M 形的变化规律，峰值分别出现在冻结期末期和融化期初期。而玉米田、天然林和人工林土壤 MBC∶MBN 只有一个明显的峰值，出现在覆雪期末期至融化期初期。冻结期，四类样地的 MBC∶MBN 均呈增加的趋势；覆雪期，除稻田有所降低外，其他三类样地的 MBC∶MBN 依旧呈增加的趋势；融化期四类样地 MBC∶MBN 均呈先升高后剧烈下降再上升的规律。另外，整个非生长季农田土壤比林地具有更高的 MBC∶MBN，前者基本维持在 5～17，而后者仅为 3～11。值得注意的是，在从土壤开始冻结到融化前这一过程中，四类样地土壤 MBC∶MBN 整体上是增加的趋势，这意味着秋季和冬季土壤微生物碳的净固持量要高于氮净固持量。而融化期 MBC∶MBN 的迅速下降也表明，春季微生物氮净固持量反而超过碳固持量。因此，不同冻融时期微生物群落碳、氮固持量的变化影响非生长季微生物群落的碳氮组成。

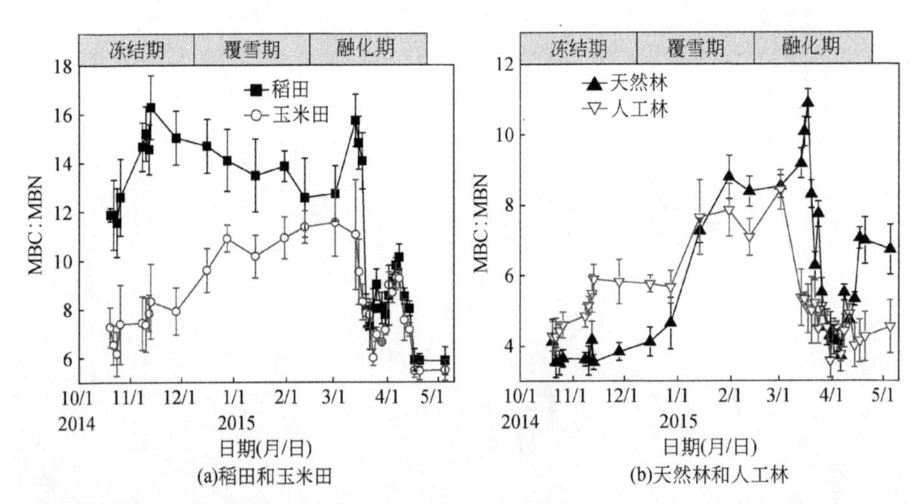

图 5-3 非生长季四类样地土壤微生物量碳氮比（MBC∶MBN）变化特征（2014 年 10 月～2015 年 5 月）

5.2 冻融环境下土壤 CO_2、CH_4 通量

5.2.1 CO_2、CH_4 通量年际动态

（1）CO_2

长期的监测表明，季节性冻土区土壤 CO_2 排放主要发生在植物生长季。生长季内：玉米田土壤 CO_2 通量呈显著的“单峰”形，最大值出现在作物生长季末期（8 月底），为 478.38mg/（m^2·h）。稻田土壤 CO_2 的排放速率远低于玉米田，但变化趋势并非“单峰”形。尽管在生长季初期稻田 CO_2 通量也有增加的趋势，但增长幅度较小，同时在 7 月初至 8 月底有明显的降低，9 月中旬出现一个明显的释放峰，该峰为整个生长季的最大值，但也仅为 141.60mg/（m^2·h），远小于玉米田峰值。天然林和人工林生长季 CO_2 排放速率变化的规律是相似的，均呈“双峰”形，第一个峰值出现在生长季初期（6 月上旬），分别为 471.93mg/（m^2·h）和 571.08mg/（m^2·h），第二个峰值出现在生长季末期（9 月初），分别为 473.67mg/（m^2·h）和 508.56mg/（m^2·h）（图 5-4）。

非生长季内：四类样地的土壤 CO_2 排放速率均较低，其中，在冻结期内排放速率逐渐下降，至出现积雪覆盖时降至最低，整个覆雪期内速率基本维持在 5～30mg/（m^2·h）。当积雪融化、土壤开始解冻后，CO_2 排放速率缓慢增加，但其并未出现诸如 N_2O 排放速率激增的现象。另外，四类样地之间，土壤 CO_2 排放规律及通量大小在非生长季内基本相当，而在生长季内玉米田、稻田和两类林地呈现完全不同的规律，这表明，土地利用方式是影响生长季土壤呼吸速率的重要因素，

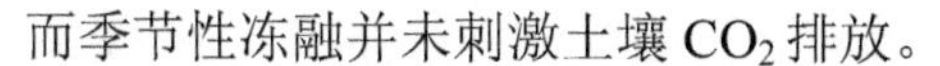

而季节性冻融并未刺激土壤 CO_2 排放。

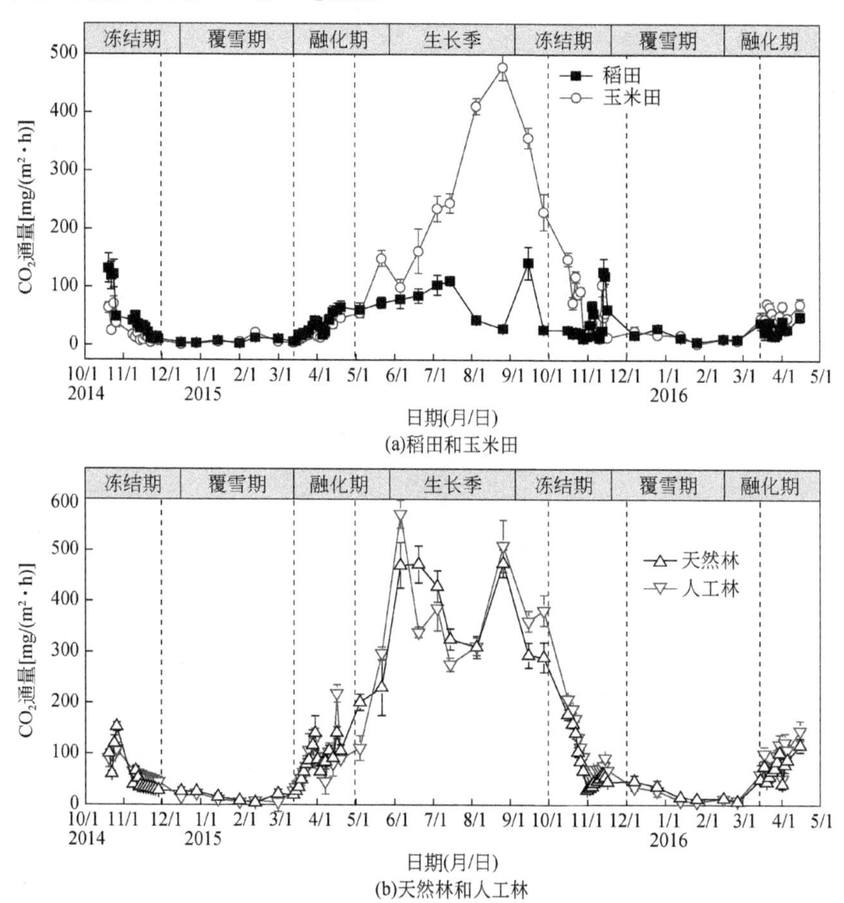

图 5-4　四类样地土壤 CO_2 通量年际动态特征（2014 年 10 月～2016 年 5 月）

（2）CH_4

在监测时期内四类样地的土壤 CH_4 通量呈两种变化规律，即“单峰”形和“正弦函数”形（图 5-5 和图 5-6）。稻田土壤 CH_4 的排放规律呈“单峰”形，生长季内稻田 CH_4 通量从 5 月初灌水后开始不断增加，8 月初达到峰值 32.22mg/(m^2·h)，之后直到稻田收获后（10 月）排放速率不断降低。进入非生长季后稻田土壤 CH_4 维持在相对较低的排放水平，为-30～100μg/（m^2·h）。尽管非生长季稻田的排放量低，但 2014 年 10 月～2015 年 5 月和 2015 年 10 月～2016 年 5 月这两个非生长季的监测结果显示，稻田土壤 CH_4 通量均呈 U 形的变化规律。即当土壤开始冻结时排放量逐渐减少，覆雪期通量基本恒定，甚至表现为净吸收，而积雪和土壤开始融化时排放速率有逐渐上升。同时，研究发现，2015 年 3 月和 2016 年 3 月融

化初期稻田 CH_4 通量迅速增加出现明显的峰值分别为 109.31μg/（m^2·h）和 103.83μg/（m^2·h），但该峰值出现时间较短，1 周后又迅速回落（图 5-5）。总之，全年内稻田在生长季的排放速率远高于非生长季，同时尽管非生长季的排放量较低，但在不同冻融时期之间土壤 CH_4 通量仍规律性波动。

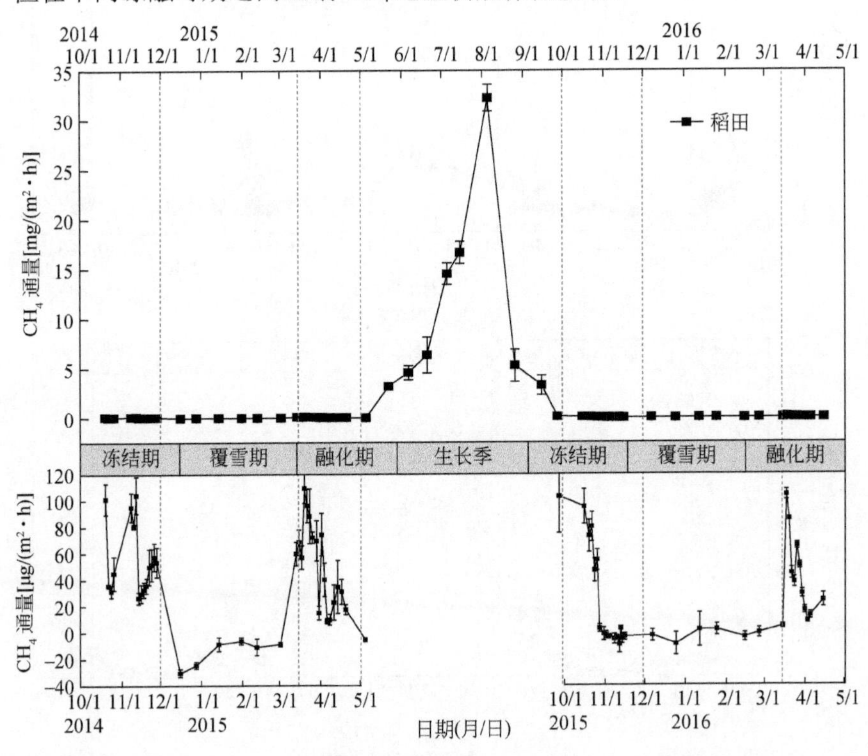

图 5-5　稻田土壤 CH_4 通量年际动态特征（2014 年 10 月～2016 年 5 月）

玉米田、天然林和人工林土壤 CH_4 通量的变化规律基本一致，呈“正弦函数”形，其中，两类林地的这一特征最为明显且变化规律一致（图 5-6）。玉米田除在融化期初始阶段 CH_4 排放通量为正值外，其他时期均为负值，即净吸收，而两类林地全年内均表现为净吸收。冻结期，玉米田 CH_4 通量波动较大，而两类林地整体上吸收速率呈降低的趋势；覆雪期这三类样地的吸收速率依旧均逐渐降低，吸收速率在覆雪期末期达到最低值；当积雪和土壤开始融化后，玉米田 CH_4 通量由净吸收转变为净释放，但释放速率较低，2015 年和 2016 年融化期的排放峰值分别为 13.66μg/（m^2·h）和 7.02μg/（m^2·h）。但玉米田该时期的排放持续时间也很短暂，约为 2 周，之后排放通量迅速减少进而转为净吸收。林地在融化期并无释放峰，且吸收速率从融化期开始逐步增加；从融化期至生长季中期，玉米田、天然林和人工林土壤 CH_4 的吸收速率均呈增加的趋势，在 8 月初达到最大值，通量分别为-37.69μg/（m^2·h）、-167.27μg/（m^2·h）和-125.87μg/（m^2·h）。8 月之后这三类样地的 CH_4 吸收速率再次逐渐降低，直到覆雪期末期降至最低，覆雪期甚至出现既不排放也不吸收的特征。

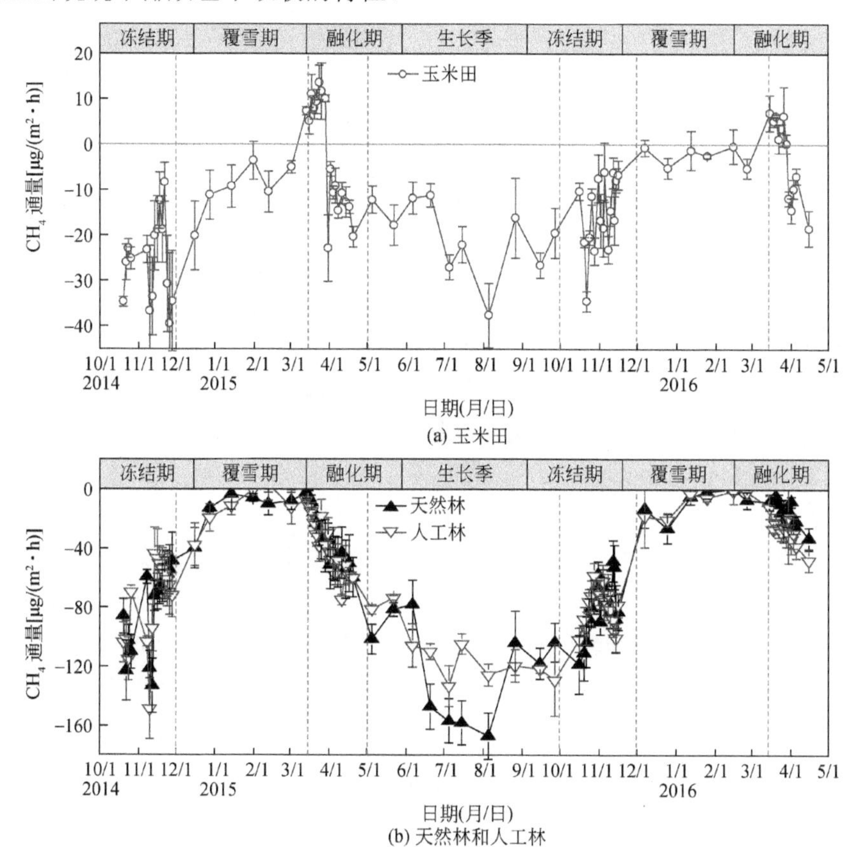

图 5-6 玉米田、天然林和人工林土壤 CH_4 通量年际动态特征（2014 年 10 月～2016 年 5 月）

5.2.2 CO_2、CH_4 通量季节特征

5.2.2.1 不同冻融期 CO_2、CH_4 平均通量

（1）CO_2

方差分析结果表明，时间和样地两因素均显著影响土壤 CO_2 通量（表 5-1）。稻田、玉米田、天然林和人工林土壤 CO_2 年平均通量分别为 51.12mg/（m^2·h）、71.72mg/（m^2·h）、122.63mg/（m^2·h）和 132.08mg/（m^2·h）。其中，两类林地之间年平均通量差异不显著，但显著高于两类农田，而玉米田的年平均通量又显著高于稻田。稻田、

玉米田、天然林和人工林土壤CO_2生长季平均通量分别为88.94 mg/(m^2 • h)、233.59mg/(m^2 • h)、333.62mg/（m^2 • h）和340.83mg/（m^2 • h），其差异显著性同年平均通量的差异性相同，即天然林、人工林>玉米田>稻田。这四类样地非生长季平均通量分别为34.75mg/（m^2 • h）、20.04mg/（m^2 • h）、58.74mg/（m^2 • h）和64.14mg/（m^2 • h），其中，两类农田之间、两类林地之间无显著差异，但两类林地却显著高于两类农田。另外，四类样地生长季的平均通量均显著高于非生长季平均通量［图5-7（a)］。

表5-1　CO_2通量方差分析

因素	自由度df	F值	显著性
时期	3	46.439	0.000
样地	3	220.977	0.000
时期×样地	9	14.075	0.000

尽管非生长季土壤CO_2排放速率较低，但在冻融的不同阶段仍存在显著差异。稻田、玉米田、天然林和人工林冻结期和融化期的平均通量均显著高于覆雪期。除稻田冻结期平均通量显著高于融化期外，其他三类样地冻结期和融化期的平均通量没有显著差异。因此，在监测非生长季土壤CO_2排放时，需要重点考虑积雪覆盖前和土壤解冻时期的排放情况。另外，非生长季中四类样地在相同冻融期内平均通量的大小分别为：①冻结期：人工林［89.92mg/（m^2 • h）］>天然林、稻田［62.1mg/（m^2 • h）、69.3mg/（m^2 • h）］>玉米田［27.69mg/（m^2 • h）］；②覆雪期：四类样地平均通量无差异［稻田7.9mg/（m^2 • h）、玉米田7.56mg/（m^2 • h）、天然林18.41mg/（m^2 • h）、人工林13.53mg/（m^2 • h）］；③融化期：天然林、人工林［88.51mg/（m^2 • h）、88.98mg/（m^2 • h）］>稻田、玉米田［34.24mg/（m^2 • h）、23.87mg/（m^2 • h）］［图5-7（b)］。

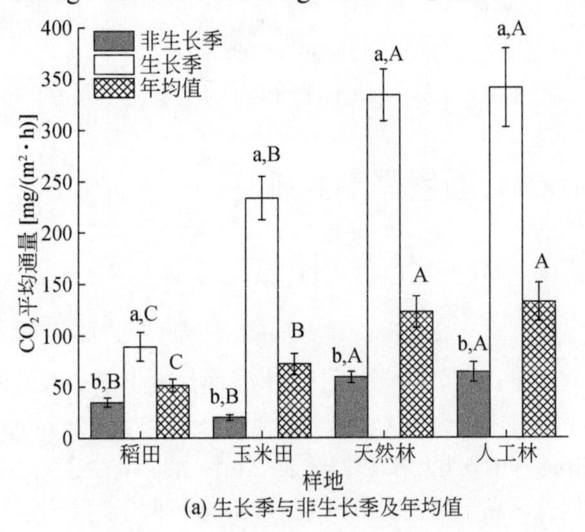

(a) 生长季与非生长季及年均值

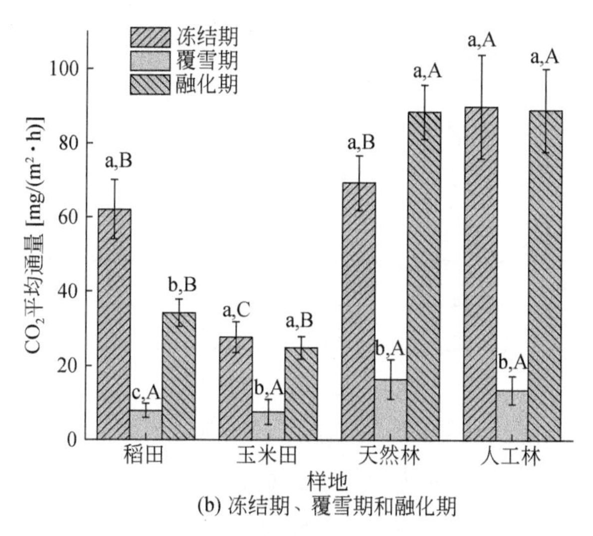

(b) 冻结期、覆雪期和融化期

图 5-7 四类样地不同时期 CO_2 平均通量

注：小写字母表示同一样地不同时期之间通量差异性，大写字母表示相同时期不同样地之间通量差异性。不同字母表示差异显著（$P < 0.05$）。误差线代表标准差

（2）CH_4

时间和样地均显著影响季节性冻土区土壤 CH_4 通量（表 5-2）。稻田生长季 CH_4 平均通量为 10.68mg/（m^2·h），是非生长季 CH_4 平均通量［33.21μg/（m^2·h）］的 322 倍，因此，生长季稻田土壤 CH_4 具有极强的释放能力。玉米田生长季和非生长季的平均通量均为负值，分别为−16.70μg/（m^2·h）和−14.63μg/（m^2·h），两者差异不显著，表明，生长季和非生长季玉米田土壤均是大气甲烷的弱“汇”且吸收能力基本相当。天然林、人工林生长季和非生长季的土壤 CH_4 也为大气甲烷的“汇”，其中，天然林生长季和非生长季平均通量分别为−120.5μg/（m^2·h）、−50.12μg/（m^2·h），人工林分别为−109.77μg/（m^2·h）、−50.76μg/（m^2·h），且两类林地生长季的平均通量均显著低于非生长季［图 5-8（a）］。可见，林地在生长季内土壤 CH_4“汇”的能力大于非生长季。非生长季内，除稻田土壤在冻结期和融化期平均通量为正值，即表现为净排放外，其他三类样地土壤 CH_4 均表现为净吸收。四类样地在非生长季不同时期的土壤 CH_4 通量差异性依次为，稻田：冻结期、融化期［60.54μg/（m^2·h）、44.23μg/（m^2·h）］>覆雪期［−5.15μg/（m^2·h）］；玉米田：覆雪期、融化期［−13.41μg/（m^2·h）、−3.97μg/（m^2·h）］>冻结期［−26.51μg/（m^2·h）］；天然林和人工林均表现为：覆雪期［−18.35μg/（m^2·h）、−21.33μg/（m^2·h）］>融化期［−38.74μg/（m^2·h）、−41.85μg/（m^2·h）］>冻结期［−93.27μg/（m^2·h）、−89.12μg/（m^2·h）］［图 5-8（b）］。因此，非生长季中除稻田外，其他三类生态系统在初冬土

壤开始冻结前相比，深冬覆雪时期和春季积雪融化时期土壤CH_4具有较大的汇的潜力，而深冬土壤CH_4汇的能力为全年的低谷期。总之，除稻田外，其他三类样地在生长季和非生长季均为大气甲烷的“汇”，且生长季的吸收速率高于非生长季，同时在非生长季冻结期比覆雪期和融化期有更高的吸收速率。

表 5-2　CH_4通量方差分析

因素	自由度 df	*F* 值	显著性
时期	3	28.378	0.000
样地	3	18.408	0.000
时期×样地	9	19.245	0.000

比较同一时期内不同样地之间的土壤CH_4通量结果表明（图 5-8）：生长季和非生长季稻田通量均显著高于其他三类样地，差异性为稻田>玉米田>天然林、人工林；在非生长季的不同时期内，除覆雪期四类样地的CH_4通量大小无显著差异外，冻结期和融化期稻田CH_4通量均高于其他样地，具体为稻田>玉米田>天然林、人工林。另外，稻田土壤CH_4通量的年平均值为 1692.62μg/（m^2·h），而玉米田、天然林和人工林却都为负值［−12.89μg/（m^2·h）、−71.39μg/（m^2·h）和−70.17μg/（m^2·h）］，差异性为稻田>玉米田>天然林、人工林。因此，稻田是四类样地中土壤CH_4排放最为强烈的一种土地类型。另外，玉米田和两类林地土壤CH_4在生长季、非生长季平均通量均为负值，但两类林地的净吸收速率显著高于玉米田，所以林地比玉米田具有更高的CH_4“汇”潜力。

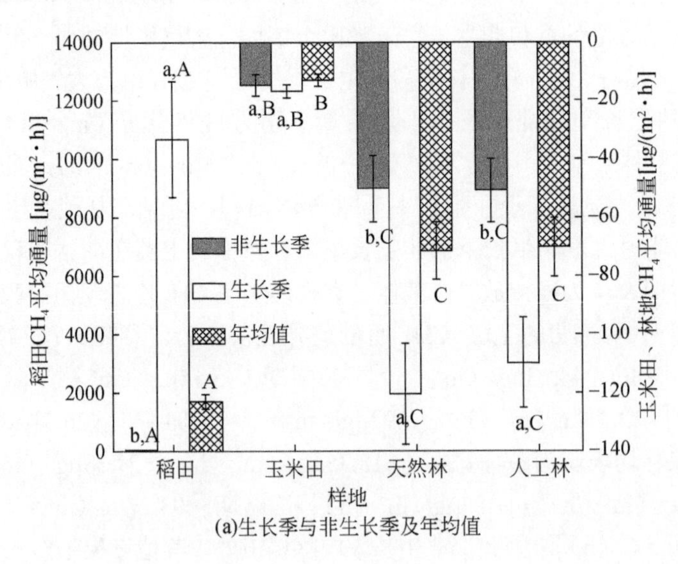

(a)生长季与非生长季及年均值

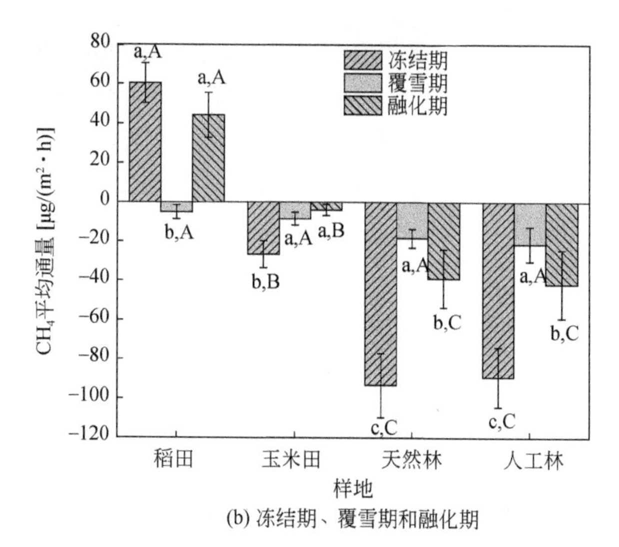

(b) 冻结期、覆雪期和融化期

图 5-8 四类样地不同时期 CH_4 平均通量

注：小写字母表示同一样地不同时期间通量差异性，大写字母表示相同时期不同样地间通量差异性。不同字母表示差异显著（$P < 0.05$）。误差线代表标准差

5.2.2.2 不同冻融期 CO_2、CH_4 累积排放量

（1）CO_2

一个完整的季节性冻融周期内，稻田、玉米田、天然林、人工林土壤 CO_2 的累积排放量分别为 4.58t/hm^2、11.11t/hm^2、16.13t/hm^2 和 16.68t/hm^2（图 5-9）。尽管稻田总排放量远少于其他样地，但相似的是，这四类样地年排放量绝大部分均来自生长季。稻田、玉米田、天然林和人工林生长季对全年的贡献分别达到 72%、85%、79%和 78%。因此，生长季是季节性冻土区土壤 CO_2 排放的主要时期。尽管，非生长季土壤 CO_2 排放量在全年的总排放量中占据的比例不足 30%，但研究发现，四类样地在该时期排放量的 85%以上均来自冻结期和融化期。所以，考虑冻结期和融化期这两个时期的排放量有助于更合理地评估冻土区土壤全年的碳排放和碳收支状况。此外，稻田在生长季的排放量仅为旱田排放量的 41%，为林地的 28%，表明淹水条件下土壤通过 CO_2 途径造成的碳排放是十分有限的，旱田比稻田在植物生长季具有更大的排放潜力。同时，林地的年排放总量也比玉米田高 45%～50%，因此，不同的土地耕作和利用方式影响土壤 CO_2 排放量。

（2）CH_4

稻田、玉米田、天然林和人工林全年的土壤 CH_4 累积排放量分别为 306.10kg/hm^2、−1.30kg/hm^2、−6.69kg/hm^2 和−6.31kg/hm^2，显著性依次为稻田>玉米田>天然林、人工林。因此，该区域四类土地利用方式中稻田对大气 CH_4 的贡献最

大，而玉米田和林地为弱“汇”。稻田全年99%的排放量集中于作物生长季，非生长季排放量不足1%，所以非生长季稻田土壤CH_4排放对全年排放量的贡献可以忽略。另外，尽管玉米田、天然林和人工林在生长季内土壤CH_4的净吸收量分别达到−0.67kg/hm²、−4.38kg/hm²和−3.99kg/hm²，各占全年吸收总量的52%、65%和63%，但不可忽视的是，这三类样地非生长季的净吸收量对全年的贡献仍达48%、35%和37%（图5-10）。因此，非生长季是旱田和林地土壤CH_4“汇”的重要组成。

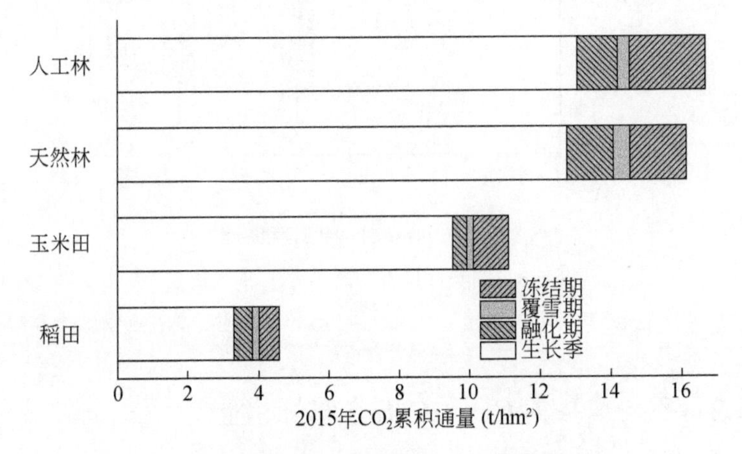

图5-9　四类样地不同时期内CO_2累积排放量

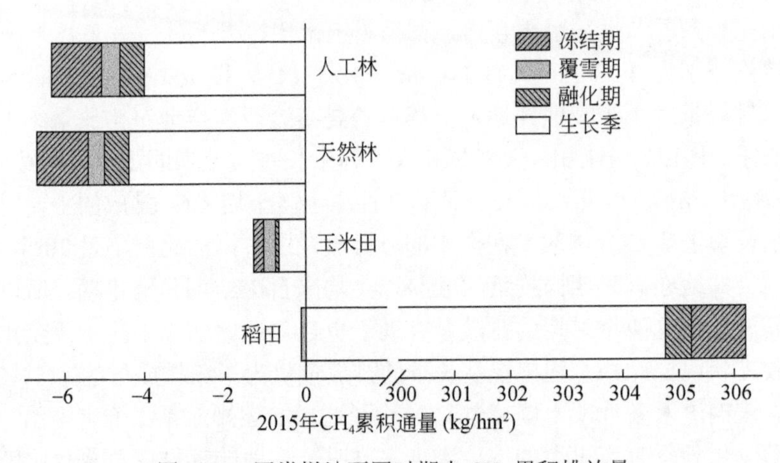

图5-10　四类样地不同时期内CH_4累积排放量

5.2.3　春季融化期CO_2、CH_4通量日进程

（1）CO_2

春季融化期土壤CO_2通量的日进程监测表明，昼夜之间土壤CO_2排放速率呈明

显的“单峰”形变化规律（图 5-11）。稻田和玉米田土壤在上午排放速率快速增加，而下午排放速率缓慢降低，晚上排放极低。2016 年 3 月 19 日～3 月 22 日白天稻田和玉米田土壤 CO_2 的平均排放速率分别为 41.88μg/（m^2・h）、73.58μg/（m^2・h），而夜间平均在仅为 9.56μg/（m^2・h）、21.32μg/（m^2・h）。因此，两类样地白天 CO_2 平均通量是夜间的 3～4 倍。昼夜进程中 CO_2 最大峰值出现在午后 12:00～14:00 时，3 月 19 日、3 月 21 日稻田排放峰值分别为 67.65μg/（m^2・h）、72.82μg/（m^2・h），玉米田峰值分别为 107.30 μg/（m^2・h）、137.14 μg/（m^2・h），是稻田的近两倍。排放速率的最低值出现在每日的 2:00～4:00 时，其中，稻田几乎不排放，通量仅为 0.5～2.0μg/（m^2・h），玉米田通量稍高于稻田，为 6～16μg/（m^2・h）。

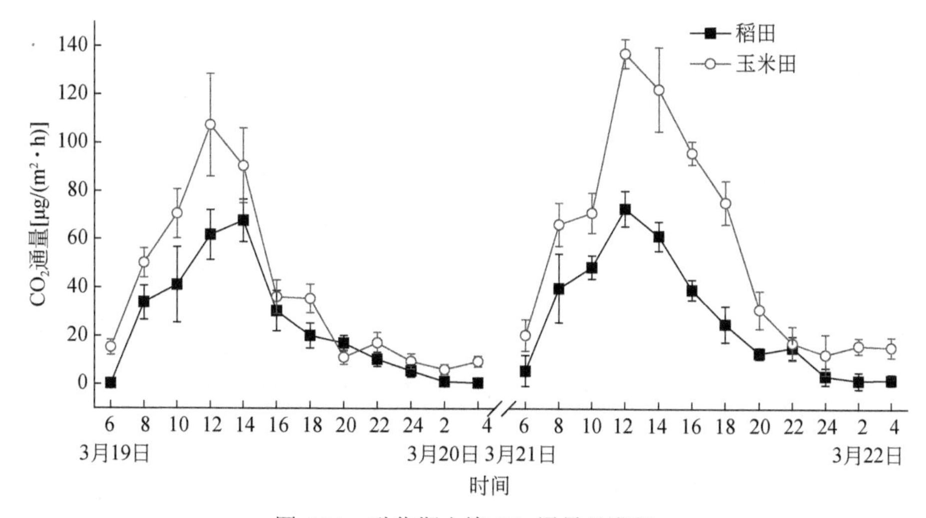

图 5-11 融化期土壤 CO_2 通量日进程

在融化期上午 9:00～11:00 时采气所测定的 CO_2 通量并不能很好地代表全天通量。监测结果显示，稻田 3 月 19 日、3 月 21 日的日平均通量分别为 24.11μg/(m^2・h)、27.33μg/（m^2・h），玉米田分别为 38.19μg/（m^2・h）、56.72μg/（m^2・h）。而稻田在 3 月 19 日、3 月 21 日上午 10:00 时的通量分别为 41.15μg/（m^2・h）和 48.58μg/（m^2・h），玉米田分别为 70.56μg/（m^2・h）、71.04μg/（m^2・h）。可见，在融化期如果用 10:00 时（采气时间为 9:00～11:00 时）的排放通量代表日均值，同样会高估该时期的累积排放量，建议提前约一个小时采集气体样品。

（2）CH_4

春季融化期土壤 CH_4 通量的日进程监测表明，稻田和玉米田在融化期内土壤 CH_4 通量昼夜波动范围分别为 17.82μg/（m^2・h）～−0.78μg/（m^2・h）和 3.16～−2.58μg/（m^2・h），日均值分别为 9.66μg/（m^2・h）和 1.46μg/（m^2・h）。两类样

地夜间土壤 CH_4 的排放规律相似，速率均很低，稻田夜间通量均值仅为 1.67μg/（m^2・h），而玉米田甚至出现净吸收，平均通量为-0.44μg/（m^2・h）。可见，稻田白天的通量是夜间的近 6 倍，而玉米田土壤白天表现为 CH_4 排放源，夜晚则为汇。在白天稻田 CH_4 通量变化呈“双峰”形（3 月 19 日和 3 月 21 日），上午通量急剧增加，于 8:00～10:00 时出现第一个峰值，10:00～12:00 时有所降低，但 12:00～14:00 时排放通量再次增加，且于 14:00 时前后出现第二个峰值，18:00～20:00 时通量急剧下降。玉米田在白天 CH_4 通量变化呈“单峰”形，上午排放通量缓慢增加，14:00 时前后达到最大值，随后通量缓慢降低（图 5-12）。

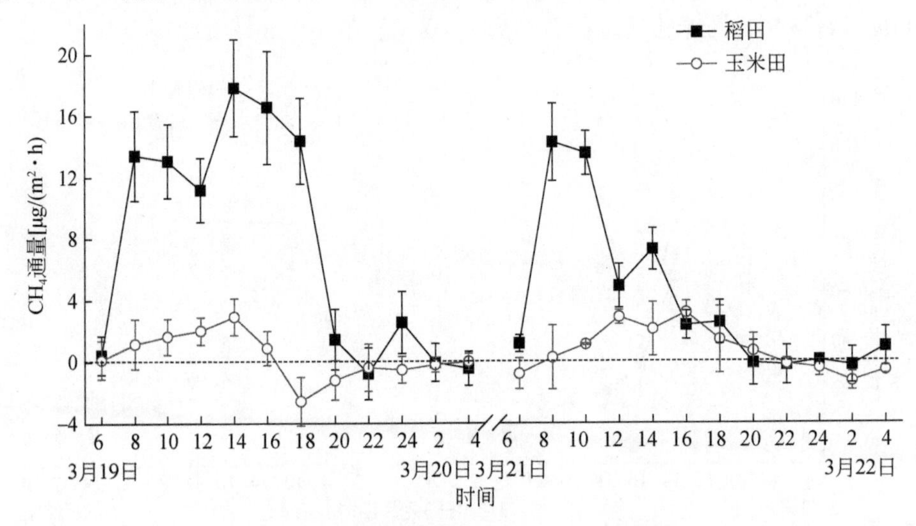

图 5-12　春季融化期土壤 CH_4 通量日进程

不仅稻田和玉米田在融化期土壤 CH_4 通量的昼夜动态不同，而且两类样地的排放速率也具有显著差异。其中，稻田 3 月 19 日、3 月 21 日白天的平均通量分别为 12.08μg/（m^2・h）、7.25μg/（m^2・h），玉米田仅为 1.47μg/（m^2・h）、1.62μg/（m^2・h），可见，稻田白天的平均通量是玉米田的 4～8 倍。另外，稻田 3 月 20 日、3 月 21 日白天的排放峰值也是玉米田排放峰值的 4～6 倍（图 5-12）。

稻田和玉米田土壤 CH_4 通量在上午增加迅速，下午降低也迅速，且夜间通量极低，这导致 CH_4 通量在昼夜之间的变化呈偏态分布。稻田 3 月 19 日、3 月 21 日的日平均通量分别为 7.30μg/（m^2・h）、3.87μg/（m^2・h），玉米田分别为 0.33μg/（m^2・h）、0.78μg/（m^2・h），而稻田这两日上午 10:00 时的实测通量分别为 13.07μg/（m^2・h）、13.54μg/（m^2・h），玉米田则分别为 1.65μg/（m^2・h）、1.11μg/（m^2・h）。因此，就融化期来看，如果用上午 9:00～11:00 时的通量代表日通量均值，会高估该时期的排放量。

5.3　非生长季 CO_2、CH_4 排放影响机制

5.3.1　春季昼夜冻融对 CO_2、CH_4 排放影响

（1）CO_2

春季融化期 CO_2 排放的日进程结果显示，CO_2 通量与土壤温度和大气温度均呈显著线性正相关关系（图 5-13）。这印证了结构方程模型中温度对土壤 CO_2 排放的重要作用。另外，尽管在所监测的两天内稻田土壤温度波动范围仅维持在-1～3℃，低于玉米田（-1～9℃），但两类样地的 CO_2 通量和土壤温度的回归方程斜率基本相等，因此，可以认为该时期两类农田的土壤呼吸对土壤温度的敏感性相当。

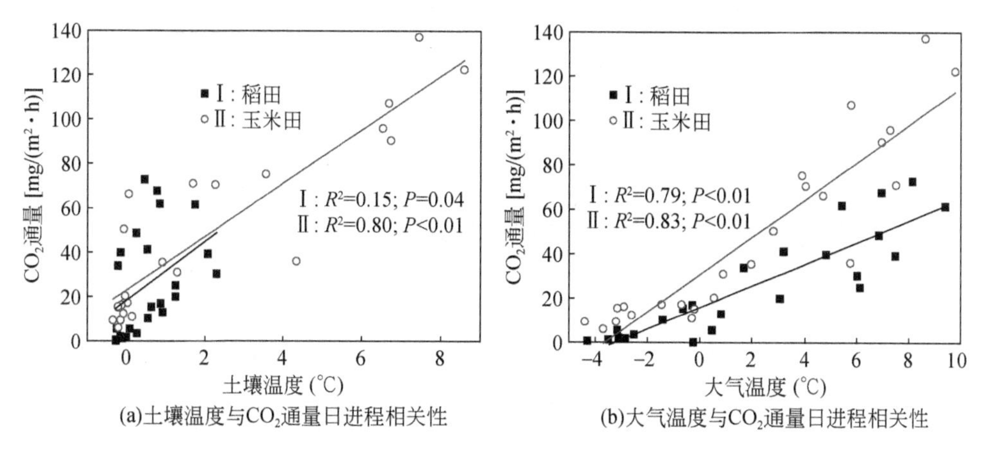

图 5-13　春季融化期农田土壤 CO_2 通量日进程与土壤温度、大气温度的相关性

（2）CH_4

回归分析表明，稻田和玉米田土壤 CH_4 通量与大气温度均呈显著线性正相关关系（图 5-14）。玉米田土壤 CH_4 通量与土壤温度也呈显著线性正相关关系，但稻田的相关关系不显著（P=0.18）。同时融化期两类农田的 CH_4 以排放为主，因此，由夜晚到白天的过程中大气温度的上升会显著增加农田土壤 CH_4 的净排放。但研究同时发现，稻田 CH_4 通量与大气温度的回归函数斜率为 0.97，而玉米田仅为 0.25，可见，稻田 CH_4 通量对大气温度变化的响应更敏感，即白天气温上升时，稻田土壤 CH_4 排放速率增加高于玉米田。另外，尽管稻田 CH_4 通量与土壤温度的回归函数斜率高，达到 2.50，但统计分析的相关关系并不显著，这可能与该时期昼夜之间稻田土壤 CH_4 通量变异较大及土壤温度变幅较小有关。同时，玉米田土

壤 CH_4 通量与土壤温度线性关系显著（$P<0.01$），但斜率仅为 0.39，表明白天玉米田土壤温度的上升对 CH_4 通量的促进也是有限的。因此，昼夜冻融的确影响农田 CH_4 的昼夜排放规律，但白天大气温度和土壤温度上升对 CH_4 通量的促进作用是有限的。

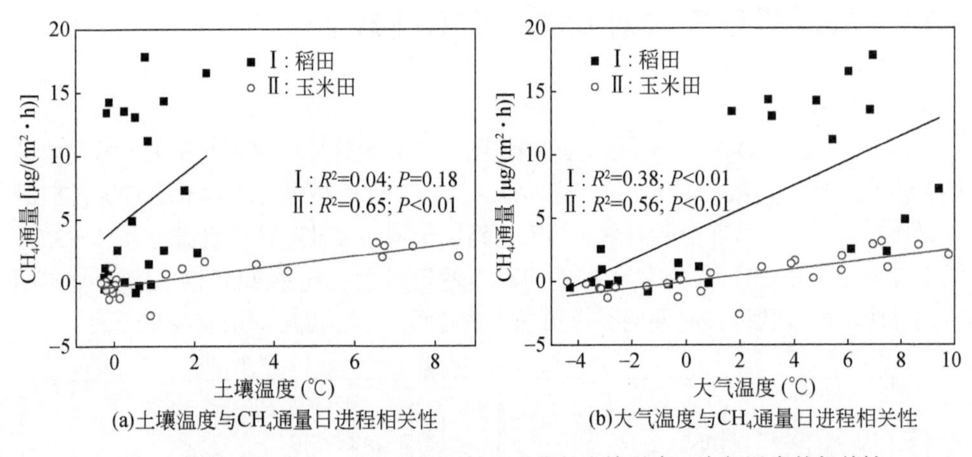

图 5-14　春季融化期农田土壤 CH_4 通量日进程与土壤温度、大气温度的相关性

5.3.2　CO_2 通量与影响因素回归分析

（1）CO_2

回归分析表明，四类样地土壤 CO_2 通量与土壤温度均呈显著正指数关系［图 5-15（a）］；CO_2 通量与土壤湿度在农田和林地之间的相关关系却恰恰相反，两类农田的通量与土壤湿度呈线性负相关关系，而两类林则呈线性正相关关系［图 5-15（b）］；在融化期 CO_2 并未出现诸如 N_2O 集中排放的现象，四类样地 CO_2 通量同融化天数呈显著线性正相关关系，也就是说土壤开始解冻后 CO_2 通量是逐日增加的［图 5-15（c）］；与土壤 TDN 同样呈显著线性正相关关系［图 5-15（e）］；CO_2 通量与 MBC 和 MBC∶MBN 整体上呈线性负相关关系［图 5-15（g）、图 5-15（h）］；另外，昼夜温差和土壤 DOC 含量与 CO_2 通量均无显著相关关系［图 5-15（d）、图 5-15（f）］，可见，昼夜温差对土壤呼吸的影响小，尽管 DOC 作为微生物呼吸的底物，但非生长季 DOC 含量并不是限制 CO_2 通量的主要因子。土壤温度与 TDN 含量的增加能够促进 CO_2 排放量，这表明，非生长季温度和土壤有效氮素可能是控制该时期土壤呼吸的重要因素。而非生长季农田和林地 CO_2 通量对土壤湿度的响应方式截然相反，因此，不同土地利用方式可能通过对土壤湿度的影响进而改变土壤呼吸。非生长季土壤微

生物碳量的增加并未使 CO_2 通量增加，可见，非生长季土壤呼吸与土壤微生物碳量并无必然关系。

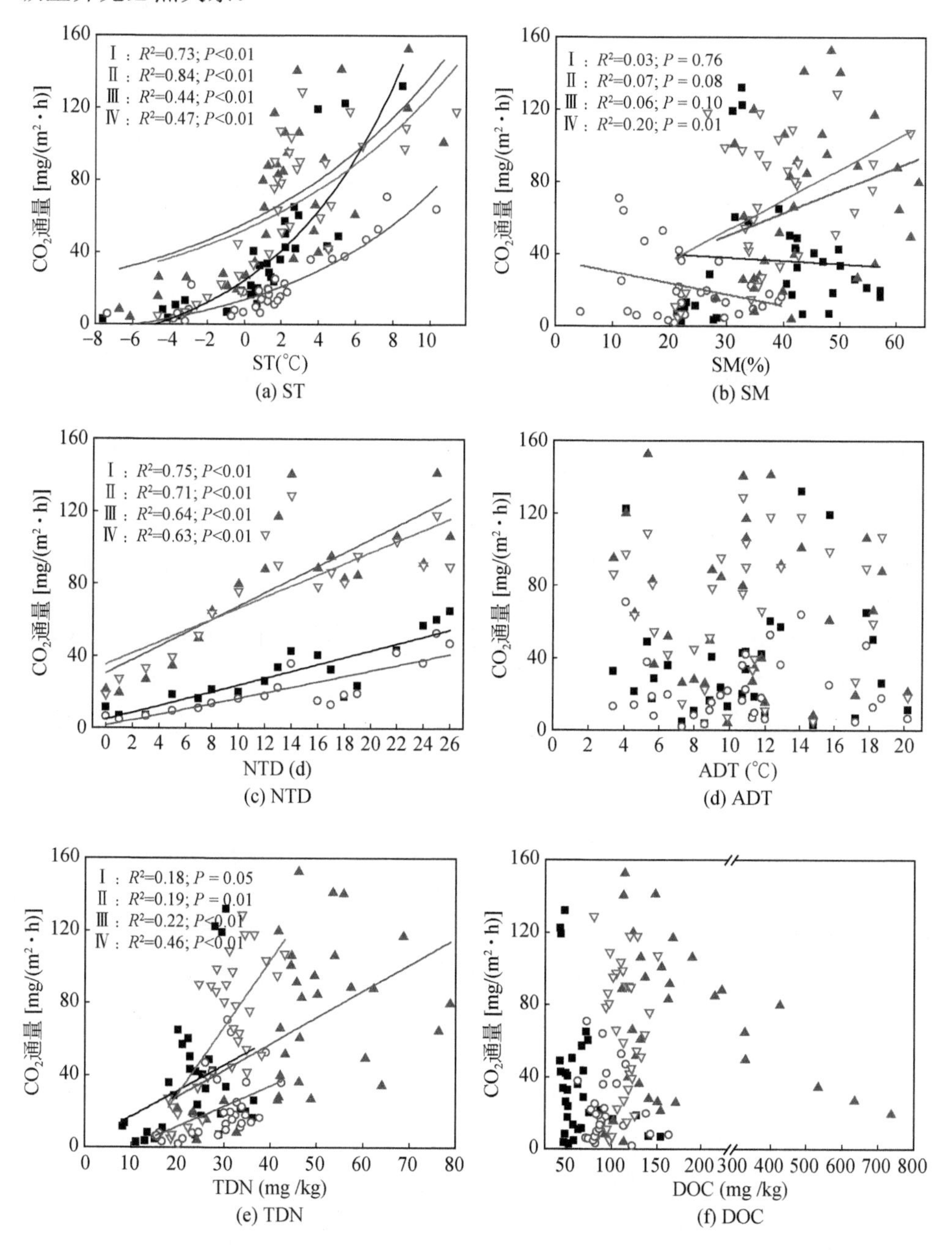

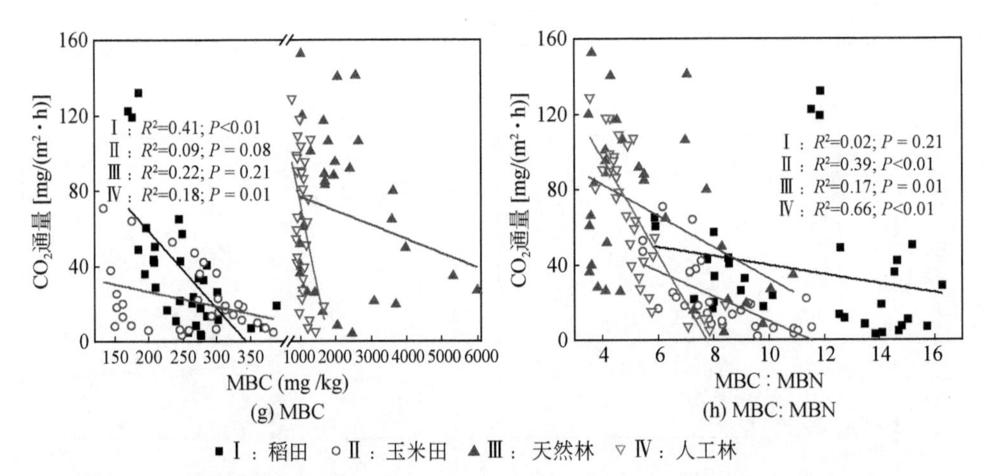

图 5-15　土壤 CO_2 通量与 ST、SM、NTD、ADT、TDN、DOC、MBC、MBC：MBN 的回归分析

（2）CH_4

非生长季土壤温湿度对农田和林地 CH_4 通量的影响并不一致，其中，天然林和人工林土壤 CH_4 通量同土壤温度呈显著线性负相关关系（图 5-16），而稻田和玉米田 CH_4 通量与土壤温度相关关系不显著（P>0.05）；但两类农田的 CH_4 通量与土壤湿度呈显著正相关关系，而两类林地 CH_4 通量却与土壤湿度的相关关系不显著（P>0.05）。从积雪融化开始，稻田和玉米田土壤 CH_4 通量与融化天数的拟合关系呈二次函数（抛物线形），即 CH_4 通量随融化天数先增加后减少。这表明，融化期农田土壤 CH_4 也存在排放高峰。但天然林和人工林的 CH_4 通量与融化天数呈显著线性负相关关系，即融化开始后 CH_4 通量递减。溶解性总氮含量的增加会促进稻田和玉米田土壤 CH_4 通量的增加（线性正相关关系，P<0.01），但林地土壤溶解性总氮含量与 CH_4 通量相关关系不显著。除稻田外，其他三类样地土壤 CH_4 通量与 MBC 呈显著线性正相关关系，可见，微生物量的增加会提高非生长季土壤 CH_4 通量。林地和农田 CH_4 通量对 MBC：MBN 的响应不同，前者呈显著线性正相关关系，后者则无相关关系。另外，昼夜温差和溶解性有机碳的变化均与四类样地的 CH_4 通量没有显著相关关系。

天然林和人工林非生长季的 CH_4 通量以吸收为主，因此，土壤温度、融化天数的增加会提高 CH_4 的净吸收，而土壤水分、微生物量碳和微生物量碳氮比的增加反而会降低 CH_4 的吸收速率。然而，稻田和玉米田在覆雪期表现为净吸收，而融化期却呈明显的释放，因此，土壤水分、溶解性总氮和微生物量碳的增加会降低 CH_4 的吸收速率，甚至使土壤由大气 CH_4 的“汇”转为“源”。

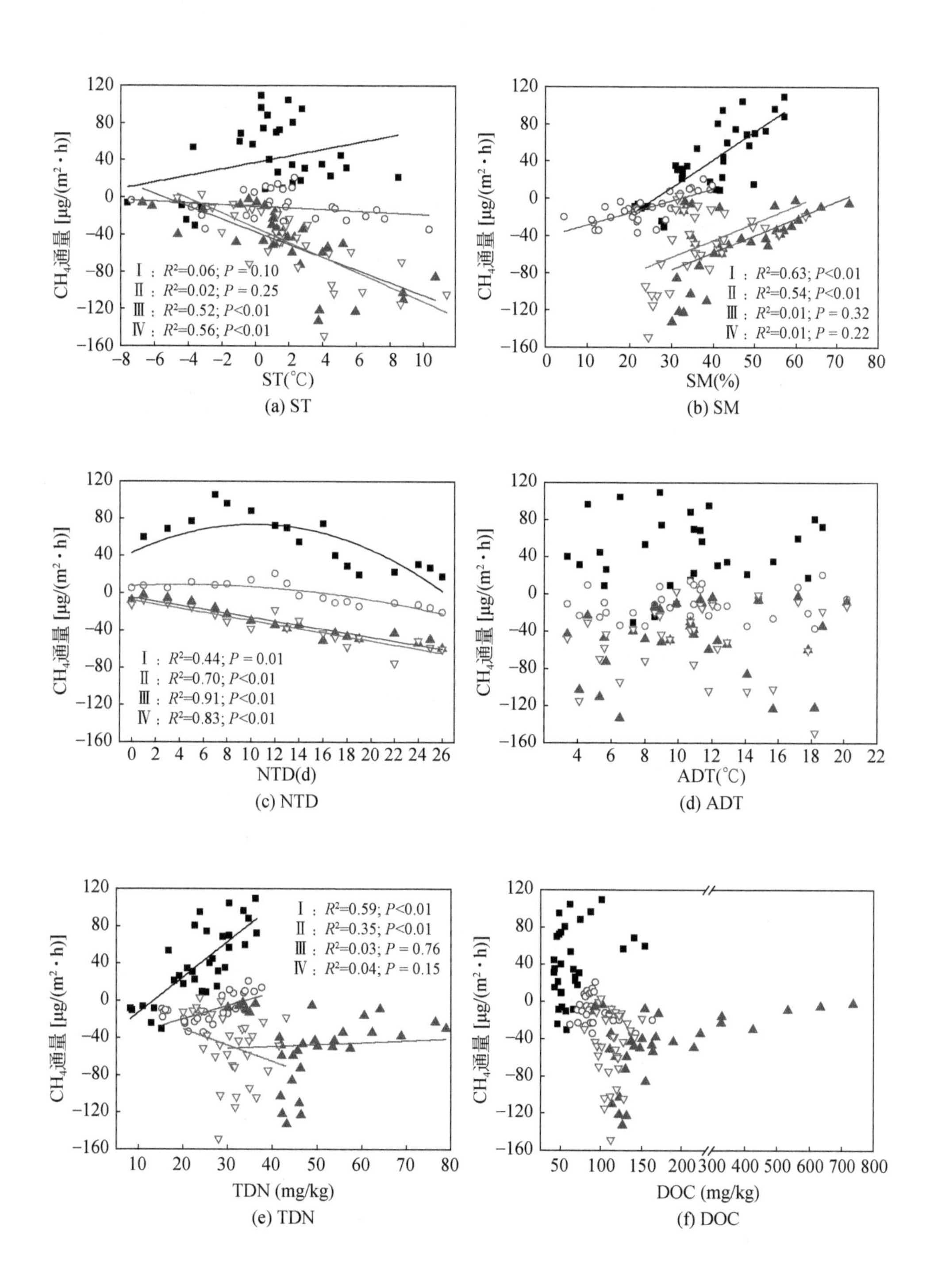

(a) ST (b) SM

(c) NTD (d) ADT

(e) TDN (f) DOC

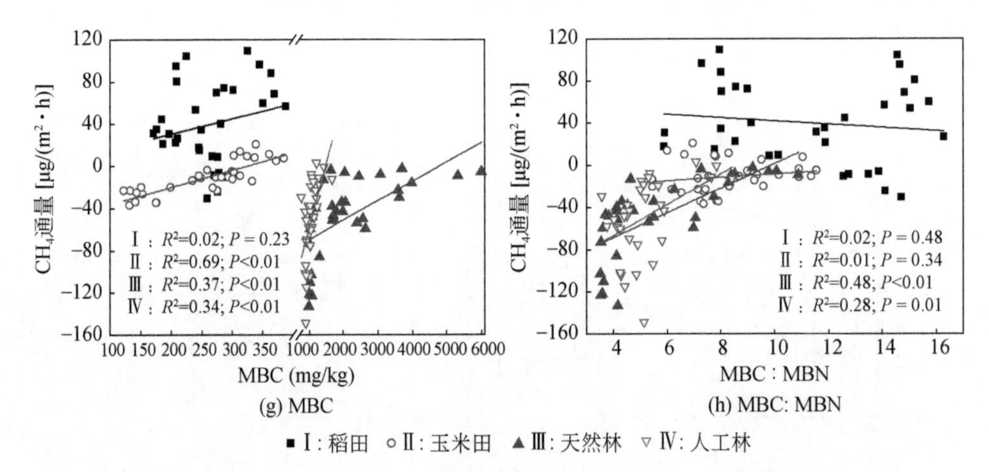

图 5-16 土壤 CH_4 通量与 ST、SM、NTD、ADT、TDN、DOC、MBC、MBC：MBN 的回归分析

5.3.3 结构方程模型

（1）CO_2

结构方程模型结果显示（图 5-17），对农田生态系统而言，土壤温度同 CO_2 通量的路径系数为 0.721，同时土壤温度还可以通过提高土壤溶解性总氮含量进而间接促进 CO_2 排放，该间接效应为 0.148。所以土壤温度对 CO_2 通量的总效应达到 0.869，即土壤温度能够解释非生长季农田 CO_2 通量变异的 86.9%。而土壤湿度与 CO_2 通量的直接路径关系并不显著，其仅通过促进土壤溶解性总氮含量而间接影响

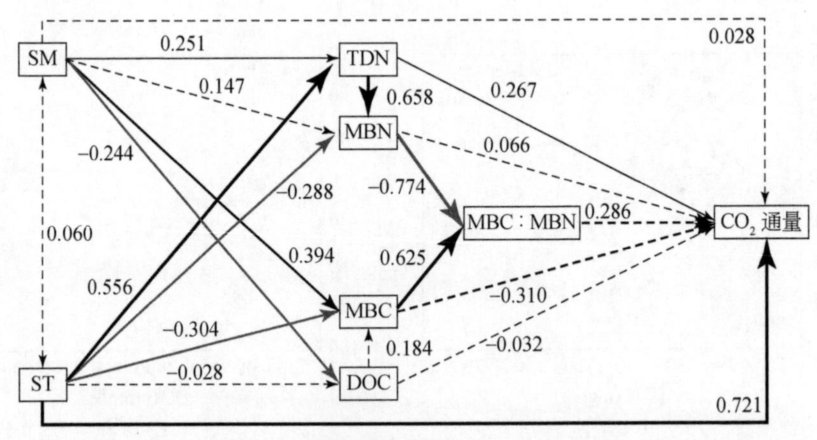

图 5-17 农田土壤环境、有效氮素和微生物对 CO_2 通量影响的结构方程模型

CO_2 排放，该间接效应仅为 0.067。因此，尽管土壤温度和土壤湿度是影响土壤呼吸的两个最主要因素，但研究结果表明，土壤温度才是决定非生长季农田土壤 CO_2 通量的最主要环境因素。另外，在与土壤 CO_2 生产相关的呼吸底物和微生物量中，土壤溶解性有机碳、微生物量及微生物量碳氮比均与 CO_2 通量的路径关系不显著，只有溶解性总氮对 CO_2 通量的路径系数达到显著水平（β=0.267）。总之，季节性冻土区农田生态系统在非生长季的土壤 CO_2 排放受土壤温度的制约较大，土壤可利用碳源和微生物量的增加与土壤呼吸强度关系不大，而土壤有效氮含量的增加会增强 CO_2 排放。

结构方程模型结果显示（图 5-18），与农田生态系统不同的是，非生长季林地土壤湿度和土壤温度均显著影响土壤 CO_2 通量。其中，土壤湿度与 CO_2 通量的路径系数为 0.335，同时还通过影响土壤溶解性总氮、微生物量氮和微生物量碳间接影响 CO_2 排放，间接效应为 0.304。因此，土壤湿度对 CO_2 通量的总效应达到 0.639，即土壤湿度能够解释非生长季林地土壤 CO_2 通量变异的 63.9%。而土壤温度与 CO_2 通量的路径系数达到 0.655，且通过影响溶解性总氮含量和微生物量而增加 CO_2 通量的间接效应为 0.209，因此，土壤温度对 CO_2 通量的总效应达到 0.864，即土壤温度能够解释非生长季林地土壤 CO_2 通量变异的 86.4%。可见，与土壤湿度相比，土壤温度仍是影响非生长季林地土壤 CO_2 最为关键的环境因素，这与土壤温度对农田生态系统非生长季土壤 CO_2 排放的作用相似。在与土壤 CO_2 生产相关的呼吸底物和微生物量中，林地土壤溶解性总氮对 CO_2 通量的效应为 0.236，这与农田的结果相当，但不同的是，林地土壤微生物量氮和微生物量碳与 CO_2 通量的直接路径关系均达到显著水平，路径系数分别为 0.522 和−0.613。可见，不同生态系统中微生物量对非生长季土壤呼吸的作用是有差别的。

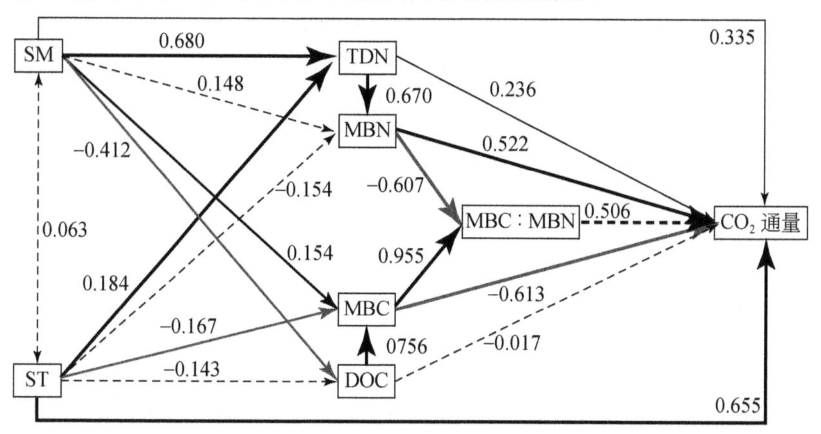

图 5-18 林地土壤环境、有效氮素和微生物对 CO_2 通量影响的结构方程模型

（2）CH_4

结构方程模型的结果表明（图 5-19），非生长季农田土壤 CH_4 通量只与土壤湿度有关，其直接路径系数达到 0.822。这意味着非生长季农田土壤 CH_4 通量变异的 82.2%能够被土壤湿度所解释。另外，土壤湿度对溶解性总氮和微生物量碳具有显著的正效应，路径系数分别为 0.465 和 0.525，但对溶解性有机碳却具有显著负效应（β=−0.266）。土壤温度同样对溶解性总氮具有显著正效应（β=0.388），但却对微生物量碳具有显著负效应（β=−0.293）。尽管土壤温度和土壤湿度均不同程度地影响溶解性总氮、溶解性有机碳和微生物量碳氮，但这些因素与 CH_4 通量的路径关系均不显著。这表明，农田非生长季除土壤湿度直接影响 CH_4 通量外，土壤温度和湿度均不会通过影响可利用碳氮和微生物量而间接影响 CH_4 排放。

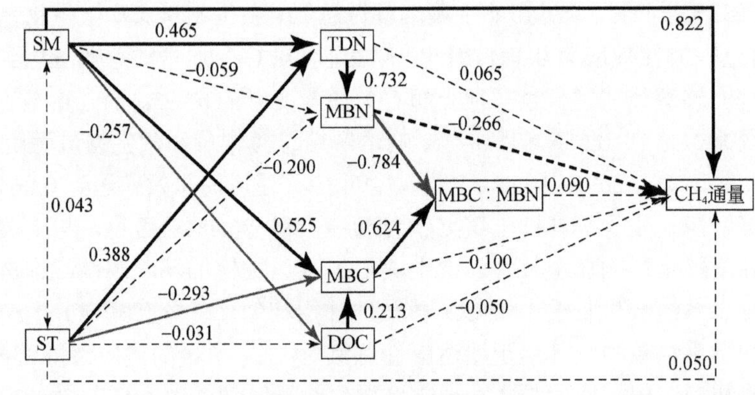

图 5-19　农田土壤环境、有效氮素和微生物对 CH_4 通量影响的结构方程模型

与农田不同，非生长季林地土壤 CH_4 通量不但受土壤温湿度影响也受可利用氮和微生物量影响（图 5-20）。土壤湿度和土壤温度对 CH_4 通量的直接效应相反，前者表现为显著正效应（β=0.586），后者则表现为显著负效应（β=−0.437）。溶解性总氮与 CH_4 通量的直接效应为负，路径系数分别为−0.231。而微生物量碳和微生物量氮均对 CH_4 通量具有显著正效应（β=0.794，β=0.432）。尽管微生物量氮对 MBC：MBN 具有显著负效应（β=−0.708），但微生物量碳对 MBC：MBN 具有更高的解释度（β=1.114），这导致 MBC：MBN 对 CH_4 通量也具有显著正效应（β=0.933）。除各因素对 CH_4 通量的直接效应外，土壤湿度通过溶解性总氮、微生物量的间接效应达到 0.180。土壤温度通过溶解性总氮和微生物量对 CH_4 通量的间接效应达到−0.283。因此，非生长季林地土壤湿度对 CH_4 通量的总效应达到 0.766，土壤温度的总效应达到−0.720。可见，土壤湿度和土壤温度均对林地土壤 CH_4 通量具有重大影响，但前者为正效应，后者为负效应。同时，非生长季林地土壤 CH_4 以吸收为主，因此，土壤湿度的增加会降低该时期 CH_4 的吸收，而土壤

温度的增加则会增加 CH_4 的吸收。

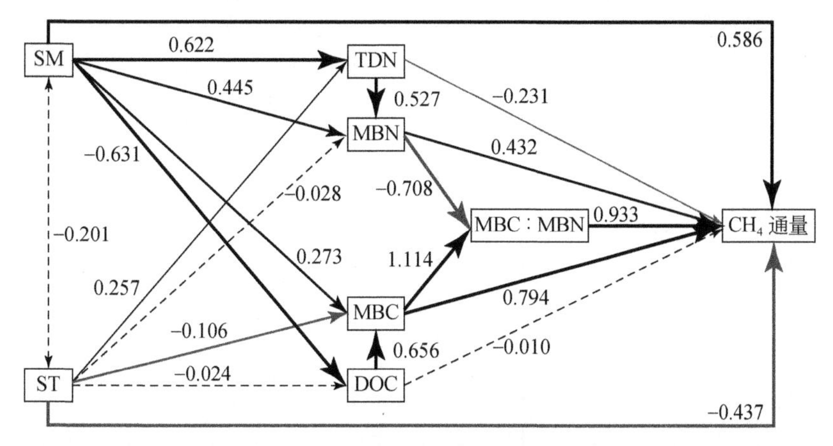

图 5-20 林地土壤环境、有效氮素和微生物对 CH_4 通量影响的结构方程模型

5.3.4 土壤呼吸温度敏感性（Q_{10}）

本研究所在区域四类样地土壤呼吸与表层 10cm 处土壤温度在全年、生长季、非生长季及非生长季中的冻结期、覆雪期、融化期均呈显著的正指数函数关系，具体拟合关系方程见表 5-3。另外，在春季融化期中同样发现，土壤呼吸的日进程与昼夜土壤温度的变化也呈显著正指数关系。但土壤呼吸在不同时间尺度及不同季节内的温度敏感性（Q_{10}）差异较大。其中，稻田、玉米田、天然林、人工林全年内 Q_{10} 为 1.5～3.0，而生长季 Q_{10} 低于全年均值，为 1.3～1.8，非生长季高于全年，为 3.0～5.0。可见，在季节性冻土区非生长季土壤呼吸对温度具有更高的敏感性。另外，四类样地之间 Q_{10} 也存在差异。其中，稻田全年和生长季的 Q_{10}（1.5、1.3）低于其他样地。玉米田全年的 Q_{10}（2.5）低于两类林地（3.0、2.8），但非生长季的 Q_{10}（5.0）却高于两类林地（3.0、3.0）。同时，稻田非生长季的 Q_{10}（3.1）也略高于两类林地。因此，不同的土地利用方式下，季节性冻土区土壤呼吸对温度的响应及季节差异有所差别，农田土壤呼吸在非生长季对温度的敏感性高于林地，但林地在全年尺度上的温度敏感性高于农田。

在非生长季的不同冻融时期内，土壤呼吸 Q_{10} 也存在较大的变化。除玉米田外，其他三类样地土壤呼吸 Q_{10} 的最高值出现在覆雪期，天然林和人工林的最大值甚至达到 10.5 和 20.3，稻田也达到 4.6。这表明，冬季覆雪期土壤呼吸对温度变化极为敏感。在融化期，稻田、玉米田、天然林和人工林的 Q_{10} 分别为 3.9、4.4、4.6、6.6，在冻结期，玉米田和天然林的 Q_{10} 分别达到 5.2 和 5.3，这些值均远高

表 5-3　不同季节土壤呼吸与土壤温度的拟合关系及土壤呼吸的温度敏感性（Q_{10}）

时期	稻田		玉米田		天然林		人工林	
	拟合方程	Q_{10}	拟合方程	Q_{10}	拟合方程	Q_{10}	拟合方程	Q_{10}
全年	R_s= 32.57$e^{0.041T}$（R^2= 0.22，P <0.01）	1.507	R_s= 32.60$e^{0.093T}$（R^2= 0.69，P <0.01）	2.535	R_s= 52.77$e^{0.109T}$（R^2= 0.78，P <0.01）	2.974	R_s= 63.70$e^{0.102T}$（R^2= 0.67，P <0.01）	2.773
生长季	R_s= 46.23$e^{0.023T}$（R^2= 0.03，P <0.01）	1.259	R_s= 77.03$e^{0.057T}$（R^2= 0.22，P <0.01）	1.768	R_s= 177.11$e^{0.042T}$（R^2= 0.27，P <0.01）	1.522	R_s= 243.911$e^{0.025T}$（R^2= 0.05，P <0.01）	1.284
非生长季	R_s= 27.71$e^{0.113T}$（R^2= 0.21，P <0.01）	3.096	R_s= 20.94$e^{0.160T}$（R^2= 0.51，P <0.01）	4.953	R_s= 46.48$e^{0.110T}$（R^2= 0.49，P <0.01）	3.004	R_s= 53.26$e^{0.109T}$（R^2= 0.48，P <0.01）	2.974
冻结期	R_s= 35.96$e^{0.076T}$（R^2= 0.06，P <0.01）	2.138	R_s= 20.50$e^{0.164T}$（R^2= 0.49，P <0.01）	5.155	R_s= 26.87$e^{0.167T}$（R^2= 0.71，P <0.01）	5.312	R_s= 49.68$e^{0.105T}$（R^2= 0.45，P <0.01）	2.886
覆雪期	R_s= 17.48$e^{0.153T}$（R^2= 0.27，P <0.01）	4.618	R_s= 14.94$e^{0.097T}$（R^2= 0.03，P =0.01）	2.638	R_s= 39.49$e^{0.235T}$（R^2= 0.54，P <0.01）	10.486	R_s= 32.437$e^{0.301T}$（R^2= 0.59，P <0.01）	20.287
融化期	R_s= 23.935$e^{0.136T}$（R^2= 0.29，P <0.01）	3.896	R_s= 22.236$e^{0.148T}$（R^2= 0.36，P =0.01）	4.393	R_s= 58.122$e^{0.152T}$（R^2= 0.44，P <0.01）	4.618	R_s= 53.03$e^{0.189T}$（R^2= 0.49，P <0.01）	6.619
春季昼夜冻融	R_s= 20.339$e^{0.370T}$（R^2= 0.11，P <0.01）	40.447	R_s= 27.13$e^{0.192T}$（R^2= 0.77，P =0.01）	6.821				

注：土壤呼吸（R_s）与土壤温度（T，10cm）的拟合使用自然常数的指数函数，即 $R_s=ae^{bT}$。其中，a、b 为常数

土壤呼吸温度敏感性（Q_{10}）=e^{10b}，b 为 $R_s=ae^{bT}$ 中的常数

于全年尺度上的 Q_{10}。因此，非生长季的不同冻融期内土壤呼吸对温度的敏感性极高，特别是覆雪期。但不同土地利用方式下，土壤呼吸对温度变化的响应亦有差别。

此外，春季融化期，稻田和玉米田昼夜之间土壤呼吸变化的温度敏感性分别高达 40.4 和 6.8。该值远高于其他时期的平均值。因此，在季节性冻土区，春季融化期内昼夜之间的温度波动对土壤呼吸具有极强的影响。

5.4 讨 论

5.4.1 季节性冻土区土壤呼吸

土壤呼吸的季节动态和当地气候及水热条件是紧密相关的。本研究所在区域气候冷季和暖季变化分明，所研究的四类样地土壤 CO_2 通量在植物生长季和非生长季之间也存在明显的季节变化，基本呈现为生长季（夏季）排放速率显著高于非生长季（秋、冬、春季）的特征。四类土地利用方式下土壤 CO_2 排放的差异主要体现在生长季。其中，玉米田在生长季初期排放通量不断增加，最大值出现在 8 月中下旬，而在生长季后期逐步下降，故呈明显的“单峰”形；而其他三类样地却呈“双峰”形，其中，两类林地该特征最为显著。玉米田、天然林和人工林土壤在生长季高的排放速率导致该时期为全年 CO_2 排放的主要时期，占到全年总排放量的 78%～85%。尽管稻田在生长季排放速率较小，生长季初期的峰值仅为玉米田峰值的 1/5，生长季末期的峰值也不足玉米田峰值的 1/4，但在全年尺度上，稻田土壤 CO_2 在生长季的累积排放量仍占到全年的 72%。因此，生长季为土壤呼吸的主要时期。这与中高纬度、高海拔地区其他生态系统土壤 CO_2 排放的规律是一致的（Wang et al.，2014；王广帅等，2013；Groffman et al.，2006）。

土壤温度、水分、养分、透气性和微生物等是造成不同土地利用方式下生长季土壤呼吸差异的主要原因（刘绍辉和方精云，1997）。生长季内稻田淹水条件下，一方面水层阻碍了土壤 CO_2 向大气的扩散，另一方面无氧环境限制了微生物的有氧呼吸。故整个生长期稻田的排放量均较低。而在稻田生长季后期出现的第二个排放峰，是由于稻田生长末期田面水落干（或排水）后土壤的通气性增强，好氧微生物开始活跃，土壤呼吸速率增加所致（梁巍等，2003）。林地“双峰”形的变化，可能与土壤养分、水分及不同组分的土壤呼吸贡献改变有关。生长季初期，林地土壤呼吸的峰值可能主要来源于土壤微生物异养呼吸。其原因如下：首先，初春林木尚未返青或生长速率较慢，根系的代谢速率较低；其次，如前面所述，春季是土壤养分释放的重要时期，在缺少根系对养分吸收的情况下，累积的养分会促进微生物的代谢。另外，诸多研究表明，温带地区土壤微生物异养呼吸是土壤呼吸的主要组成成分。例如，陈光水等（2008）综合分析了中国森林群落土壤呼吸的组成情况，发现根系呼吸仅占土壤呼吸的 34.7%，其余来自枯枝落叶层和矿质土壤呼吸，这与 Sulzman 等（2005）报道的老龄花旗松林和 Rey 等（2002）等报道的小灌木林橡树林及 Bowden 等（2011）报道的温带阔叶混交林根系呼吸分别占土壤呼吸的 23%、23.3%和 33%的结果类似。中国北方温带森林土壤异养呼吸占到总呼吸的 71%～80%（张俊兴等，2011）。可见，温带地区林地枯枝落叶层及土壤内部微生物活动（异养呼吸）对土壤呼吸的贡献占主要地位，而根系呼吸（自养呼吸）的贡献相对较低。在生长季末期，林地土壤 CO_2 通量的峰值同样可能来自该时期大量落叶增加了地表凋落物的量，同时其分解所释放的养分刺激了微生物的呼吸。与林地呼吸模式不同的是，玉米田土壤 CO_2 通量在生长季“单峰”形的变化可能主要受作物根系呼吸的影响。因为农田耕作层土壤均质性较高，不存在凋落物或腐殖质层，这与林地截然不同。加之，长期的耕作使农田土壤有机质不断消耗，因此，能够为微生物代谢所提供的呼吸底物是有限的。但是，人为耕作为玉米根系生长提供了较好的土壤环境，且玉米为 C4 植物，光合效率高，大量的光合产物能够供给根系生长所需。因此，农田土壤自养呼吸在土壤呼吸中占有更重要的地位，这也正是研究观测到玉米田土壤 CO_2 通量呈“单峰”形且峰值出现在玉米生长盛期的重要原因。

作为土壤 CO_2 生产两个最重要因素之一的根系呼吸在冬季极为微弱甚至不存在，因此，以往多数关于土壤呼吸研究的工作集中在植物生长季，对年土壤呼吸量的估算多基于冬季土壤呼吸为零的假设（王娓等，2007）。尽管本研究也发现生长季土壤呼吸的累积排放量在全年总排放量中占据绝对地位，但非生长季土壤 CO_2 排放量对全年的贡献仍达到 20%左右，其中，稻田在非生长季的排放量更是接近 30%。正如上文所述，即使在生长季，微生物呼吸对土壤呼吸的贡献也远高于根系呼吸，且微生物活动在冬季并非完全停止，甚至在“温暖”的雪被之下，微生物活动仍非常活跃（Groffman et al.，2001a）。Qin 等（2015）发现，中国北方内陆地区农田和弃耕地冬季土壤呼吸释放的碳量达到 80g C/m^2，占到全年土壤呼吸总量的 4%～30%。日本的落叶阔叶林冬季土壤呼吸甚至占整个生态系统呼吸的 35%～48%（Suzuki et al.，2006）。北方针叶林冬季土壤呼吸值达到 89g C/m^2，潮湿的苔原和草甸苔原冬季 CO_2 的排放量更是高达 120g C/m^2 和 60g C/m^2（Schimel et al.，2006）。高纬度北极地区冬季 CO_2 的累积排放量为 21～53g C/m^2，占全年土壤呼吸的 14%～30%（Elberling，2007）。挪威北极圈内灌丛和草甸的冬季土壤呼吸达 70g C/m^2，更是占到全年排放量的 40%以上（Morgner et al.，2010）。

Fahnestock 等（1999）指出，对苔原本身而言，如果将冬季（11 月至次年 4 月）释放量纳入年释放量，则全年 CO_2 释放量增加 17%。王娓等（2007）综述了季节性积雪草地和森林冬季土壤呼吸，结果发现，森林冬季土壤呼吸的累积释放量为 22～152g C/m^2，而草地仅为 1～26gC/m^2。美国西部高山林线附近冬季 CO_2 通量甚至高达 156～189g C/m^2，同样占到年排放量的 30%（Liptzin et al.，2009）。也有一些研究尽管肯定了冬季土壤呼吸对计算年 CO_2 收支的意义，但其在全年土壤呼吸中所占的比例并不大。例如，Wang 等（2010）发现，中国北方温带森林冬季土壤呼吸的排放量为 18～40gC/m^2，但在全年土壤呼吸总量中的比例仅为 4%～7%。尽管青藏高原高寒草甸非生长季 CO_2 累积排放通量也达到 76～89g C/m^2，但也仅占全年排放量的 12%～13%（Wang et al.，2014；王广帅等，2013）。前一种研究可能与中国北方森林土壤有机质累积普遍不高、林龄小、以次生林为主、土壤呼吸碳排放潜力不高、生态系统整体上表现为碳固持有关（方精云等，2003；刘国华等，2000）。后一种研究可能与该地区冬季降水少、缺少积雪覆盖导致土壤温度较低、冬季处于完全冻结状态有关。总之，除根系呼吸外，冬季微生物呼吸对全年土壤呼吸的贡献是不可忽略的。

尽管不同类型生态系统之间的排放量有所区别，但冬季土壤呼吸导致的碳排放对净生态系统交换量和年尺度上生态系统碳库的影响不可忽视，甚至使某些生态系统从净碳库转变为碳源。例如，亚高山森林冬季土壤呼吸相当于该生态系统年总初级生产力的 8%（Hubbard et al.，2005）～25%（Sommerfeld et al.，1993），相当于净初级生产力的 80%（Ryan and Waring，1992）。Zimov 等（1993，1996）对西伯利亚森林苔原（forest tundra）生态系统 CO_2 通量连续三年的监测表明，该生态系统冬季净 CO_2 释放量为 89 g C/m^2，而生长季净生态系统碳交换量仅约为 100g C/m^2（变化范围为 49～150g C/m^2），冬季土壤 CO_2 释放量占年总初级生产力的 60%（Zimov et al.，1993，1996）。Brooks 等（1997）对落基山高山苔原连续两年的监测发现，冬季持续覆雪下土壤通过 CO_2 途径损失的碳量为 26g C/m^2，占到年地上初级生产力的 25%。Zimov 等（1993，1996）还指出，高纬度地区（70° N）冷季（9 个月）的土壤呼吸量与暖季（3 个月）相当，但生态系统生产力较低［地上部分累积量为 25g C/（m^2 • a)］。而全球变暖使冬季气温增加更为显著（IPCC，2013），冬季土壤温度小幅度的增加，即可能导致土壤呼吸大幅度上升，这甚至高于生长季内生态系统的净碳固持量（Zimov et al.，1993，1996）。因此，较高的冬季土壤呼吸，会使年尺度上季节性冻融/积雪生态系统成为大气 CO_2 的重要排放源（Oechel et al.，2000），且冬季土壤温度的上升会加速储存于冻土中的大量有机碳矿化（Jahn et al.，2010）。也有比对研究发现，同一样地中传统静态箱法所测冬季生态系统呼吸值比涡度相关技术低 16%，如此推算后，冬季森林生态系统的碳排放将增加 30%（Suzuki et al.，2006；Nakai et al.，2003）。另外，冬季监测数据的不足及监测方法的落后也很大程度地低估了非生长季土壤呼吸对大气 CO_2 排放的贡献。

总之，冬季土壤呼吸是区域碳收支中非常重要的组成部分，并显著地影响生态系统的源汇功能，气候变化所带来的巨大风险可能使该区域生态系统由碳汇转变为碳源（Hubbard et al.，2005；Monson et al.，2005）。

5.4.2 土壤呼吸温度敏感性

本研究还发现，四类样地非生长季土壤呼吸 Q_{10} 是生长季的 2.0～2.8 倍。这与以往野外实验的结论是相同的。例如，Xu 和 Qi（2001）发现，美国内华达山脉森林土壤一年中 Q_{10} 的最小值出现在仲夏，为 1.05，最大值出现在冬季，为 2.29；Janssens 和 Pilegaard（2003）发现，北欧山毛榉林地土壤 Q_{10} 在一年内变化巨大，其中，生长季（6～9 月）的均值为 4.3，而冬季却高达 16，是生长季的近 4 倍。Wang 等（2008）对比研究了中国西南山区森林、草地和农田土壤呼吸的季节动态发现，三类样地 Q_{10} 均表现为冬季高于夏季。因此，尽管冬季土壤呼吸速率低，但其对温度上升的响应更为敏感。这可能是因为低温条件下温度对土壤呼吸的限制作用更大，温度小幅度的上升便能较大程度地提升土壤呼吸能力。有研究指出，冬季上层土壤积累了大量可利用有机物，能够满足微生物活动对氧气的需求（Janssens and Pilegaard，2003），另外，低温下温度对微生物群落的限制更为强烈，温度上升能显著地增加微生物群落丰富度（Andrews et al.，2000）。因此，作为冬季微生物呼吸最主要的限制因子，当低温胁迫降低后，呼吸能力会得到极大释放，从而表现出高的 Q_{10}。在本研究中的覆雪期和融化期，特别是覆雪期林地的 Q_{10} 达到 10～20，是生长季的 7～16 倍。另外，稻田、玉米田在春季融化期内昼夜之间土壤呼吸 Q_{10} 更是生长季的 32 倍和 4 倍。有观点认为，低温或土壤冻结条件下，土壤呼吸 Q_{10} 远偏离基于酶动力学的 Q_{10}，Öquist 等（2009）对采集自北方森林及泥炭地的土壤进行室内培养发现，冰冻造成液态水的利用性下降是 Q_{10} 偏离的主要原因。相反，在温暖的环境下，水分、养分和微生物活性等替代温度而转变为主要限制因子（陈全胜等，2004），因此，随着温度的升高或增温时间的延长，土壤呼吸敏感度降低，呼吸速率增长幅度下降甚至停止，这被称为“温度适应性”（Oechel et al.，2000；陈全胜等，2004）。

Raich 和 Schlesinger（1992）总结大量已有报道指出，全球 Q_{10} 一般在 1.3～3.3，中值为 2.4。而本研究中，除稻田外，其他三类样地年 Q_{10} 范围为 2.5～3.0，处在 Raich 和 Schlesinger（1992）所得结果的上半区，即略高于全球中位值；本研究中，冬季不同冻融时期 Q_{10}（2.6～20.3）上限也远高于全球平均范围。高纬度、高海拔寒冷地区及冬季土壤呼吸研究较少，可能拉低全球 Q_{10} 均值，这或许是造成 Raich 和 Schlesinger(1992)的研究低估全球陆地生态系统 Q_{10} 的重要原因。因为在其所分析的 171 例案例中，苔原和北方针叶林只涉及 27 例，不足总案例数的 16%（Raich and Schlesinger，1992）。而就寒冷区的分布面积而言，仅北半球陆地生态系统中具有季节冻融或积雪覆盖现象的生态系统面积超过陆地面积的 55%（Zhang et al.，2004），广大高山、高原（如青藏高原）地区的研究则更少。刘绍辉和方精云（1997）利用纬度与年平均大气温度的关系建立了全球湿润地区森林生态系统土壤呼吸 Q_{10} 模型，结果表明，全球森林 Q_{10} 均值仅为 1.5，低于以往的研究。这一方面与其使用年平均气温与土壤呼吸的拟合度不高有关，另一方面其仅考虑了纬度小于 70° 的地区。Chen 和 Tian（2005）的综合分析亦表明，寒带和温带生态系统土壤呼吸的确存在显著的基于温度的 Q_{10} 模型，且土壤呼吸与土壤温度的拟合度优于大气温度；同时全球陆地生态系统土壤 Q_{10} 整体表现为寒温带 > 温带 > 热带/亚热带；且将更多寒带和温带生态系统的研究纳入分析范围后，全球土壤呼吸 Q_{10} 分布范围扩展至 0.9～14.2。另外，上述的综合研究所选取的资料源大多忽略了非生长季的土壤呼吸。因此，涉及冬季和寒冷地区土壤呼吸的现有研究与涉及生长季和相对温暖地区的研究的数量是极不平衡的，这不利于统计分析年尺度全球土壤呼吸 Q_{10} 分布范围。在区分不同季节土壤呼吸的前提下，Bondlamberty 和 Thomson（2010）筛选并统计了全球 1961～2007 年 818 项多达 3379 例连续记录数据，结果表明，低温条件下土壤呼吸的温度敏感性更高，其中，0～10℃范围内 Q_{10} = 3.3±1.5，5～15℃范围内 Q_{10} = 2.9±1.2，10～20℃范围内 Q_{10} = 2.6±1.1。此外，不同生态系统类型之间的 Q_{10} 也存在较大的波动，如苔原 Q_{10} 范围为 3.2～10.3、北方森林为 2.5～5.5、温带森林为 1.1～5.6、温带草地为 2.0～14.2（Chen and Tian，2005）。

综上所述，寒冷环境下土壤呼吸对温度升高反应敏感，全球范围内土壤呼吸 Q_{10} 在时间（季节变化）、空间（地理位置）和生态系统类型之间存在较大变异，高纬度、高海拔等寒冷地区土壤呼吸具有更高的 Q_{10}，冬季土壤呼吸对土壤温度上升的响应也更为剧烈。另外，高纬度、高海拔地区土壤所储存的大量有机碳，作为全球重要的碳汇，气候变暖将极大促进该地区的土壤呼吸，使大量有机碳以 CO_2 形式进入大气，将对全球变暖产生正反馈（Schuur et al.，2015；Sobek，2014；Treat and Frolking，2013；Schuur and Abbott，2011；Jahn et al.，2010 ）。建议今后需要加强季节性冻土区及其他寒冷地区非生长季，特别是覆雪期和融化期土壤呼吸对温度升高响应的研究。

5.4.3 非生长季土壤 CO_2 排放影响因素

非生长季土壤呼吸以微生物呼吸为主，一般土壤温度、土壤水分、代谢底物及微生物活力被认为是影响该时期土壤呼吸的主要因素（王娓等，2007；Mast et al.，1998）。研究结果表明，四类样地非生长季土壤 CO_2 通量与土壤温度呈显著正指数关系，且土壤温度是所有环境因子中对 CO_2 通量变异解释度最高（66%～72%）的因子。同时，非生长季不同冻融时期内土壤呼吸对温度变化均具有高的敏感性，且融化期昼夜温度与该时期土壤 CO_2 释放表现出极显著的正相关关系。因此，这些结果均表明，温度是影响本地区非生长季土壤 CO_2 排放的主要因素。但积雪是冬季土壤温度的主要调节者，持续、较深的雪盖能够有效隔离土壤和寒冷的大气环境，一般认为 30cm 的积雪便有效地减缓昼夜气温大幅度变化对土壤温度的影响，表层土壤甚至不会发生冻融交替（Brooks et al.，1997），而大于 100cm 的积雪能完全隔绝土壤与外界大气的热量交换，120cm 的积雪下土壤温度甚至高于 0℃（Liptzin et al.，2009）。因此，当前越来越多的研究认为，积雪深度、持续时间是影响冬季土壤 CO_2 释放的重要驱动力，其主要通过影响土壤冻融交替格局、土壤温度、土壤湿度及养分的有效性而间接改变土壤呼吸。

Liptzin 等（2009）认为，美国 Niwot Ridge 高山草甸冬季 CO_2 排放通量的持续上升是土壤湿度增加所致。这主要是因为深的积雪覆盖（120～200cm）下积雪底部温度较为温暖（0℃），部分积雪消融；同时积雪内部蒸发的水汽随温度梯度向土壤迁移（Sommerfeld et al.，1996）也会增加冬季土壤湿度。鉴于冬季积雪对土壤 CO_2 排放影响的复杂性，Liptzin 等（2009）提出了一套基于雪被深度、持续时间及生态系统生产力的非生长季土壤 CO_2 通量模式的概念模型。该模型列举了四类 CO_2 通量变化季节模式，分别是脉冲型（Ⅰ，pulsed）、深冬季最低型（Ⅱ，mid-winter minimum）、增长型（Ⅲ，increasing）及降低型（Ⅳ，decreasing）（图 5-21）。Ⅰ型适用于积雪较浅或间歇性雪盖的区域，这类地区土壤受大气温度波动影响较大，土壤冻结和冻融交替及积雪融化的干扰会刺激 CO_2 排放，这种情景式的排放使冬季土壤 CO_2 通量呈脉冲式特征。这种排放模式在一些室内模拟实验（Teepe and Ludwig，2004）和田间监测（Dörsch et al.，2004）中也都得到了证实；Ⅱ型适用于冬季具有连续积雪覆盖但积雪厚度相对较低（< 30cm）的区域。这类条件下土壤 CO_2 通量的最大值往往出现在初冬和初春，深冬（一年气候最冷时）排放量最低，因此，整体呈现 U 形的变化趋势。在春季融雪和土壤融化过程中，土壤温度有所增加，且伴随着土壤湿度和有效碳含量的提高及微生物活性的增强，均会促进春季 CO_2 的排放。目前绝大部分关于北极地区冬季 CO_2 排放规律

的研究表明，其属于Ⅱ型模式，温带高山森林也具有这一特征（姚辉等，2015）；Ⅲ型适用于雪被厚（> 30cm）且覆盖时间长久的生态系统。Liptzin 等（2009）所研究的 Soddie 站恰属于这种积雪类型，其积雪厚度>120cm，积雪覆盖时间长达 8.5 个月。雪被下温暖、湿润的土壤有利于土壤呼吸的进行，因此，冬季随着土壤湿度的缓慢增加，CO_2 通量也呈增长的趋势。Morgner 等（2010）通过雪栅栏的方法发现，当积雪深度从 30cm 增加至 150cm 后北极冻原灌丛和草甸冬季土壤呼吸分别增加 8%和 12%，冬季对年呼吸总量的贡献高达 64%（Morgner et al.，2010）。同时，Ⅲ型还指出，在初春融化过程中 CO_2 通量有所降低，这可能受制于融雪后土壤水分处于饱和及无氧状态；Ⅳ型同样适用于积雪期长且厚度大的系统，但与Ⅲ型所不同的是，Ⅳ型还受生态系统初级生产力的限制。尽管这类系统土壤呼吸与Ⅲ型一样对土壤湿度响应敏感，但其土壤有效碳含量却十分有限，在漫长的覆雪期中土壤呼吸底物不断被消耗，故 CO_2 释放量逐渐下降（Schindlbacher et al.，2007）。Brooks 等（2005）在科罗拉多落基山脉上进行的碳（葡萄糖）原位添加实验证实，冬季土壤 CO_2 通量与土壤有效碳呈显著正相关关系，增施葡萄糖后 24h 内 CO_2 通量增加 52%～160%，即使 30d 后仍比对照高 62%～70%。另外，这四类模型中，除Ⅲ型外，其他三类模型在春季融化期的初始阶段土壤 CO_2 通量均呈现极速增加的特征，原因是融化期土壤有效碳氮、微生物量及微生物活性均有较大提高（Buckeridge et al.，2010）。

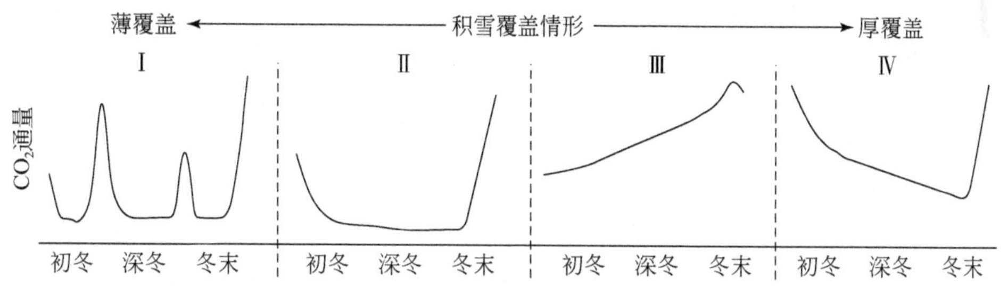

图 5-21　土壤 CO_2 通量季节模式概念模型（译自 Liptzin et al.，2009）

注：四类模型的划分基于积雪覆盖的情形。积雪格局决定着土壤 CO_2 释放模式在由冻融交替控制的Ⅰ型、土壤温度控制的Ⅱ型、土壤湿度控制的Ⅲ型及氮素有效性控制的Ⅳ型之间转化

本研究关于稻田、玉米田、天然林和人工林四类样地非生长季 CO_2 排放的规律与 Liptzin 等（2009）所提出的Ⅱ型模式相似。尽管监测期内两个非生长季的积雪厚度最大值均达到了 40cm 左右，但冬天的大部分时间内积雪厚度不足 20cm，其中，2014 年 11 月～2015 年 3 月该特征最为显著，其仅在冬末（2015 年 2 月）由于降水的增加，积雪厚度超过了 40cm，但厚的积雪覆盖持续的时间较短。2015 年 11 月～2016 年 3 月当年特殊的气候条件导致冬季降水高于往年，故积雪厚度

较大，但仍然存在相当长的时间积雪厚度是不足 30cm 的。同时结合往年的气象资料还发现，试验所在区域冬季的降水主要发生在每年的 2～3 月（冬末至初春），而最冷月份 1 月的降水量是较少的，这意味着在冬季最冷时期积雪较浅，本研究中两个冬季的积雪变化特征与往年气象数据结果一致。Ⅱ型模式恰表明，积雪较浅的系统中冬季 CO_2 排放最低值出现在最冷时期，原位监测得到的通量结果也与之一致。但研究结果与Ⅱ 型模式的不同在于，春季融化期尽管两类林地 CO_2 通量出现了较大程度的增加，但两类农田 CO_2 排放增加较为缓慢，并未出现激增。这主要与林地比农田土壤有机质及可利用养分含量更高有关。当地耕作习惯于将作物收割后剩余的秸秆回收利用，因此，能够残余或还田的有机物是很有限的。相反，林地每年会积累大量枯枝落叶，具有较厚的腐殖质层（图 5-22），春季积雪融化后前一年所积累的凋落物会释放出大量可利用有机碳氮。研究结果也表明，融化初期天然林土壤 DOC 含量高达 737.20mg C/kg，而稻田仅为 154.34mg C/kg，玉米田甚至<130mg C/kg。另外，冬末降水较多且农田积雪融化速度快（7～10d），也是削弱农田 CO_2 排放的一个重要原因。一方面，冬末气温处于回升阶段，部分积雪已经开始融化，降水甚至是以雨夹雪的形式发生；另一方面，农田不像林地有树木枝干遮挡，积雪融化的速度更快，这两个因素的叠加无疑会迅速增加农田土壤湿度。同时当积雪全部融化时下层土壤却仍处于冻结状态，导致表层土壤处于雪水的浸泡状态。这点类似于Ⅲ型模式中所描述的：春季大量积雪融化后土壤湿度过高反而不利于 CO_2 排放。相反，林地积雪融化慢，且干燥的落叶层及其他腐殖质能吸收部分融雪，因此，并没有出现类似农田土壤“浸泡”的状态。土壤水分是否饱和可能正是结构方程模型分析结果中农田土壤湿度对 CO_2 通量的直接作用并不显著，而林地土壤湿度具有显著直接作用且直接解释率达 33.5%的原因所在。因此，可以认为，所研究的两类林地在非生长季土壤 CO_2 的排放规律更接近于Ⅱ类模式；农田在初冬和深冬的排放规律符合Ⅱ类模式，但春季融化期的排放特点更类似于Ⅲ类模式。尽管同一区域内降水量相同，不同植被类型或土地利用方式下的地表状况等差异也影响融化期的土壤呼吸。关于冬季冻融过程中土壤温度敏感性的变化，Du 等（2013）提出了“冻融关键点”假说，认为积雪融化、土壤解冻的过程中土壤温度和土壤水分联合控制土壤呼吸：当土壤温度、土壤水分均低于该关键点时，Q_{10} 较低；当土壤温度、土壤水分均高于该关键点时，土壤呼吸呈指数式增长，但土壤温度和土壤水分超过某一上限时，呼吸速率不再增加。融化期高的 Q_{10} 及该时期 CO_2 通量的昼夜变化规律很好地支持了该假说。这表明，冻融过程中除土壤温度外，土壤水分的可利用性对土壤呼吸的作用也尤为关键。

(a)旱地　(b)水田　(c)人工林地　(d)天然林地

图 5-22　四类样地地表凋落物对照

此外，就土壤养分有效性而言，四类样地非生长季 CO_2 通量与 DOC 的相关关系均不显著，但与 TDN 呈显著正相关关系。结构方程模型结果也显示，TDN 对 CO_2 通量变异的解释率达到 20%～30%。同时，在覆雪期研究发现，DOC 在四类样地均有累积的趋势，但 CO_2 通量并未有所增加。相反，CO_2 通量与可利用氮总量均表现为降低的趋势。可见，该区域不同生态系统类型中土壤有效氮比有效碳在更大程度上限制着非生长季的土壤呼吸。尽管，融化期可利用碳、氮均具有脉冲式释放的特征，但 CO_2 通量变化趋势与此却并不一致。这暗示，春季融化期底物的有效性并非是控制土壤呼吸的限制因子。另一方面，虽然微生物作为冬季土壤呼吸的主体，但非生长季呼吸通量却与 MBC 呈负相关关系。因此，冬季土壤微生物群落量的多少并不能指示土壤呼吸的大小，因为即使冬季微生物量有所增加，其呼吸速率也较低，甚至大部分微生物仍处于休眠状态。

总之，非生长季土壤养分和微生物活动虽然分别作为土壤呼吸的底物和主体，但其在不同冻融期对土壤呼吸的贡献是有所区别的。这种差异主要源自积雪覆盖控制下的土壤温度、湿度变化对 CO_2 排放的影响。对季节性雪被生态系统而言，气候变化情境下冬季气温增加，降水格局及积雪厚度、覆盖周期的变化可能使非生长季 CO_2 的排放模式发生转变，进而影响生态系统碳循环（Groffman et al.，2006；Monson et al.，2006）。

5.4.4 季节性冻融稻田 CH_4 排放规律及影响因素

稻田是陆地生态系统中大气 CH_4 的热点排放源。热带、亚热带地区稻田一年两熟或三熟，稻田常年基本处于淹水状态，故全年存在 CH_4 的排放，但中国东北稻作区纬度高、气候寒冷、一年一熟，在漫长的休闲期内，田间处于排干状态。故东北稻田土壤 CH_4 的排放主要发生在水稻生长季。研究也表明，该区域水稻土壤 CH_4 排放具有显著的季节特征，生长季排放量占到全年的 99%以上。故非生长季 CH_4 的排放可以忽略不计。试验所在地区稻田生长季 CH_4 平均排放速率为 10.68mg/（m^2 • h），该值低于中国南方稻田 CH_4 年平均通量［52.75±17.33mg/（m^2 • h)］（蔡祖聪，1999），且生长季的排放峰值［32.22mg/（m^2 • h)］也远低于南方地区。纬度导致的温度差异无疑是造成南北方稻田 CH_4 排放差别的主要因素。丁维新和蔡祖聪（2003a）曾综述了温度对土壤 CH_4 生产的影响机制，认为温度主要通过改变土壤中产 CH_4 优势菌的群落类型来影响土壤 CH_4 生产，其中，在较高温条件下产 CH_4 菌以甲烷八叠球菌（*Methanosarcinaceae*）为主，而在较低温度条件下以甲烷毛菌（*Methanosaetaceae*）为主，前者产 CH_4 能力大于后者。目前关于这种纬度导致的温度差异（如东北和南方稻田产甲烷菌比对）的研究尚无报道。

研究发现，在稻田灌水的期间内大部分时间 CH_4 通量维持在 3～17mg/（m^2 • h），但生长季的峰值却高达 32.22mg/（m^2 • h），是其他时期排放上限的近两倍。最大排放速率出现在 8 月初，此时大气温度达到 32℃，土壤温度达到 26.2℃，气温和土壤温度均为一年之中温度最高之时。而通量次高峰出现在 7 月 15 日，此时的气温和土壤温度最高值分别为 20.6℃和 20.3℃。可见，尽管 7 月 15 日～8 月 5 日土壤温度只增加了约 6℃，但 CH_4 通量速率却增加了近一倍。在峰值后，8 月 26 日气温和土壤温度分别降至 23.7℃和 19.4℃，此时 CH_4 通量迅速回落至 5.2mg/（m^2 • h），降幅达 84%。因此，7 月 15 日～8 月 26 日，土壤 CH_4 通量对温度（特别是土壤温度）的变化表现出了强烈的敏感性：当土壤温度超过 20℃时，随着土壤温度的继续上升 CH_4 通量急剧增加；而低于 20℃时，CH_4 通量基本维持在较低的排放水平。有实验发现了相类似的现象。例如，Thomas 等（1996）发现，当土壤温度由 20℃上升至 25℃时，水稻土 CH_4 排放量可以增加 1 倍。日本和美国水稻土在不同温度下培养实验结果显示，CH_4 排放与土壤温度呈显著正相关关系，当土壤温度<15℃时 CH_4 产生很少，而 35℃时的 CH_4 产量高出 25℃时许多（Yagi and Minami，2012）。同样，印度砂壤水稻土的最佳产 CH_4 温度是 34.5℃左右，并且每升高 1℃，CH_4 排放量将增加 1.5～2.0 倍（Parashar et al.，1993）；美国佛罗里达州热带沼泽土壤温度低于 25℃时，CH_4 生产量极少，而超过 40℃时，CH_4 生产量直线上升（Bachoon and Jones，1992）。丁维新和蔡祖聪（2003a）认为，土壤温度对 CH_4 的生产是以底物为先决条件的，一定温度范围内，如果底物供给越丰富，温度效应越显著。研究所在区域，由于温度低，稻田积累了大量有机物，生长季内伴随着温度的上升，土壤养分供给相对充足，因此，较高的土壤养分本底值和土壤温度的联合作用可能是造成东北稻田生长季 CH_4 排放峰激增的重要原因。

除土壤温度、底物对稻田 CH_4 生产的影响之外，CH_4 消耗（即 CH_4 氧化）、传输也是控制其排放的重要过程。CH_4 氧化主要发生在稻田根际及土壤与田面水交界面。据估算，CH_4 氧化过程所消耗的 CH_4 量相当于稻田 CH_4 生产总量的 50%～90%（Wang et al.，1993）。在 CH_4 氧化过程中水层深度扮演着重要角色，一定的水层深度为产 CH_4 菌提供了严格的厌氧环境，有利于 CH_4 生产，但深的水层也阻碍了 CH_4 分子向大气的扩散，从而使大部分 CH_4 在进入大气前即被高亲和力的 CH_4 氧化菌所消耗（江长胜等，2004）。有研究指出，在水层 10cm 以内，CH_4 释放与水层深度呈线性正相关关系，超过 10cm 则不利于其排放（Mitra et al.，2005）。本研究中当地习惯在插秧和水稻灌浆期前，田面水深度都维持在 20cm 以上，而生长季后期不再注水，随着蒸发和下渗等过程田面水逐渐回落。因此，有理由认为，所监测到的生长季 CH_4"单峰"形的排放规律很大程度上也受田间水位变化的影响。首先，在生长季初期，深的田面水阻碍了 CH_4 的扩散，故排放速率低；其次，生长季中后期，随着田面水的下降，水层的阻碍作用降低，且此时温度、养分即无氧环境仍处在较理想的状态，故 CH_4 的生产和排放均维持在高的水平，这可能便是 8 月 5 日出现排放峰的原因所在；最后，生长季后期，田面基本处于落干状态，表层土壤与大气之间的气体交换频繁，有氧环境下产 CH_4 菌和 CH_4 氧化菌此消彼长的关系，使 CH_4 排放降低甚至出现净吸收的现象。在所得结果中，8 月 26 日～9 月 25 日，CH_4 通量由 5.2mg/（m^2·h）降至 0.1mg/（m^2·h），即很好地支持了上述推演。遗憾的是，本研究之前并未详细监测水位变化情况，同时关于 CH_4 消耗量和产生量的定量研究也尚未涉及。但无疑田面水深度在影响稻田 CH_4 生产、消耗和传输三方面具有重要作用，这也是引起稻田 CH_4 排放季节动态的最主要原因。

另外，对东北地区稻田漫长的非生长季而言，CH_4 排放是一个长期被忽略的部分。本研究发现，在作物收获至雪被出现前，稻田土壤CH_4仍存在小的释放峰，且具有较大的波动。这可能与田面水落干后深层土壤或部分厌氧区域仍存在产CH_4菌的活动有关。初冬土壤冻结过程中冻融交替会影响土壤通气状况和氧化还原条件，当土壤冻结时形成的厌氧环境有利于产CH_4菌活动，而当土壤融化后会释放出这部分CH_4。同时，冻融条件下增加的有效养分也能为产CH_4菌提供一定的代谢底物，促进CH_4的生产。在西伯利亚的泥炭沼泽中同样发现，深秋土壤开始冻结时，CH_4排放量明显增大（Panikov and Dedysh，2000）。也有研究通过高频率自动通量监测发现，高纬度沼泽地在生长季结束后，CH_4排放量下降至很低的水平且相对稳定，但在土壤自上而下的冻结过程中观测到，CH_4排放量有连续几个星期的大幅度持续增长，该时期的排放速率比夏季高得多，且累积释放量接近夏季排放总量（Mastepanov et al.，2008）。这与本研究中稻田CH_4通量动态变化类似，即2014年10月中旬至10月下旬CH_4排放量下降，而11月初至11月底CH_4的排放速率有所增加。Mastepanov等（2008）指出，这一现象发生在活跃土层逐步结冻的过程中，土体结冻过程中会排挤出积累在土壤孔隙中的CH_4。冬季覆雪过程中稻田土壤CH_4通量基本为负［-0.03～0μg/（m^2·h)］，呈现弱吸收。这主要是因为土壤冻结和雪被阻隔了土壤同大气的气体交换，且疏松的积雪结构和雪花晶体较大的比表面积有利于吸附部分CH_4分子。融化期研究还监测到，土壤CH_4存在一个明显的释放过程，最大通量为100～120μg/（m^2·h），但该时期的排放持续时间较短，仅10d左右。一些关于冻融期湿地CH_4排放的研究认为（Song et al.，2015；Mastepanov et al.，2008；Song et al.，2006），春季融化过程中CH_4的释放主要来自物理释放。因为冬季深层土壤的冻结为下层尚未冻结土壤中的产CH_4菌活动创造了厌氧环境，有利于CH_4生产，且冰冻层阻碍已生成的CH_4向外扩散，经过漫长的冬季累积后，当积雪融化、土壤解冻时，这部分被封存在深层土体中的CH_4得以集中释放。但本研究认为，稻田春季释放峰来自融化期新产生而非物理释放。原因如下：①非生长季排干的稻田并不同于淹水的湿地，前者不存在水层，且土壤融化是逐日自上而下进行，因此，即使深层土壤存在部分CH_4的积累，其在融化期也应该具有持续的排放峰（从土壤开始融化到全部融化）。本研究中上层土壤（30cm）融化需要30d之久，而本研究只观测到10d的明显排放期。②积雪的快速融化使该时期土壤含水量处于饱和状态，能够形成一定的无氧环境满足产CH_4菌的活动。③融化期土壤养分的大量释放为CH_4生产提供了充足底物。④土壤解冻后温度的增加会提高产CH_4菌活性。⑤本研究结果显示，融化期CH_4的脉冲式释放和土壤水分变化具有很好的一致性，即高含水量时排放通量高，含水量下降后排放通量也迅速回落。不难理解，这和生长季末期田间水层降低导致CH_4生产和消耗此消彼长进而使排放通量下降是一致的。

尽管非生长季落干的稻田土壤 CH_4 排放量较低，但在其他水生生态系统中，冻融环境下的 CH_4 释放量在全年中占有重要比例，如东北三江平原地区沼泽湿地冻融交替时期（4～6 月）CH_4 释放量占全年排放量的 23.5%～36.9%（Song et al.，2006）；青藏高原北部高寒沼泽湿地连续监测中发现，解冻期 CH_4 存在明显排放峰，且非生长季的排放量占全年排放量的 43.2%～46.1%（Song et al.，2015）；青藏高原东部高寒泥炭沼泽整个非生长季的累积排放量达 13.5kg C/hm^2，对全年的贡献率超过 50%（王晓龙等，2016）。亚北极泥炭沼泽在融化期内 CH_4 释放同样极为强烈，占夏季排放量的近 1/4（Friborg et al.，1997）。这些研究表明，以往可能低估了非生长季土壤 CH_4 排放对全年的贡献。本研究中冻结期和融雪过程是非生长季稻田 CH_4 排放的主要时期，占非生长季总排放量的 96%以上。因此，未来季节性冻土区非生长季土壤 CH_4 生产、排放的相关研究可集中在深秋、初冬和初春时节。

5.4.5 旱田和林地土壤 CH_4 吸收汇

已有研究表明，除稻田、沼泽、湖泊和滩涂等湿地生态系统外，其他旱生生态系统（如农田、草地、荒漠与林地等）均表现为大气 CH_4 的汇（程淑兰等，2012；方华军等，2014；李玉娥和林而达，1999；张裴雷等，2013；黄国宏等，1995）。本研究中玉米田、天然林和人工林在全年内绝大部分时间内土壤 CH_4 通量均表现为净吸收，两类林地的吸收量相当，为 6.3～6.7kg/hm^2，玉米田稍低，为 1.3kg/hm^2。但相同的是，这三类样地全年 50%～70%的汇均来自生长季，且生长季的平均吸收速率均显著高于非生长季。另外，研究发现，在一个完整的冻融周期内，玉米田、天然林和人工林土壤 CH_4 季节特征显著，均表现为“正弦”波动，其中，玉米田波峰出现在融化期初期，两类林地出现在深冬覆雪期，波谷均出现在生长盛期（7 月底至 8 月初）。可见，季节性冻土区在植物生长季土壤是大气 CH_4 的重要汇。

旱地土壤对 CH_4 的吸收主要与通气条件下土壤 CH_4 氧化菌对大气 CH_4 的消耗有关。CH_4 氧化菌的独特之处在于，其属于专性 CH_4 氧化菌，CH_4 作为其唯一碳源和能源来源，在特征酶的作用下能够将 CH_4 同化为细胞 C，在此过程中获得所需的能量（周叶锋和廖晓兰，2007；梁战备等，2004）。温度、水分、土壤通气性和底物有效性等被认为是支配通气土壤 CH_4 吸收的主要因子。一些培养实验表明，20～30℃是 CH_4 氧化的最佳温度（Boeckx and Cleemput，1996；Dunfield et al.，1993；Nesbit and Breitenbeck，1992）；田间试验也证实，土壤 CH_4 氧化量与土壤温度呈显著正相关关系，全年内夏季 CH_4 吸收量高于冬季，白天高于夜间（Flessa et al.，1995；Priemé and Christensen，1997）。本研究所检测到的 CH_4 通量呈“正弦”规律的特征也恰与该地区土壤温度、大气温度的变化规律是极为一致的：春季随温度的增加，CH_4 氧化增强；在生长季中期一年中最温暖时，汇的能力达到最大；而秋季随着气温的降低，CH_4 的吸收速率下降，并在深冬不再吸收或只有微弱的汇。因此，本研究也认为，季节性冻土区旱地土壤 CH_4 吸收汇主要受温度所控制。其更根本的原因是 CH_4 氧化过程是典型的酶催反应。

另一方面，土壤水分的高低影响土壤 CH_4 氧化菌的生理活性，以及大气 CH_4 向土壤的扩散。首先，过高或过低的含水量均不利于 CH_4 氧化。过高土壤含水量下的厌氧环境会抑制 CH_4 氧化菌，且阻碍大气 CH_4 向土壤中扩散。而极端干旱的条件下无法满足 CH_4 氧化菌正常代谢的生理需水量。例如，有研究指出，当土壤含水量小于 8%时，不发生 CH_4 氧化（Bender and Conrad，1995）。Torn 和 Harte（1996）认为，当土壤含水量为 25%时，土壤 CH_4 氧化菌的活力最大；而当土壤含水量< 20%时，氧化能力受到抑制。关于高含水量对 CH_4 氧化菌的抑制作用不同质地之间的土壤有所差别。研究所监测的生长季内各类型样地的土壤基本维持在 20%～40%，满足 CH_4 氧化菌对水分的需求。但研究发现，在 2015 年 8 月底天然林和玉米田 CH_4 汇的强度明显降低，这可能与 8 月 21 日、8 月 27 日两次日降水量超过 20mm 的强降水有关。

CH_4 氧化菌氧化 CH_4 的能力一般大于 CH_4 由大气向土壤扩散的能力（Striegl，1993），因此，良好的土壤通气状况无疑具有较高的 CH_4 氧化能力。但研究却发现，尽管翻耕和除草等农业措施使玉米田土壤更为疏松，但生长季玉米田土壤 CH_4 平均通量仅为-16.7μg/（m^2・h），远低于天然林［-120.5μg/（m^2・h）］和针叶林［-109.77μg/（m^2・h）］。这表明，农田 CH_4 的吸收能力低于林地。这可能与农田大量施用铵态氮肥从而抑制 CH_4 吸收有关。程淑兰等（2012）、方华军等（2014）、胡敏杰等（2015）综述了氮添加对土壤 CH_4 吸收的影响，结果均表明，氮素输入会降低土壤 CH_4 的吸收能力。例如，较早前 Steudler 等（1989）指出，施加 NH_4NO_3 导致美国马萨诸塞州红松林土壤 CH_4 吸收量降低 33%；Zhang 等（2008）也发现，施氮导致中国南方亚热带森林土壤 CH_4 吸收减少 6%～32%，其施氮量越高，CH_4 汇的量减少幅度也越大；Chan 等（2005）发现，施氮 8 年后温带森林土壤 CH_4 吸收甚至减少 35%，且土壤 CH_4 氧化菌群落组成和土壤 CH_4 被消耗的土层深度发生变化；Fang 等（2014）进一步通过不同种类、不同量的氮输入控制实验表明，在中国青藏高原高寒草地中，低量的氮添加对草地 CH_4 的氧化吸收无影响或者是有微弱的促进作用，但中量和高量的氮添加显著抑制 CH_4 的吸收，与天然草地相比，中量氮添加下 CH_4 的汇下降 19%，且 NH_4^+ 对 CH_4 氧化表现出强的抑制性。Crill 等（1994）亦通过不同形态的氮添加实验表明，NH_4Cl 对 CH_4 氧化的抑制作

用明显高于 KNO_3。Willison 等（1995）甚至发现，草地上施加 $(NH_4)_2SO_4$ 后土壤 CH_4 汇的能力几乎完全丧失。这是因为 NH_4^+ 与 CH_4 同时竞争甲烷单氧酶上的结合位点，产生竞争性拟制效应，从而减少了 CH_4 的氧化（Nesbit and Breitenbeck，1992；Carlsen et al.，1991）。此外，NH_4^+ 氧化产生的亚硝酸盐的毒害作用也会抑制 CH_4 氧化（Veillette et al.，2011）。丁维新和蔡祖聪（2003b）总结了农田氮肥施用对土壤 CH_4 产生的影响，其认为，硫铵和硝态氮肥施入导致 SO_4^{2-} 和 $NO^-{}_3$ 对 CH_4 生产的抑制作用强于氮肥对 CH_4 生产的促进作用。另外，土壤高浓度的 NO_3^- 也会对 CH_4 氧化均造成毒害（Bodelier and Laanbroek，2004）。本研究中，玉米田的年施氮量大于 250kg N/hm^2，所施氮肥种类包括尿素、二胺，如此大的 $NH_4{}^+$ 施用量正如前文所述无疑会抑制土壤 CH_4 的吸收。同时，过量的铵氮通过硝化作用被转化为 NO_3^-，并在土壤中发生累积。Ju（2014）认为，施肥造成的中国北方农田深层土壤硝酸盐的累积量是极为巨大的。因此，高浓度硝酸盐毒害作用也可能是本研究中玉米田 CH_4 吸收能力低于林地的原因之一。

对季节性冻融及积雪覆盖的旱生生态系统来说，土壤并不总是表现为大气 CH_4 的汇。因为研究监测到，玉米田和两类林地及排干的稻田在融化期存在明显的 CH_4 释放峰，且该峰与土壤水分变化也表现出了良好的一致性，而与土壤温度呈负相关关系。结构方程模型结果同样显示，农田和林地土壤水分对非生长季 CH_4 通量变异的解释度分别高达 82%和 59%，而土壤温度对农田非生长季土壤 CH_4 通量无显著直接效应，但对林地通量却具有显著负效应。这表明，非生长季低温条件下高的土壤含水量有利于 CH_4 释放，相反则降低释放甚至出现净吸收。黑龙江帽儿山森林生态站所进行的研究也得到类似结果。刘实等（2010）发现，该实验站周边四种森林在非生长季土壤 CH_4 汇强度均随表层 5cm 土壤温度的降低而减弱，在冬末及融化期（3 月 9 日）转变为 CH_4 源，随后又由 CH_4 源变为 CH_4 汇，且汇的强度随土壤温度的升高而增强；整体上非生长季 CH_4 汇与 5cm 土壤温度呈显著负相关关系，与土壤水分呈正相关关系。Dörsch 等（2004）对德国南部农田温室气体排放的监测也发现，在冬季向春季过渡的时期内，CH_4 通量由汇转变为源。因此，土壤冻结、土壤水分及春季融雪水的补给是影响非生长季土壤 CH_4 通量变化的重要因素。土壤冻结阻碍了土壤和大气的气体交换，降低了土壤 CH_4 的汇功能。而春季解冻后融雪水造成的无氧环境、温度的回暖、养分有效性的提高使土壤 CH_4 生产大于消耗，表现为源。但此时的 CH_4 排放依赖于土壤水分的变化，随着温度的不断升高，土壤水分加速蒸发，使厌氧的土壤环境向有氧环境转化，这有利于 CH_4 消耗而不利于 CH_4 生产。故融化期后期土壤汇的功能再次增强。但目前关于冻融交替过程中土壤 CH_4 的生产、消耗机制及两者的定量关系仍不清楚。

总之，土壤 CH_4 源汇特征的转变受控于土壤 CH_4 的生产、消耗及传输的制约，当生产大于消耗时常表现为源，相反则为汇。湿地一般都为源，旱地则为汇，但冻融和积雪的扰动会改变旱地土壤汇的能力，旱地甚至在融化期也存在短暂的CH_4释放。未来气候变化下，冬季土壤冻结期缩短或者表层土壤经历频繁的冻融交替及积雪格局变化对土壤水分、温度的影响也势必改变旱地土壤的源汇关系。

5.5 小　结

在完整的季节性冻融周期中，我国东北稻田、玉米田、天然林、人工林土壤CO_2总排放量分别为4.58t/hm^2、11.11t/hm^2、16.13t/hm^{2}和16.68t/hm^2；稻田土壤CH_4全年排放量为306.10kg/hm^2，而玉米田、天然林、人工林土壤CH_4全年为净吸收，吸收量分别为1.30kg/hm^2、6.69kg/hm^{2}和6.31kg/hm^2。

季节性冻土区土壤CO_2排放以生长季为主，但漫长非生长季的累积排放量对全年的贡献仍占15%～28%，故冬季土壤呼吸依然是该地区碳循环中不可忽视的过程。冻结期和融化期土壤CO_2占整个非生长季排放量的80%以上，因此，重点监测这两个时期内土壤CO_2排放有利于更准确地估算季节性冻土区全年碳收支。土壤温度是限制冬季土壤呼吸的主要环境因素，其能解释通量变异的65.5%～72.1%。同时，DOC对非生长季土壤CO_2通量的效应不显著，但TDN正效应达到0.236～0.267，表明该地区冬季土壤呼吸受N源供给的限制，而非碳源。另外，非生长季土壤温度敏感性显著高于生长季，冬季气候变暖很可能成倍加速土壤呼吸，引起大量碳排放。

一方面，不同土地利用方式下，淹水后稻田是大气CH_4的重要排放源，而玉米田、天然林和人工林土壤全年绝大部分时间表现为大气CH_4的汇，但天然林和针叶林的年净吸收量高于玉米田。另一方面，季节性冻融改变土壤的“源—汇”功能，玉米田、天然林和人工林CH_4通量全年呈“正弦”规律，非生长季吸收速率低于生长季，但非生长季对全年汇仍有35%～48%的贡献。稻田土壤在非生长季也转变大气CH_4汇。特别是，春季融化期两类农田土壤CH_4均存在短期释放。土壤湿度是唯一一个对农田土壤CH_4通量具有显著效应的因素（β=0.822）。林地土壤湿度和MBN、MBC对CH_4通量表现为正效应（β=0.586，β=0.794，β=0.432），而土壤温度和TDN为负效应（β=−0.437，β=−0.231）。非生长季林地土壤CH_4以吸收为主，因此，土壤湿度、微生物量的增加会降低该时期CH_4的吸收，而土壤温度、有效氮的增加则会促进CH_4吸收，即冬季高温、干燥条件有利于土壤CH_4吸收。

第6章　松干流域稻田面源污染控制

6.1　松干流域稻田面源污染特征

水稻是我国重要的粮食作物，水稻生产在农业生产发展及国家粮食安全保障方面占据重要地位。近年来我国东北地区水稻种植面积呈现出逐年增加的趋势（李广宇等，2009），尤其是黑龙江省，自20世纪90年代以来水稻种植面积增长幅度始终高于辽宁省和吉林省，是东北三省水稻种植面积的重要增长点。据统计，黑龙江省水稻种植面积一直稳定在400万～450万 hm^2，约占全国粳稻种植面积的50%（范立春等，2005）。随着品种改良和高产栽培技术的应用，黑龙江省水稻单产和总产均有了大幅度的提高，但同时存在施肥量大幅增加，特别是氮肥施用量过高，且施肥时期不合理的问题，主要表现为水稻生育前期（孕穗期之前）氮肥施用量大，增加水稻无效分蘖，水稻氮肥吸收量最高的孕穗期和抽穗期氮素供应不足，影响了水稻生育后期氮素向籽粒的转移，降低了水稻产量和品质（张爱平等，2014；刘汝亮等，2012）。由于水稻前期根系吸收运输养分能力较弱，多余的氮肥通过排水和淋洗损失进入地表和浅层地下水体，对水环境造成污染（Anonym，2003；徐明岗等，2009）。针对东北地区稻田施肥水平，以不施氮肥处理为对照，研究当地农民常规施肥处理水平和不同类型缓/控释肥料减量施用条件下，稻田氮磷养分吸收和损失特征。缓控释肥料作为新型肥料，通过物理或化学途径控制养分的溶出速率，从而使肥料养分释放速率与作物养分吸收规律相吻合，提高作物的养分吸收量，提升养分利用效率和减少养分损失（张爱平等，2012；张晴雯等，2010）。通过研究不同类型缓控释肥料对东北地区稻田排水和淋洗水中氮磷损失的影响，为东北地区水稻缓控释肥料合理施用和降低养分损失提供理论依据。

6.1.1　材料与方法

6.1.1.1　试验地概况

试验地位于黑龙江省方正县水稻研究院试验基地，方正县位于黑龙江省中南部，松花江中游南岸、长白山支脉张广才岭西北麓、蚂蜒河下游，气候属寒温带大陆性季风气候，降水量丰富，平均年降水量为 579.7mm，太阳可照时数年平均为 4446h，水稻生育期为 5～9 月，总日照时数为 1178h，日照百分率为 54%，平均每天为 8h。供试土壤类型为白浆土型水稻土，有机质质量分数为 31.76g/kg，全氮质量分数为 1.58g/kg，速效氮质量分数为 121.50mg/kg，全磷质量分数为 0.73g/kg，速效磷质量分数为 56.51mg/kg，速效钾质量分数为 153.10mg/kg，土壤基础肥力处于中等水平。

6.1.1.2 试验设计

试验于 2016 年 5～9 月进行，供试水稻品种为龙稻 18，水稻于 4 月 22 日育秧，5 月 24 日移栽，10 月 2 日收获，水稻插秧株行距为 10cm×30cm，插秧时每穴为 3～5 株。试验共设计 5 个处理（表 6-1）：①CK（不施氮肥）；②FP（farmer practice，农民常规施肥）；③CRF-1（宁夏农林科学院自主研制的控释掺混肥料，委托山东烟农金太阳肥业公司生产，养分比例为 N∶P_2O_5∶K_2O=26∶10∶12）；④CRF-2（住商牌缓释复合肥料，养分比例为 N∶P_2O_5∶K_2O=24∶14∶12）；⑤CRF-3（中化牌控释掺混肥料，养分比例为 N∶P_2O_5∶K_2O=19∶14∶22）。各缓控释肥料处理施肥量按照与 FP 处理比较氮肥减量 20%进行，各处理具体施肥量见表 6-1。CK 处理全部磷钾肥在整地时做基肥一次施入；FP 处理氮肥的 60%作为基肥，20%作为返青肥，20%作为分蘖肥，全部磷钾肥做基肥一次施入；CRF-1 处理、CRF-2 处理和 CRF-3 处理缓/控释肥料利用水稻侧条施肥机在水稻插秧时做基肥一次施入。

表 6-1 试验设计 （单位：kg/hm^2）

处理	N 用量	P_2O_5 用量	K_2O 用量	缓控释肥料用量
CK	0	60.0	75.0	—
FP	150	60.0	75.0	—
CRF-1	120	46.2	55.4	461.5
CRF-2	120	70.0	60.0	500.0
CRF-3	120	88.4	139.0	631.6

试验开始前用温室棚膜对试验小区进行隔离，其中，地面田埂包高 30cm，地下隔离埋深 60cm，用来防止小区之间水分和养分的测渗和串流，各小区均设立单独的灌水口和排水口，实行单灌单排，水稻生育期内的田间除草和管理同农民常规。

6.1.1.3 样品采集和数据分析

每次稻田退水时测量退水量，并采集退水，田面水在水稻插秧后开始采集，每次施肥后加采 1～2 次，其余时期按照水稻生育期采集水样。采集的水样用 500mL 容量的塑料瓶收集，带回实验室放在-4℃的冰箱内保存（刘汝亮等，2015）。水稻收获时每个处理小区内随机选取 1m^2 样方收割测产，同时采集植株样品进行考种，并进行养分测定。植株全氮用凯氏定氮法测定，水样总氮用过硫酸钾氧化—紫外分光光度法，总磷用过硫酸钾氧化-钼蓝比色法测定（鲍士旦，2000）。

数据处理与分析采用 Excel 和 SAS 8.0 软件，方差分析用最小显著性差异（least significant difference，LSD）法检验。

6.1.2 结果与分析

6.1.2.1 松干流域稻田地表氮素径流损失

不同类型肥料对东北地区稻田退水中总氮质量浓度和径流损失量的影响如图 6-1 和图 6-2 所示。CK 处理由于全生育期内没有施用氮肥，在水稻生育期内产生的 3 次径流退水中，总氮质量浓度均处于较低的水平，其变化范围在 0.13～0.32mg/L，显著低于各施肥处理。FP 处理第一次基肥和各缓控释肥处理均将肥料直接施入土中，故 5 月 27 日退水中总氮质量浓度不是最高。由于 FP 处理在 6 月中旬和下旬连续田面追施氮肥，期间需要进行除草等人工农事操作，对耕层土体产生扰动，各施肥处理于 6 月 30 日退水中总氮质量浓度较高，FP 处理为 2.22mg/L，CRF-1 处理、CRF-2 处理和 CRF-3 处理退水中总氮质量浓度分别为 0.73mg/L、1.30mg/L 和 0.84mg/L，仅为 FP 处理的 32.88%、58.56%和 37.84%。各缓控释肥料处理之间比较，CRF-1 处理和 CRF-3 处理退水中总氮质量浓度显著低于 CRF-2 处理，原因是 CRF-1 处理和 CRF-3 处理氮素采用包膜控释工艺，施入土体中释放速率较慢（杨俊刚等，2010），显著降低了退水中的总氮质量浓度，CRF-2 处理因为是缓释复合肥料，氮素前期释放速度较快，故退水中总氮质量浓度显著高于 CRF-1 处理和 CRF-3 处理。随着水稻生育期延长，养分逐渐释放被作物吸收或向深层淋洗，8 月 29 日退水中总氮质量浓度降至较低水平，各施肥处理之间差异不大。

图 6-2 给出了稻田生育期内不同处理总氮径流损失量。稻田生育期内排水造成的径流是养分损失的途径之一，氮磷养分随径流退水进入地表水体是造成农业面源污染的主要原因（纪雄辉等，2006）。FP 处理除基肥在整地时施入土体外，稻田生育期内的两次氮肥追肥均为田面撒施，养分极易随着退水进入地表水体，

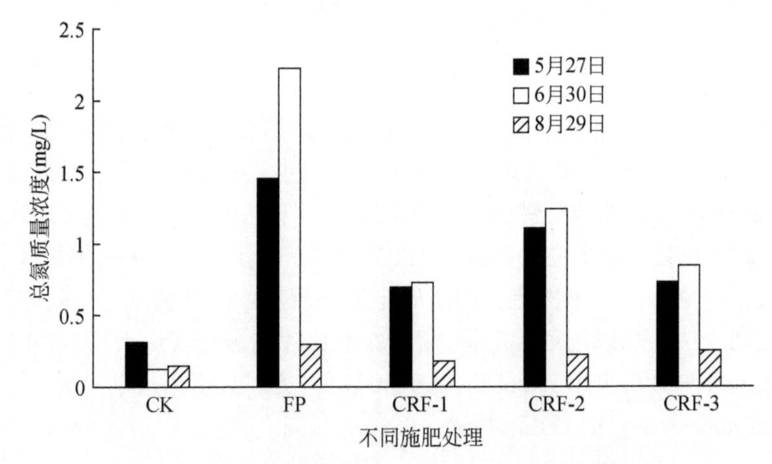

图 6-1　松干流域稻田退水中总氮质量浓度变化特征

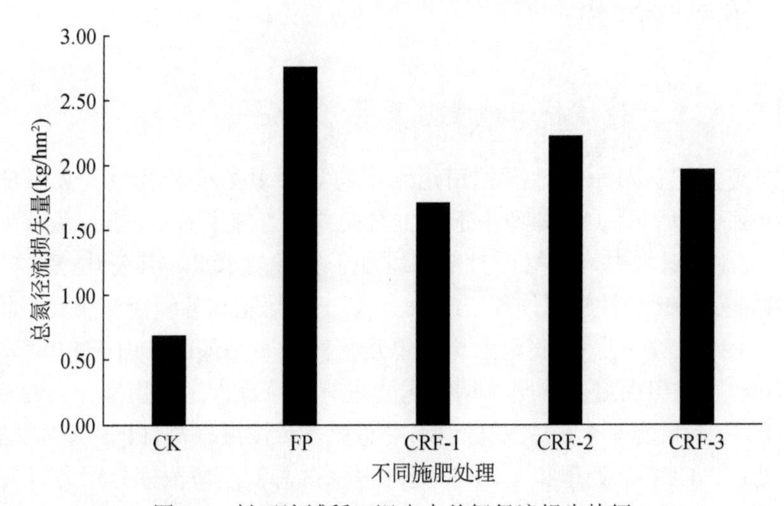

图 6-2　松干流域稻田退水中总氮径流损失特征

不仅造成了养分损失，还对地表水环境造成威胁（刘汝亮等，2017）。FP 处理稻田全生育期内总氮径流损失量为 2.76kg/hm^2，占氮肥施用量的 1.84%，CRF-1 处理、CRF-2 处理和 CRF-3 处理氮素径流损失量分别为 1.71kg/hm^2、2.22kg/hm^2 和 1.96kg/hm^2，分别占氮肥施用量的 1.43%、1.85%和 1.63%。各缓控释肥料处理之间比较，CRF-2 处理因为是缓释复合肥料，氮素径流损失量最大，CRF-1 处理氮素径流损失量最少。

6.1.2.2　松干流域稻田地表磷素径流损失

不同类型肥料对东北地区稻田退水中总磷质量浓度和径流损失量的影响如

图 6-3 和图 6-4 所示。各处理磷肥均作为基肥一次施用，由于土壤对磷肥的吸附和固定作用较强，各处理之间退水中磷素质量浓度差异不大。各施肥处理之间比较，因为 CRF-3 处理磷肥施用量较高，5 月 27 日退水中总磷质量浓度为 0.096mg/L，高于其他处理，CRF-1 处理因为磷素投入较少，5 月 27 日退水中总磷质量浓度较低，仅为 0.055mg/L。随着水稻生育期的延长，各处理 6 月 30 日和 8 月 29 日退水中总磷质量浓度差异不大，只有 CK 处理由于没有氮素投入，水稻营养生长较差，养分吸收能力弱，水稻生育后期退水中总磷质量浓度略高于 FP 处理。各缓控释肥料处理之间比较，因为 CRF-3 处理肥料养分配比磷素含量较高，导致水稻生育期内退水中总磷质量浓度高于 CRF-1 处理、CRF-2 处理。

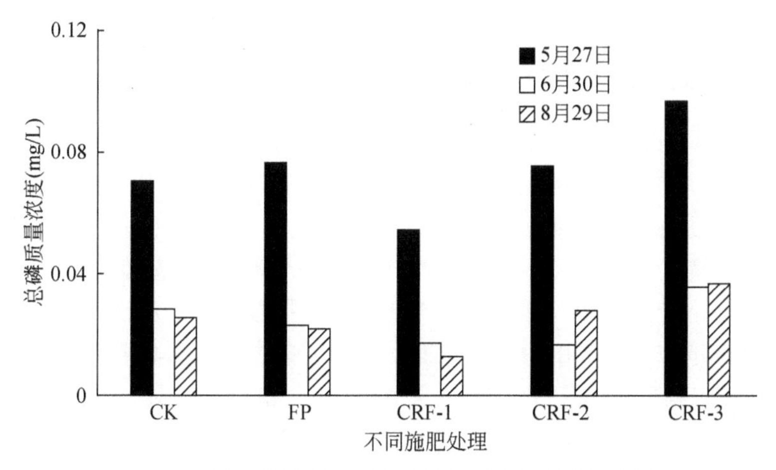

图 6-3　松干流域稻田退水中总磷质量浓度变化特征

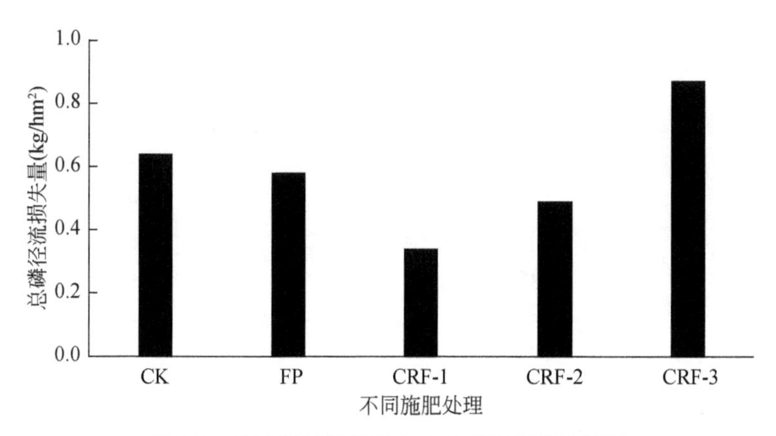

图 6-4　松干流域稻田退水中总磷径流损失特征

由于受到土壤的固定作用，磷素通过稻田排水进入地表水的总量较少，各施肥处理通过退水排入地表水中的总磷为 0.34～0.87kg/hm²。CK 处理和 FP 处理施磷量相同，但由于 CK 处理水稻营养生长较弱，养分吸收量少，导致水稻生育期内总磷径流损失量略高于 FP 处理。CRF-1 处理、CRF-2 处理和 CRF-3 处理总磷径流损失量分别为 0.34kg/hm²、0.49kg/hm² 和 0.87kg/hm²，总磷径流损失量随着施磷量提高逐渐增加。CRF-3 处理总磷径流损失量分别比 CRF-1 处理和 CRF-2 处理增加了 0.43kg/hm² 和 0.38kg/hm²，相应的增加幅度为 126.47%和 88.37%。影响稻田氮磷养分损失除考虑减少养分淋洗和退水外，还应该从源头考虑降低养分投入，提高肥料利用效率才是减少养分损失的根本。CRF-1 处理总磷径流损失量最低，CRF-3 处理肥料养分配比不合理，磷素含量较高，容易造成磷素淋洗和径流损失。

6.1.2.3 松干流域稻田田面水氮素质量浓度变化特征

水稻生育期内各处理田面水中总氮质量浓度动态变化特征如图 6-5 所示。CK 处理水稻生育期内没有施用氮肥，田面水中总氮质量浓度一直处在较低的水平，全生育期内波动不大，始终处在 1.32mg/L 以下。FP 处理田面水中氮素质量浓度在水稻插秧后逐渐升高，10d 后出现第一个峰值，总氮质量浓度为 8.32mg/L，之后略有降低，由于 FP 处理氮素追肥方式为地表撒施，在水稻追肥后田面水中总氮质量浓度会迅速升高，田面水中总氮质量浓度最高达到 9.43mg/L，之后随着水稻生育期延长逐渐降低。CRF-1 处理、CRF-2 处理和 CRF-3 处理采用缓/控释肥料作为基肥一次施用，氮素养分释放速率较慢，由于水稻插秧后需要进行补秧等农事操作，对耕层土壤扰动导致部分溶解的氮素进入田面水，在水稻插秧 15d 后田面水中氮素质量浓度达到峰值，分别为 5.64mg/L、7.42mg/L 和 6.84mg/L，各处理田面水中总氮质量浓度只有 CRF-2 处理在插秧 10d 后有一次略高于 FP 处理，其余

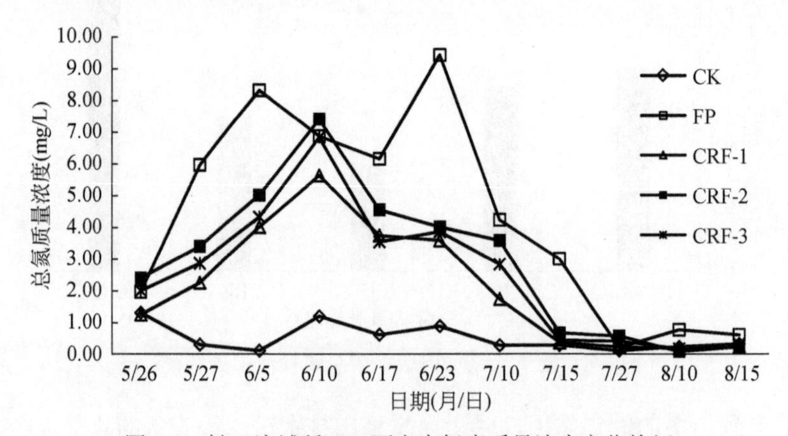

图 6-5　松干流域稻田田面水中氮素质量浓度变化特征

时间均一直低于 FP 处理。各缓控释肥料处理之间比较，CRF-1 处理田面水中总氮质量浓度一直低于其他处理，CRF-2 处理田面水中总氮质量浓度最高。

6.1.2.4 松干流域稻田氮素淋洗损失

氮素淋洗损失是稻田氮素损失的主要途径之一。研究对水稻整个生育期内的总氮淋洗损失量（图 6-6）进行了计算，CK 处理全生育期内没有氮素投入，淋洗损失的氮主要来源于土壤氮素矿化和灌溉带入的氮素，总氮淋洗损失量为 2.21kg/hm^2。农民常规施氮条件下（FP 处理）水稻整个生育期内总氮淋洗损失量最高，为 8.75kg/hm^2，占施氮量的 5.83%，说明水稻生育期内有约 5.83%的肥料通过退水进入地下水体，给浅层地下水环境造成威胁。各缓/控释肥料处理之间比较，CRF-2 处理总氮淋洗损失量最高，为 6.65kg/hm^2，CRF-1 处理总氮淋洗损失量最低，仅为 5.23kg/hm^2，比 FP 处理降低了 40.23%。

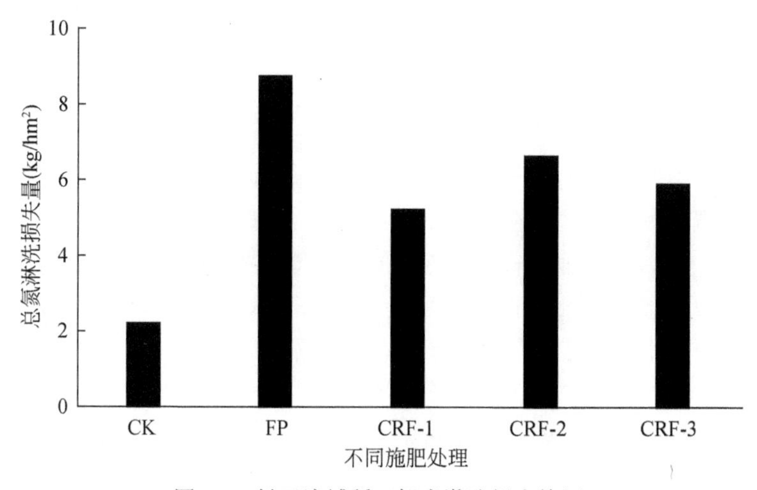

图 6-6 松干流域稻田氮素淋洗损失特征

6.1.2.5 松干流域稻田磷素淋洗损失

对水稻生育期内磷素淋洗损失进行了计算，各施肥处理总磷淋洗损失量为 0.76～1.44kg/hm^2（图 6-7），总磷淋洗损失量与施磷量密切相关。农民常规施肥处理（FP）和对照处理（CK）施磷量相同，但由于 CK 处理水稻生育期内没有氮素投入，水稻营养生长较弱，养分吸收能力差，导致总磷淋洗损失量略高于 FP 处理。各缓/控释肥料处理之间比较，CRF-3 处理养分配比磷素含量过高，导致施入土壤的磷肥高于其他处理，因此，总磷淋洗损失量也是最高的，达到 1.44kg/hm^2，比 CRF-1 处理高了 89.5%，CRF-1 处理的施磷量最低，其总磷淋洗损失最低，比

FP 处理下降了 35.6%。

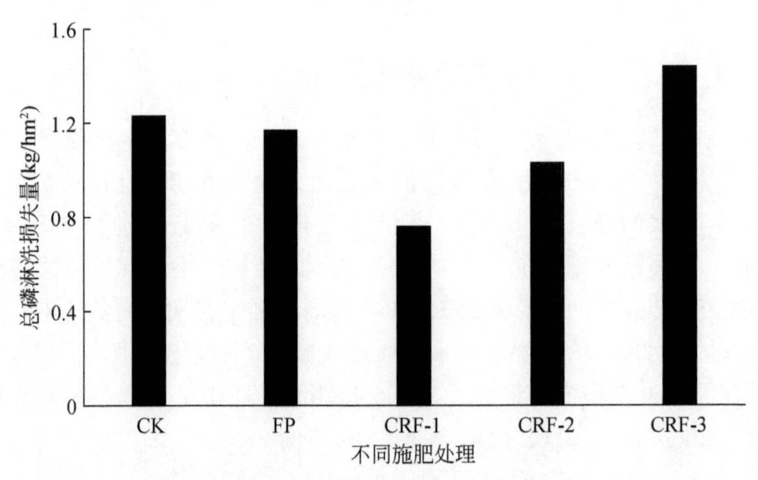

图 6-7　松干流域稻田磷素淋洗损失特征

6.1.2.6　松干流域肥料对水稻产量和构成因素的影响

从表 6-2 中可以看出，与 CK 处理比较，施用肥料均可以显著提高水稻籽粒产量，各施肥处理的增产率在 59.48%～77.68%，产量最高的为 CRF-1 处理，其次为 FP 处理。与 FP 处理比较，在氮肥投入降低 20%的条件下，各缓/控释肥料处理只有 CRF-2 处理水稻籽粒产量出现显著降低，CRF-1 处理和 CRF-3 处理产量没有显著差异。CRF-1 处理由于氮素养分释放速率较慢，满足了水稻生育后期对养分的需求，有利于养分向籽粒中转移，与 FP 处理，CRF-1 处理水稻穗数、穗粒数和千粒重分别提高了 10.79%、15.38%和 9.05%。在东北地区，采用控释肥料结合侧条施肥技术，在氮素投入降低 20%的条件下水稻产量不会降低。

表 6-2　不同类型肥料对水稻产量和产量构成因素的影响

处理	籽粒产量（kg/hm^2）	增产率（%）	株高（cm）	穗数（个/m^2）	穗粒数（个）	千粒重（g）
CK	6 049c	—	71.8	324.1b	93.7c	27.28a
FP	10 298a	70.24	86.4	522.8b	104.7b	22.66b
CRF-1	10 748a	77.68	87.3	579.2a	120.8a	24.71ab
CRF-2	9 647b	59.48	83.26	507.6c	112.3a	25.31ab
CRF-3	9 864ab	63.07	89.43	549.8b	119.8a	24.89ab

注：同列内不同字母表示差异显著（P<0.05）

6.1.2.7 松干流域肥料水稻氮素吸收量和氮素回收率的影响

从表 6-3 中可以看出，各施肥处理之间比较，只有 CRF-2 处理水稻总吸氮量略低，显著低于 CRF-1 处理和 CRF-3 处理，FP 处理的总吸氮量与各施肥处理比较差异均不显著。比较各施肥处理之间的氮素回收率，CRF-1 处理、CRF-2 处理和 CRF-3 处理分别比 FP 处理提高了 9.84、2.87 和 8.89 个百分点。与 FP 处理比较，各缓控释肥料的氮肥农学利用效率均有一定程度的提高，其中，CRF-1 处理氮肥农学利用效率最高，比 FP 处理增加了 10.83kg/kg。缓控释肥料结合侧条施肥技术，由于将肥料施在水稻根系附近，养分逐渐缓慢释放供给水稻生长需求（刘汝亮等，2014），在氮素降低 20%用量水平下，氮素吸收量没有显著降低，提高了氮肥回收率和氮肥农学利用效率，说明缓/控释肥料侧条施用可以合理降低施氮量。

表 6-3 不同类型肥料对水稻氮素吸收利用的影响

处理	籽粒吸氮量（kg/hm^2）	秸秆吸氮量（kg/hm^2）	总吸氮量（kg/hm^2）	氮肥回收率（%）	氮肥农学利用效率（kg/kg）
CK	34.27	11.20	45.47c	—	—
FP	62.17	30.76	92.93ab	31.64b	28.33
CRF-1	60.49	34.75	95.24a	41.48a	39.16
CRF-2	57.14	29.74	86.88b	34.51b	29.98
CRF-3	58.32	35.78	94.10a	40.53a	31.79

注：氮回收率=（施肥处理吸氮量-对照处理吸氮量）/施氮量；同列内不同字母表示差异显著（$P<0.05$）

6.1.3 结论

1）与常规施肥处理比较，缓控释肥料侧条施用可以显著降低东北地区稻田退水中氮磷质量浓度和氮磷径流损失量，常规施肥处理田面水中总氮质量浓度峰值为 2.22mg/L，水稻生育期内总氮径流损失为 2.76kg/hm^2，各缓控释肥料处理田面水中总氮质量浓度为 0.73～1.30mg/L，氮素径流损失量为 1.71～2.22kg/hm^2。各缓控释肥料处理之间比较，CRF-1 处理总氮和总磷径流损失量最低。

2）农民常规施氮条件下（FP 处理）水稻整个生育期内总氮淋洗损失量为 8.75kg/hm^2，占施氮量的 5.83%。控释肥料 CRF-1 处理总氮淋洗损失量为 5.23kg/hm^2，比 FP 处理降低了 40.23%。水稻生育期内各处理磷素淋洗损失量在 0.76～1.44kg/hm^2，总磷淋洗损失量与施磷量密切相关。

3）施氮量降低 20%，CRF-1 和 CRF-3 处理与常规施肥比较，水稻籽粒产量没有减产，CRF-1 处理水稻穗数、穗粒数和千粒重分别比 FP 处理提高了 10.79%、15.38%和 9.05%。与常规施肥处理比较，各缓控释肥料处理氮素回收率分和氮肥农学利用效率均有一定程度的提高。CRF-1 处理氮肥农学利用效率最高，比 FP 处理增加了 10.83kg/kg。

6.2 松干流域稻田面源污染控制技术

黑龙江省是我国水稻种植面积最大的地区。随着水稻集约化生产程度提高和高产技术的推广应用，黑龙江水稻生产中存在氮肥用量过多，施肥时期不合理的问题，导致水稻生育后期养分供应缺乏，降低了水稻的品质，且氮肥利用率低（范立春等，2005）。本研究以不施用氮肥处理为对照，研究了当地农户常规施氮条件下和不同控释氮肥用量水平对水稻产量和氮素损失特征的影响，探明了松干流域稻田面源污染控制技术效果。控释氮肥是通过物理或化学途径控制氮素养分的溶出速率，使得氮肥养分的释放速率与作物对营养的需求规律相一致的新型肥料（Anonym，2003；Knowles，2011），控释氮肥的肥效较长，具有施肥次数少、养分损失少，养分利用率高和农业面源污染降低等优点（徐明岗等，2009；Kiran et al.，2010；刘汝亮等，2016）。控释氮肥一般作基肥撒施，本研究采用的侧条施肥技术是利用水稻插秧施肥机械在水稻插秧时将肥料一次集中施于秧苗一侧 5cm 处，施肥深度为 3～5cm 的一种施肥方法，优点是可将肥料呈条状集中而不分散，在水稻根际附近形成贮肥库逐渐释放供给水稻生育的需求，适应水稻自身代谢对养分的需要，从而减少养分的固定和流失，提高了肥料利用率（汪丽婷等，2011；刘汝亮等，2012；张爱平等，2012）。通过研究控释氮肥侧条施肥对黑龙江省水稻产量和氮肥利用效率的影响，旨在明确环保型施肥技术结合控释肥料对氮素损失的影响，为减少氮素流失，发展环境友好型农业技术提供科学依据。

6.2.1 材料与方法

6.2.1.1 试验设计

试验地同 6.1 部分。田间小区试验于 2016 年 5～9 月进行，共设 5 个处理：①CK（不施氮肥）；②FP（farmer practice，农民常规施肥）；③HN（high amount control release nitrogen，高量控释氮肥，较 FP 减氮 10%），；④MN（middle amount control release nitrogen，中量控释氮肥，较 FP 减氮 20%）；⑤LN（low amount control release nitrogen，低量控释氮肥，较 FP 减氮 30%）；各处理具体施肥量见表 6-4。

控释掺混肥料由宁夏农林科学院资环所自行研制，委托山东烟农金太阳肥业公司生产，其中，N 含量为 26.0%（60%为控释包膜氮肥，40%为普通尿素），P_2O_5 为 10.0%，K_2O 为 12.0%。农民常规施肥处理氮素用尿素（N，46%），磷肥用重过磷酸钙（P_2O_5，46%），钾肥用氯化钾（K_2O），控释氮肥侧条施用各处理肥料全部作为基肥在插秧时用机器一次施入，农民常规处理 60%的氮素肥料和全部磷钾肥料在整田时做基肥施入，剩余氮肥分别在水稻分蘖期和孕穗期追肥施入，两次氮肥追肥量均为 20%。

表 6-4 试验设计 （单位：kg/hm^2）

处理	N 用量	P_2O_5 用量	K_2O 用量	控释肥料用量
CK	0	60.0	75.0	—
FP	150	60.0	75.0	—
HN	135	51.9	62.3	519.2
MN	120	46.2	55.4	461.5
LN	105	40.4	48.0	403.8

供试水稻品种为龙稻 18，插秧株行距为 12cm×30cm，试验小区面积为 9m×30m=270m^2，重复 3 次，随机区组排列。小区之间在试验开始前用地膜隔离，地面田埂包高为 30cm，地下隔离埋深为 60cm，为防止小区之间水分和养分的测渗和串流，各小区均设有单独的灌水口和排水口，单灌单排（张惠等，2011；张晴雯等，2010），水稻生育期内田间除草和管理同农户习惯。

6.2.1.2 样品采集

2016 年 9 月水稻收获时采集植株样品，10 月测定植株养分含量并考种，整个小区实打实收计算水稻产量，并计算养分吸收量和回收率。稻田田面水分别在插秧和追肥后连续采集 3 次，其余时间按照水稻生育期采集，采样时用注射器随机抽取小区内 3～5 处中上层田面水（易军等，2011；刘汝亮等，2015）。采集的水样用 500mL 容量的塑料瓶收集，带回实验室放在-4℃的冰箱内保存。

6.2.1.3 试验样品测定与数据处理

植株全氮用凯氏定氮法测定，土壤速效氮用扩散皿法测定，速效磷用钼蓝比色法测定，速效钾用火焰光度法测定，水样总氮用过硫酸钾氧化—紫外分光光度法测定（鲍士旦，2000）。

数据处理与分析采用 Excel 和 SAS 8.0 软件，方差分析用 Duncan 新复极差法检验。

6.2.2 结果与分析

6.2.2.1 控释氮肥侧条施用对水稻产量和产量构成因素的影响

控释氮肥减量施用各处理对水稻籽粒产量和构成因素的影响见表 6-5。与对照比较，施用氮肥均显著提高了水稻籽粒产量，各处理增产量在 3487～4699kg/hm^{2}之间，相应的增产率为 57.65%～77.68%。各施氮处理之间比较，FP 和 HN 处理的水稻籽粒产量最高，其次为 MN 处理，但差异并不显著，说明在施氮量降低 10%～20%的条件下，采用控释氮肥侧条施用技术不会显著降低水稻产量，为适宜的氮肥合理减量处理，当氮肥减量 30%（LN 处理）时，水稻籽粒产量出现了显著降低。

表 6-5 控释氮肥侧条施用对水稻产量和产量构成因素的影响

处理	籽粒产量（kg/hm^2）	增产率（%）	株高（cm）	穗数（个/m^2）	穗粒数（个）	千粒重（g）
CK	6 049c	—	71.8	324.1b	93.7c	27.28a
FP	10 298a	70.24	86.4	522.8b	104.7b	22.66a
HN	10 748a	77.68	87.3	579.2a	120.8a	24.71a
MN	9 749ab	61.17	83.9	542.8b	113.6a	24.80a
LN	9 536b	57.65	82.7	516.2b	102.1b	24.92a

注：同列内不同字母表示差异显著（P<0.05）

比较各处理之间产量构成因素，HN 处理的穗数和穗粒数分别比 FP 处理提高了 10.79%和 15.38%，MN 处理的穗数和穗粒数分别比 FP 处理提高了 3.83%和 8.50%。控释氮肥侧条施用技术提高了水稻根系附近的养分浓度，控释氮肥释放期较长，满足了水稻生育后期的养分需求（杨俊刚等，2010）。与 FP 处理比较，HN 和 MN 处理的穗数和穗粒数均有所提高，在保障氮肥用量减少 10%～20%条件下，水稻产量不会显著降低。

6.2.2.2 控释氮肥侧条施用对水稻氮素吸收的影响

从表 6-6 中可以看出，各处理之间植株总吸氮量总体表现为随着施氮量的减少逐渐降低，吸氮量最高的 HN 处理为 95.24kg/hm^2，其次为 FP 处理，但两者之间的差距不大。FP 处理的氮肥回收率仅为 31.64%，控释氮肥侧条施用各处理的氮肥回收率在 36.53%～38.64%，显著高于 FP 处理，其中，LN 处理氮素回收率最高。HN、MN 和 LN 处理的氮肥农学利用效率均显著高于 FP 处理，其中 HN 处理比 FP 处理提高了 6.48kg/kg。HN 处理和 MN 处理，在氮素投入分别降低 10%和 20%的条件下，水稻对氮素的吸收量没有明显降低且氮素回收率显著高于农民常规施肥（FP 处理），可以满足水稻生育期对氮素的需求，提高了氮肥农学利用效率，降低了氮素流失的风险。

表 6-6　控释氮肥侧条施用对水稻氮素吸收利用的影响

处理	籽粒吸氮量（kg/hm^2）	秸秆吸氮量（kg/hm^2）	总吸氮量（kg/hm^2）	氮肥回收率（%）	氮肥农学利用效率（kg/kg）
CK	34.27	11.20	45.47	—	—
FP	62.17	30.76	92.93	31.64b	28.33b
HN	60.69	34.55	95.24	36.87a	34.81a
MN	60.14	29.17	89.31	36.53a	30.83a
LN	57.44	28.60	86.04	38.64a	33.21a

注：氮回收率=（施肥处理吸氮量-对照处理吸氮量）/施氮量；同列内不同字母表示差异显著（$P<0.05$）

6.2.2.3　控释氮肥侧条施用对田面水中总氮质量浓度变化和总氮径流损失的影响

图 6-8 给出了水稻生育期内田面水中总氮质量浓度动态变化过程。CK 处理由于全生育期内没有氮肥投入，田面水中总氮质量浓度一直保持较低的水平，全生育期内保持在 1.32mg/L 以下。FP 处理田面水中总氮质量浓度在水稻插秧 2d 后达到较高浓度水平，为 5.97mg/L，之后随着生育期推进逐渐降低，直到水稻第一次追肥后，田面水中总氮质量浓度达到 9.43mg/L 的峰值，之后逐渐降低。HN 处理和 MN 处理的田面水中总氮质量浓度在水稻移栽 10d 后超过 FP 处理，分别达到 7.42mg/L 和 6.64mg/L，由于侧条施肥处理控释氮肥为一次全量施肥，基肥总氮施用量高于常规施肥（基施 60%）处理，由于水稻插秧后需要进行补秧等农事操作，对耕层土壤的扰动导致部分溶解的氮素进入田面水（汪丽婷等，2011），导致水稻生育前期 HN 处理和 MN 处理的田面水中总氮质量浓度高于 FP 处理，但在 FP 处理水稻进行追肥后，其田面水中总氮质量浓度一直低于 FP 处理。从田面水中总氮质量浓度变化特征可以推断，水稻移栽和每次追肥后 10d 内田面水中总氮质量浓度较高，应避免在此阶段人为排水，减少氮素径流损失。

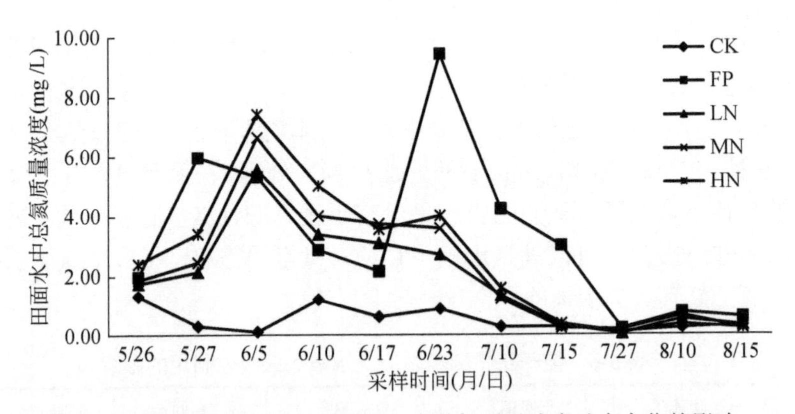

图 6-8　控释氮肥侧条施用对田面水中总氮质量浓度动态变化的影响

稻田生育期内排水造成的径流流失是养分损失的途径之一，氮磷养分随径流退水进入地表水体是造成农业面源污染的主要原因（李文军等，2011）。常规施肥（FP 处理）生育期内两次追肥方式均为田面撒施，养分极易随着稻田排水进入地表水体，不仅造成了养分损失，还会导致严重的环境问题。侧条施肥在水稻插秧时直接将肥料施在水稻根系附近，减少了田面追肥，显著降低了养分随稻田退水导致的径流损失。常规施肥模式下（FP 处理），稻田全生育期氮素径流损失量为 2.76kg/hm^2，侧条施肥各处理（HN、MN、LN）的氮素径流损失量分别为 1.73kg/hm^2、1.57kg/hm^2 和 1.46kg/hm^2，分别比 FP 处理减少了 1.03kg/hm^2、1.19kg/hm^2 和 1.30kg/hm^2，降低幅度在 37.32%～47.10%（图 6-9）。各施氮处理总氮质量径流损失量与 CK 处理总氮质量径流损失量之差可视为水稻生育期内总氮质量净径流损

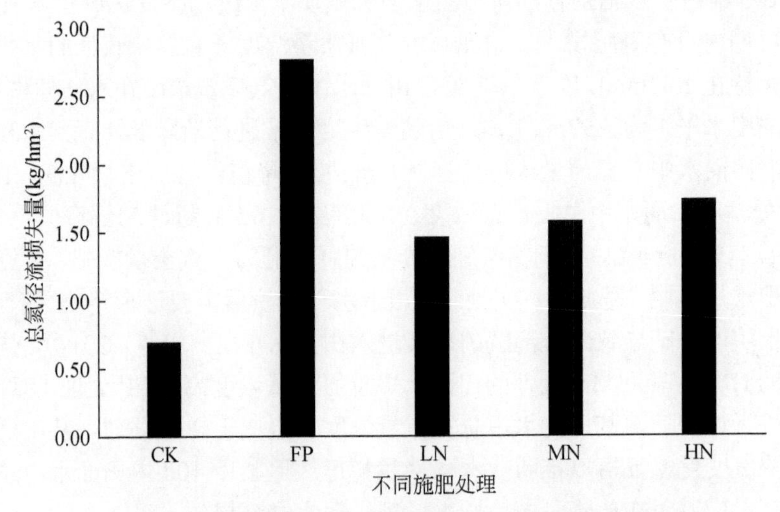

图 6-9　控释氮肥侧条施用对稻田总氮径流损失的影响

失量，FP 处理、HN 处理、MN 处理和 LN 处理的总氮质量净径流损失量分别为 2.07kg/hm^2、1.04kg/hm^2、0.88kg/hm^2 和 0.77kg/hm^2，占施氮量的比例分别为 1.38%、0.77%、0.73%和 0.70%。

6.2.2.4 控释氮肥侧条施用对稻田淋溶水中总氮质量浓度的影响

各处理水稻生育期内浅层淋溶水（20cm）中总氮质量浓度动态变化规律如图 6-10 所示。稻田浅层淋溶水中总氮质量浓度受施肥影响较为剧烈，CK 处理水稻整个生育期内由于没有氮素投入，总氮质量浓度表现为随着生育期推进逐渐降低，仅在水稻移栽后达到 2.03mg/L，之后逐渐下降。FP 处理在水稻移栽 10d 后，浅层淋溶水中总氮质量浓度达到最大值，为 9.46mg/L，HN 处理、MN 处理和 LN 处理此时的总氮质量浓度分别为 4.02mg/L、3.67mg/L 和 3.51mg/L，仅为 FP 处理的 42.49%、38.79%和 37.10%。受到生育期内追肥的影响，FP 处理 7 月中旬出现又一次峰值，总氮质量浓度达到 7.24mg/L，之后逐渐降低。HN 处理、MN 处理和 LN 处理由于施用控释氮肥，水稻生育前期释放较慢，浅层淋溶水中总氮质量浓度在移栽 30d 左右才达到极值，最高总氮质量浓度分别达到 6.01mg/L、5.31mg/L 和 4.13mg/L，远低于 FP 处理的 9.46mg/L，降低了氮素继续向深层淋洗损失的风险。

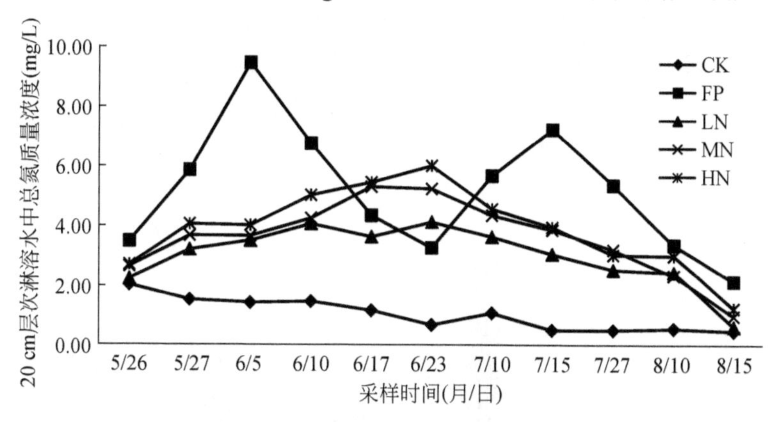

图 6-10 控释氮肥侧条施用对稻田浅层淋溶水（20cm）中总氮质量浓度的影响

与浅层淋溶水（20cm）中总氮质量浓度相比，深层淋溶水（60cm）总氮质量浓度变化趋势比较平缓，各施肥处理均表现为随着水稻生育期推进先缓慢升高然后在逐渐降低的趋势（图 6-11）。FP 处理总氮质量浓度峰值出现在水稻移栽后约 15d，最高值达到 6.02mg/L，各控释氮肥侧条施用处理由于氮素前期释放缓慢，且需要随着水体运动一段时间才能到达深层水体，总氮质量浓度峰值出现在水稻移栽后约 45d，HN 处理总氮质量浓度峰值最大，达到 5.42mg/L，MN 处理和 LN 处理间总氮浓度差异不大，分别为 4.90mg/L 和 5.02mg/L。

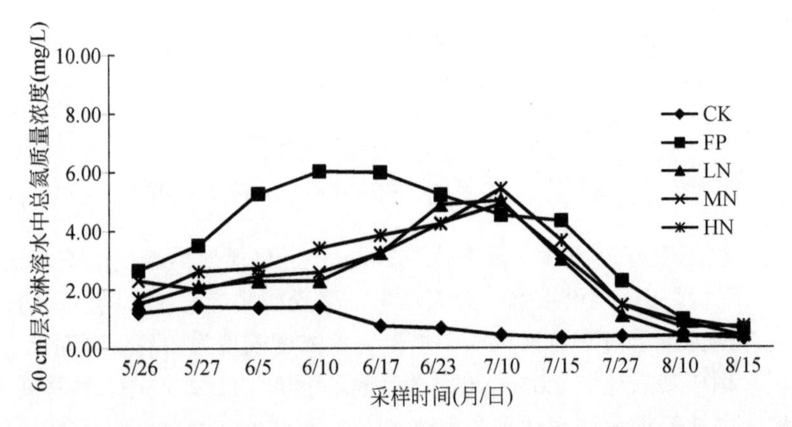

图 6-11　控释氮肥侧条施用对稻田深层淋溶水（60cm）中总氮质量浓度的影响

6.2.2.5　控释氮肥侧条施用对稻田总氮淋洗损失的影响

氮素淋洗损失是稻田氮素损失的主要途径，不仅降低了肥料利用率，还对地下水环境造成威胁。施肥是造成氮素淋洗损失的主要途径，CK 处理水稻全生育期内不施用氮肥，总氮淋洗损失量只有 2.21kg/hm^2，远低于其他施肥处理。各施肥处理之间比较，FP 处理水稻生育期内总氮淋洗损失量最高，为 8.75kg/hm^2，占施氮量的 5.83%。侧条施肥各控释氮肥用量处理总氮淋洗损失量随着施氮量的增加逐渐提高，总氮淋洗损失量为 5.43～6.74kg/hm^2，分别比 FP 处理降低了 22.97%～37.94%（图 6-12）。

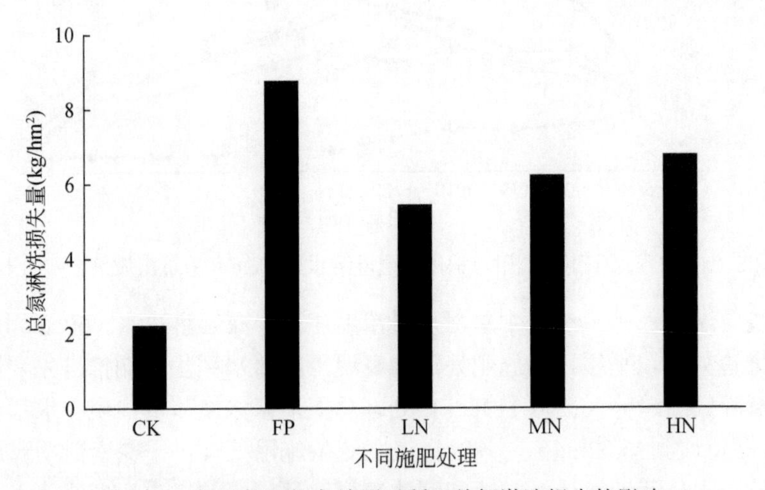

图 6-12　控释氮肥侧条施用对稻田总氮淋洗损失的影响

6.2.3 讨论

6.2.3.1 控释氮肥侧条施用对水稻产量和氮肥利用效率的影响

本研究结果表明，基于控释氮肥的侧条施肥处理在氮肥施用量降低 10%～20%条件下，与常规施肥量相比较，水稻籽粒产量没有出现显著降低的趋势，但当氮肥施用量降低 30%时，水稻籽粒产量显著降低。由于东北地区土壤有机质含量丰富，水稻当季氮肥施用量远低于同种气候条件下的西北稻区（单季施氮量为 300kg/hm^2），过量减氮不能满足当季作物对氮素的需求，导致水稻产量下降。张爱平等（2014）在宁夏引黄灌区的研究结果表明，缓释肥侧条施肥处理水稻氮素投入比农民常规施肥处理降低约 40%，水稻产量没有降低，穗粒数和千粒重分别比 FP 处理增加 17.0%和 16.6%。杨俊刚等（2010）研究表明，与常规施肥处理相比，控释肥与普通化肥配施在降低 50%施肥量的情况下，没有造成作物减产，且显著减少了土壤溶液中硝态氮浓度，提高了氮肥利用率。李文军等（2011）研究发现，当施氮量高于 200kg/hm^2 时，水稻花后氮素转运率和氮肥农学利用效率均随施氮量的增加而降低。本研究条件下，当施氮量降低 10%时，植株总吸氮量与 FP 处理比较没有降低，氮肥回收率比 FP 处理提高了 5.23 个百分点，氮肥农学利用效率也比 FP 处理提高了 6.48kg/kg。基于控释氮肥的侧条施肥 HN 处理和 MN 处理，在氮素投入分别降低 10%和 20%的条件下可以满足水稻生育期对氮素的需求，控释氮肥在水稻根际附近形成的储肥库能逐渐释放养分供应水稻的生长需求，有利于水稻对养分的吸收，为水稻的产量形成奠定基础，提高了氮肥回收率和氮肥农学利用效率。

6.2.3.2 控释氮肥侧条施用对稻田氮素径流和淋洗损失的影响

东北地区由于独特的灌溉措施和气候条件，大部分稻田灌溉用水来源于深层地下水，然后经过径流和淋洗退回到地表和浅层地下水中，稻田不合理的氮素投入不仅会导致肥料利用效率降低，而且会通过径流和退水对地表水环境和浅层地下水造成污染，因此，减少氮肥施用量进而降低养分流失是保障水环境安全的重要措施。控释氮肥因释放周期长，结合侧条施肥技术一次施在水稻根系附近，形成一个高浓度的储肥库逐渐释放满足水稻对养分的吸收，有效降低了氮素径流和淋洗损失，各侧条施肥处理氮素径流损失量分别比 FP 处理减少了 1.03kg/hm^2、1.19kg/hm^2 和 1.30kg/hm^2，降低幅度在 37.32%～47.10%。水稻生育期浅层淋溶水和深层淋溶水总氮质量浓度也低于 FP 处理，有效降低了氮素向深层淋失。纪雄辉等（2006）的研究结果表明，用控释氮肥做氮源，肥料自身缓慢释放的特性，导致田面水中总氮质量浓度显著低于 FP 处理，大大降低了氮素随降雨或者农田排水径流损失的风险。易军等（2011）的研究结果证明，尿素在施入农田后迅速溶解，常规施肥处理在施肥后 1～3d 内田面水中总氮质量浓度达到最高值，之后迅速降低，每次施肥后 10d 内是氮素径流损失的关键时期。张朝等（2011）采用模拟土柱的方法研究发现，施用尿素和硫铵后，土壤 NH_4^+-N 和 NO_3^--N 含量显著提高，尤其在 0～50mm 土层内，分别相当于对照的 4.8～242 倍和 5.7～316 倍，表明肥料氮素的迁移转化主要发生在 0～50mm 土层内。在本研究条件下，控释氮肥侧条施用各处理水稻生育前期淋溶水中总氮质量浓度均低于 FP 处理，浅层淋溶水中 HN 处理、MN 处理和 LN 处理总氮质量浓度仅为 FP 处理高峰时的 42.49%、38.79%和 37.10%。侧条施肥技术在氮素施用量降低 10%～20%的条件下，可以显著提高水稻的氮素回收率和氮肥农学利用效率，有效减少了氮素养分的淋溶流失，促进农业可持续发展和生态环境保护。本实验条件下，综合考虑水稻产量、氮素径流和淋洗损失等因素，控释氮肥减量施用 10%～20%是较合理的氮素运筹模式。由于稻田氮素损失途径和损失形态较为多样，关于控释氮肥侧条施用技术对稻田气态损失和氮素损失平衡特征的影响还有待于深入研究。

6.2.4 结论

1）与 FP 处理比较，控释氮肥侧条施用技术施氮量减少 10%～20%时，水稻籽粒产量不会降低，并能提高水稻的穗数和穗粒数，为适宜的氮肥合理减量水平；当氮肥减量达到 30%时，水稻籽粒产量显著降低。降低氮素投入可以显著提高水稻的氮肥回收率和氮肥农学利用效率，HN 处理氮肥回收率比 FP 处理提高了 5.23 个百分点，氮肥农学利用效率提高了 6.48kg/kg。

2）控释氮肥侧条施用减少了水稻生育期内的氮素径流损失量，同时降低了田面水和淋溶水中的总氮质量浓度，FP 处理水稻生育期内总氮淋洗损失量为 8.75kg/hm^2，占施氮量的 5.83%。侧条施肥各控释氮肥用量处理总氮淋洗损失量比常规施肥处理降低了 22.97%～37.94%。因此，综合考虑水稻产量、氮素径流和淋洗损失，采用控释氮肥侧条施肥技术，氮肥减量施用 10%～20%是较合理的氮素运筹模式。

第 7 章 松干流域坡耕地肥料减量技术

7.1 当前农业化肥施用存在的问题

化肥是农业生产活动中十分重要的生产资料，在促进粮食和农业生产发展中起了不可替代的作用。专家分析，由于我国耕地基础地力偏低，化肥施用对粮食增产的贡献较大，大体在 40%以上。但目前也存在化肥过量施用和盲目施用等一系列问题。

7.1.1 施用量偏高，肥料利用率低

我国农作物化肥用量为 643.9kg/hm^2，远高于世界平均水平（139.4kg/hm^2）（王艳语和苗俊艳，2016），是美国的 2.6 倍，欧盟的 2.5 倍。农田氮素盈余呈现持续增长趋势，仅 2002 年我国农田氮素盈余量达 579.4 万 t（刘兆辉等，2016）。同时施肥地区之间的不均衡现象突出。东部经济发达地区、长江下游地区和城市郊区施肥量偏高，蔬菜和果树等附加值较高的经济园艺作物过量施肥比较普遍。据调查，我国氮肥利用率为 30%～35%，磷肥利用率仅为 10%～20%，每年农田氮肥的损失率为 33.3%～73.6%，平均总损失率约为 60%（薛利红等，2013）。

7.1.2 施肥结构不合理，有机肥严重不足

在农业生产中农民为了追求更高的产量与效益，大量施用肥料尤其是化学肥料的现象十分普遍，而有机肥用量却普遍不足。并且不同农户之间的施肥水平差异很大，用肥比例也各不相同。施用肥料过度依赖化学肥料，且偏重施用氮肥和磷肥。据调查，85%以上的农户长期偏重施用化肥，肥料配比明显失调；20%的农户氮肥和磷肥施用量超标。目前，我国有机肥资源总养分为 7000 多万吨，实际利用不足 40%。其中，畜禽粪便养分还田率为 50%左右，农作物秸秆养分还田率为 35%左右。

7.1.3 施肥技术有待提升

施肥不科学，盲目性、随意性很大。农民施肥常凭经验，且惯以资金、劳力和时间等人为因素确定肥料种类、施肥量和施肥时间。在施肥方法上，采用表层撒施等方式进行，造成土壤养分积聚在浅层土壤，从而严重影响肥效。这导致土壤养分供应不均衡，产量低、品质差，且已成为制约我国农业生产效益提高及产业可持续发展的重要因素。同时容易造成农田环境污染，随着现代社会的发展，生态环境和食品安全问题日益突出，对农田养分管理也提出了更高的要求。

7.1.4 对养分需求规律需要加强研究

作物需肥规律是科学施肥的根据之一，了解如何对其养分供应进行科学控制和管理，是保证作物营养需要的关键，同时由于种植范围广、地域跨度大，各栽培区的立地条件、成土母岩和风化程度等均存在较大差异，土壤类型差异较大，土壤养分供应规律也是研究的重要方向。

肥料过量施用不仅造成了土壤质量退化，也带来了严重的环境污染，同时农业生产成本增加，亟须改进施肥方式，减少不合理投入，提高肥料利用率，保障粮食等主要农产品有效供给，促进农业可持续发展。化肥减施需要创新理论，打破学科界线，综合考虑，关键在于将有机肥、化肥、农药、农艺措施、耕作机械、植保机械以及品种等根据各地自然条件科学组装（王险峰，2016）。如何实现化肥减施增效，已经引起政府的高度重视，逐步成为国家战略。为了大力推进化肥减量提效、农药减量控害，积极探索产出高效、产品安全、资源节约、环境友好的现代农业发展之路，农业部制定了《到2020年化肥使用量零增长行动方案》。

优化施肥技术以保证作物产量为核心，以作物养分需求为指导，并考虑土壤的养分供应能力进行施肥，使得施入的肥料尽量能被作物完全吸收利用，从而提高肥料利用率，达到减少化肥投入。农业化肥减量的目标是造土壤，恢复土壤自然生态环境，治理水与土壤污染，使农业可持续发展。

7.2 松干流域农田污染特征

松花江流域是我国发展粮食生产的优势地区，是国家粮食安全保障的重要基地。松干流域是松花江流域的重要组成部分，是东北地区自然条件最为优越、农业生产水平相对较高的地区，该地区不仅耕地面积大，而且地势平坦、土壤肥沃，是中国重要的商品粮、畜产品生产基地之一（金春久等，2004）。特殊的地理环境和长期不合理的开发利用，以及粮食增产任务重，导致松花江流域严重的水土流失及农业面源污染的加剧，农田面源污染的潜在威胁进一步加大。该区域平均化肥施用量为 523.5kg/hm^2，远高于全国平均水平（643.9kg/hm^2）和世界平均水平（139.4kg/hm^2）（王艳语和苗俊艳，2016）。

东北地区耕地面积超过 2100 万 hm^2，其中，坡岗地约为 860 万 hm^2。松花江流域内坡岗地地貌特征多为低山丘陵和漫川漫岗、地形变化复杂，具有岗洼相间、岗丘混存和坡缓坡长、集雨面积大、土壤耕层疏松、底土黏紧、透水性不良、抗蚀抗冲能力弱的特点。受传统生产习惯的影响，当地农民大多采用传统顺坡垄作的种植方式，这种种植方式在降水时极易短时间内受雨水冲刷顺坡自然成沟，造成水土与氮磷养分大量流失。松花江传统的坡岗地种植方式直接加重了水土和氮磷养分的流失。

松干流域主要土壤类型为黑土和草甸土，有机质平均含量为 15～25g/kg，处于较高水平。在冻融交替条件下，土壤有机质不仅会溶出流失，还会影响不同形态的氮磷污染物在土壤中的持留与吸附。区域水土流失和生态环境破坏加剧了化肥流失率。加上该区域土壤含水率低、全年低温期长和土壤微生物活性不高等原因，使得自然降解过程较为缓慢，大量的氮与磷等养分在汛期和冻融期很容易被冲刷形成面源污染，对松花江流域水体水质造成较大影响。松干流域农田退水存在两种途径，一种是自然下渗补充地下水，另一种是直接进入河网汇入干流。由于化肥施用量高，有效利用率低，氮磷在土壤中的累积残留量和单季残留量均较高，并随退水流失，释放到河流水体或者地下水体中。近年来，松花江已进入大范围生态退化和复合性环境污染阶段。这不可避免地成为现在流域经济与社会发展的瓶颈。

冻融交替作用与汛期集中是寒冷区农田氮磷流失的重要驱动因素。水是污染物迁移转化的基本驱动因素，松花江流域降水集中，量级大、范围广，6～9 月汛期降水量占全年降水量的 70%～80%，多暴雨，短时间内的大量降水很容易引起地表径流，驱动氮磷随之进入当地水体。另外，松花江流域冬季冻结期长，多年平均长达 150～180d，最大冻深在 2m 左右，强烈的冻融交替作用破坏了土壤的结构，春夏温度回暖后土体发生崩解，大量农田土壤携带养分随冻融水流失。集中的汛期、强烈的冻融交替作用致使该流域农田面源污染严重。冻融水和汛期降水是形成松花江流域农田径流的基础，也是导致氮磷流失的直接作用因素，但是目前松花江流域农田肥料施用过量，径流产生机制不清，导致该流域汛期农田径流携带大量养分流失而缺乏相应的控制技术。

精量施肥技术缺失和排水体系非常薄弱导致大量氮磷养分进入退水体系。受传统生产习惯的影响，种植上普遍存在过量施肥的现象，并习惯于撒施，且常在施肥后进行大水漫灌，导致肥料利用率低、水肥耦合能力差。加上松花江流域多个灌区排水体系很不完善，当地对农田退水问题没有很好的认识，不少地区的农田退水随意排放，基本上处于无措施任意排放状态，导致大量氮磷养分无序进入松花江流域水体环境。

目前，松花江流域水田精准施肥技术的缺失，不仅造成水肥的大量浪费，还造成土壤质量退化，降低土壤生产能力（Sposito，1984），导致水体富营养化和地下水污染（Follett，1989）、大气污染及由 N_2O 引起的温室效应（Shaviv and Mikkelsen，1993），农产品质量下降（V. Škrdleta，1987）。植物体内可积累过量的硝酸盐和亚硝酸盐（余佳玲等，2014），进而会对人体健康产生潜在危害（Aschebrook-Kilfoy et al.，2013；Kobayashi and Kubota，2004）。在松干流域农田，有针对性地开展化肥减量技术研究与示范，结合现代信息与管理技术，形成寒冷区水田氮磷精量控制技术，研究水肥组合联控技术，形成寒冷区水田水肥精准联控氮磷减负技术，在农业生产过程中适当减少氮肥用量，做到科学合理地施肥，不仅能保证作物产量，还能节省能源、保护环境、减少不必要的经济支出，具有极大的社会、经济和生态效益。

7.3 肥料减量技术

7.3.1 化肥减量技术的内涵

肥料减量技术是在了解土壤供肥特性及作物需肥特征的基础上，通过培肥土壤，采用合理的方法在适合的时间施用肥料等农艺和农机措施，在保障作物产量稳产前提下，减少化肥投入，提高化肥利用效率，实现保护环境，增加农业生产效益的技术方法总称，主要包括改良土壤、科学施肥方式方法和新型肥料研发施用等技术内容。

化肥减量技术的研发要顺应时代要求，以节本省工为目标，逐步向智能化、机械化迈进。随着我国农村经济水平的提高及农村务工人员的不断增多，劳动力日益紧缺和农村土地流转现象普遍，农村合作社和家庭农场将成为未来农业的发展方向，节本省工便成为源头减量技术研发的第一要求，机械化、智能化将成为未来的发展方向。我国广大科技工作者和农民经过多年的研究与实践，已经积累了丰富的化肥科学使用技术的经验，关键需要将这些技术进行科学组装，而不是各项技术的累加。根据减量技术的阶段特征分为以下主要技术。

7.3.2 肥料减量技术的内容体系

7.3.2.1 培肥土壤，提高土壤肥力

土壤肥力是土壤的基本属性和本质特征，是土壤为植物生长供应和协调养分、水分、空气和热量的能力，是土壤物理、化学和生物学性质的综合反映。土壤物理肥力包括土壤结构、土壤通气性、透水性、保水性能等物理特性，物理肥力本身决定了土壤水热状况，同时影响土壤化学和生物学性质，从而决定农作物生长，是土壤肥力的基础。东北地区是我国重要的一熟粮食生产区，不适宜的土壤管理措施，导致土壤有机碳含量降低、结构破坏，贫瘠化等系列障碍因子，加剧了我国农田土壤肥力退化，严重影响了我国粮食安全和农业可持续发展。通过改善区域农业技术水平，构建符合区域农业生产实际的土壤培肥技术体系，保障农业生产高产稳产，实现化肥减量施用。

土壤改良的方法主要有土壤深耕、增施有机物料、覆盖栽培、促进微生物增殖和促进蚯蚓增殖等方法。充分利用秸秆还田，增施有机肥、土壤改良剂，配合推广深松深翻和侧深施等技术，构建合理耕层，提高土壤保水保肥能力。大力推广秸秆粉碎还田、快速腐熟还田和过腹还田等技术，研发应用秸秆粉碎、腐熟剂施用、土壤翻耕、土地平整一体化操作机械，使秸秆取之于田、用之于田。玉米成熟后，采用联合收获机械边收获玉米穗边切碎秸秆至 10cm 左右，使其均匀覆盖地表，利用机械将秸秆翻埋入土。利用雨水或灌溉水使土壤保持较高湿度，促进秸秆快速腐烂。通过改良土壤，可以改善土壤物理性质和化学性质，增强土壤微生物活性，提高土壤肥力和肥料利用效率 5%以上。引导农民改进耕作方式，改善土壤肥力，减少化肥施用量。

7.3.2.2 优化施肥技术

化肥施用技术的发展，经历了由施用单一元素肥料到多元素肥料配合施用、由经验配方施肥到测土配方施肥的技术进步过程。实践使我们认识到，化肥施用要讲究科学，做到配比合理，采用现代先进的平衡施肥技术。平衡施肥的理论基础、技术体系和实现手段可以有效地消除平衡施肥技术推广普及的主要限制因素，使施肥技术建立在经济和科技双重驱动力的轨道上，成为农业和环境可持续发展的重要关键技术之一（邓良佐等，2004）。只有施肥的位置和时期同时适当，才能更好地发挥肥效（侯彦林和任军，2003），实现提高作物单产、改善作物品质、降低种植业生产成本、培肥土壤地力、减少肥料面源污染。平衡施肥技术的推广普

及具有明显的经济效益、社会效益和生态环境效益（侯彦林，2000）。

平衡施肥技术是综合运用现代农业科技成果，依据作物需肥规律、土壤供肥特性与肥料效应，在施用有机肥的基础上，合理确定氮、磷、钾和中、微量元素的适宜用量及比例与相应的科学施肥技术。根据作物生长的不同发育阶段，不同区域土壤条件、作物产量潜力和养分综合管理要求，有选择性地施用不同类型的肥料，合理制定各区域、作物单位面积施肥标准，减少盲目施肥行为。了解作物的需肥关键期及肥料的时效期，在作物生长的关键期，有针对性地施肥，是促进作物增产增效的有效技术。

优化调整施肥结构。首先，要协调有机肥与化肥的施用比例，两者配合施用，可以增进肥效、改良土壤、提高地力，提高有机肥的施用比例，充分发挥有机肥的作用。其次，要增施磷、钾肥，优化氮、磷、钾配比，促进大量元素与中微量元素配合。主要包括：①根据目标产量确定施氮量。不施有机肥的作物，作物带走多少氮就施用多少；有机肥施用量为作物带走的氮减去有机肥中的无机氮。②采用恒量监控技术确定磷、钾施肥量。根据作物带走的磷量和土壤有效磷含量确定磷肥施用量。③推进机械施肥。改表施和撒施等传统施肥为机械深施，使用农业机械在耕翻、播种和作物生长中期将化肥按农艺要求的种类、数量和化肥位置效应施于土壤表层以下一定的深度。④深施底肥、深施种肥（也称种肥同播）、深施追肥。⑤充分发挥种粮大户和专业合作社等新型经营主体的示范带头作用，促进施肥方式转变，减少养分挥发和流失，节省成本，增加效益。

推广水肥一体化技术。水肥一体化技术是将施肥与灌溉结合在一起的农业新技术，是通过压力管道系统与安装在末级管道上的灌水器，将肥料溶液以较小流量均匀、准确地直接输送到作物根部附近的土壤表面或土层中的灌水施肥方法，可以把水和养分按照作物生长需求，定量、定时直接供给作物。其特点是能够精确地控制灌水量和施肥量，显著提高水肥利用率。使用高效节水灌溉、滴灌施肥和喷灌施肥等技术，减少资源浪费，提高肥料和水资源利用效率。增产增效情况与传统技术相比，实现节水10%～35%，节肥10%～40%。

7.3.2.3 有机替代减量技术

有机替代减量技术主要是利用农业废弃物如秸秆、处理过的畜禽粪便、沼液沼渣、菌渣和绿肥等富含一定作物养分的有机物料来替代部分化肥投入的技术措施。有机物料具有缓慢释放养分的特点，可以达到减少化肥用量，减少面源污染排放的目的。有机肥料具有养分全面、肥效稳定、来源广和成本低等特点。有机肥料中的主要物质是有机质，施用有机肥料增加了土壤中的有机质含量。有机质可以改良土壤的物理、化学和生物特性，熟化土壤，培肥地力。施用有机肥料使土壤颗粒胶结在一起形成稳定的团粒结构，提高了土壤保水、保肥和透气的性能。可见，有机肥料不仅是农作物重要的营养源，而且是改变土壤理化性质的物质基础。我国每年可用作有机肥料的秸秆超过 1.3 亿 t，约可提供氮素为 66 万 t，磷素为 40 万 t，钾素为 10.6 万 t（张艳洁和耿文，2010）。

有机肥料来源广泛。农作物秸秆是很重要的有机肥源。其养分丰富，来源广，数量多，可直接还田，也是堆肥、沤肥和家畜填圈的重要原料。把作物秸秆通过有氧发酵方法制成优质有机肥，是改善土壤理化、生物特性的有效措施。可利用秸秆和杂草等为主要原料掺入一定数量人畜粪尿进行高温堆肥及沤肥等，生产富含有机质、养分完全的有机肥料，适合于在各种作物和各种土壤中施用。粪尿肥和厩肥也是含有机质多、养分高的肥料，施在各种作物和各种土壤中都有显著的增产效果。经过发酵抽取沼气后剩下的沉渣和发酵液，为沼气池肥，除含有大量的氮、磷、钾等有效养分外，还含有少量的腐殖质和其他可溶性物质，而肥渣所含养分大多为有机态的迟效养分，它是一种速缓兼备的有机无机复合肥料，且肥效稳长，含有丰富的有机质，具有肥土、改土的双重作用。用作肥料的绿色植物体均称绿肥，绿肥含有丰富的有机质和氮、磷、钾等多种营养元素，是农业生产中一项重要的有机肥料。生物肥料是人们利用土壤中一些有益生物制成的肥料。通过肥料中微生物的生命活动，改善作物营养条件或分泌激素刺激作物生长和抑制有害微生物的活性，施用生物肥料都有一定的增产作用。另外，食用菌生产废弃物中含有丰富的菌体蛋白、多种代谢产物及未被充分利用的营养物质，也是较好的堆肥原料。

腐殖酸肥料在农业生产中越来越受到重视，腐殖酸是自然界中广泛存在的大分子有机物质。腐殖酸与氮、磷、钾等元素结合制成的腐殖酸类肥料，具有肥料增效、改良土壤、刺激作物生长和改善农产品质量等功能。腐殖酸能吸附交换活化土壤中很多矿质元素（如磷、钾、钙、镁等），使其有效性大大增加，从而改善了作物的营养条件，在化肥中起到增效剂的作用，而且减轻化肥对土壤理化性质产生的不良影响。对氮肥增效的作用表现在减少氮素挥发损失，对尿素的增效作用非常显著，可以使尿素的肥效延长，促进氮的吸收，提高氮肥利用率。同时，对微量元素也具有明显的增效作用。

7.3.2.4 新型肥料研发

研发新型肥料，通过化肥的改型改性制成控释肥是实现化肥减量施用的有效途径。针对当前单施化肥引起的土壤基础肥力衰退和肥料利用率降低的问题，立足现代农业生产需求，与科研技术整合，根据农业生产农田立地条件和农业生产需求，开展功能型有机无机复合肥、可溶性有机肥、缓控释肥、生物肥和微肥等新型技术肥料、新型复混肥料的研发，探索新型复混肥料对各土壤肥力指标和水肥利用效率的影响。新型肥料一般具有含量高、养分全、针对性强和利用率高等优点，能够直接或间接地为作物提供必需的营养成分、调节土壤酸碱度、改良土壤结构、改善土壤理化性质和生物学性质；调节或改善作物的生长机制；改善肥料品质和性质或能提高肥料的利用率。新型肥料已经成为现代农业的重要组成部分，只有加快新型肥料技术的发展速度，才能保证农业生产沿着高产、优质、低耗和高效的方向发展。有试验表明，在产量与常规施肥措施的尿素持平情况下，可减少20%的氮肥施用量。

7.4 减量技术应用效果

针对松干流域坡耕地，应该采取培肥土壤、改进肥料结构和施肥技术等综合措施，实现化肥减量施用。可以发展基于保护性耕作的土壤养分流失控制技术，如免耕技术、覆盖技术和横垄耕作技术等。保护性耕作可减少地表产流次数和径流量，降低氮磷养分流失。轮作制度或者耕作制度不同，化肥的投入量及水分管理方式也会不同，应该调整施肥时期和方法。同时也可以发展水肥一体化技术，水肥一体化技术可有效提高水肥利用率，减少氮磷流失，并缓解土壤次生盐渍化问题，实现平衡施肥和集中施肥，减少肥料挥发和流失及养分过剩造成的损失，具有施肥简便、供肥及时、作物易于吸收和提高肥料利用率等优点。

黑龙江方正县主要旱地种植作物为玉米。玉米施肥一般是底肥（化肥通常用复合肥）施用量为 500kg/hm^2，通常在 4 月底进行春种；追肥（尿素或复合肥）在 6 月和 7 月两次进行，施肥量一般为每次 100kg/hm^2。存在的主要问题：一是底肥化肥用量大，缺乏农家肥或有机肥，化肥作底肥利用率较低，还容易导致环境污染（东北农田主要是有效成分挥发，引发氮损失和导致氮素沉降）；二是后期容易脱肥，追肥在玉米封垄之前，与机械化中耕相结合，不容易形成高产。

根据目前施肥存在的问题，本研究于 2014～2016 年在方正县开展化肥减量试验，评估不同施肥量对地表氮磷径流流失和作物产量的影响。通过减少化肥用量，总量前期减量 5%～25%（试验氮肥减量分别为 25%、15%和 5%）；调整施肥数量结构，氮肥基施（减半施用，剩余的用于追肥），在营养临界期和肥料最大效率期追肥。一般选择拔节期追施 200kg/hm^2 复合肥和 75～95kg/hm^2 的追肥尿素，大喇叭口期分别追施尿素 75～95kg/hm^2；也可在大喇叭口期一次性公顷追施尿素与氮磷钾复合肥。试验设置常规施肥、减肥 5%、减肥 15%、减肥 25%和未施肥 5 个处理。4 月下旬至 5 月上旬播种，播种前施入底肥（复合肥，N、P_2O_5、K_2O 养分含量分别为 17%、17%与 17%），常规施肥施用量为 500kg/hm^2（其他处理按比例减量）；10 月上中旬收获。试验小区面积为 4m×8m，坡度为 17.6%（10°），小区间用彩钢板隔开，高出垄高 5cm。种植作物为玉米，秸秆人工粉碎至 3～5cm 后全量还田。土壤全氮采用半微量开氏法，土壤全磷采用 NaOH 熔融—钼锑抗比色法，水中总氮、总磷采用过硫酸钾消解—紫外分光光度法，土壤硝态氮与铵态氮采用流动分析仪测定法。

7.4.1 试验结果

7.4.1.1 产量

结果表明（图 7-1），2014 年化肥减量 5%和 15%的处理可以增加玉米产量，尤其是化肥减量 5%的处理可以显著增加玉米产量，而化肥减量 25%的处理虽降低了玉米产量，但差异不显著；2015 年自然原因（干旱）等导致产量不高，且各处理差异不明显；2016 年化肥减量降低了玉米产量，但化肥减量 15%的处理与常规施肥处理差异不显著。通过表 7-1 可以直观地看出 2014～2016 年各处理增产率，通过三年平均产量算出三年平均增产率可以发现，化肥减量 5%的处理可以增加玉米产量，但差异不显著；此外，化肥减量 15%和 25%的处理产量未表现出显著下降，且化肥减量越多，产量越低。未施肥处理由于缺少肥料，产量始终处于较低水平，三年产量始终保持在 4500kg/hm^2 左右。

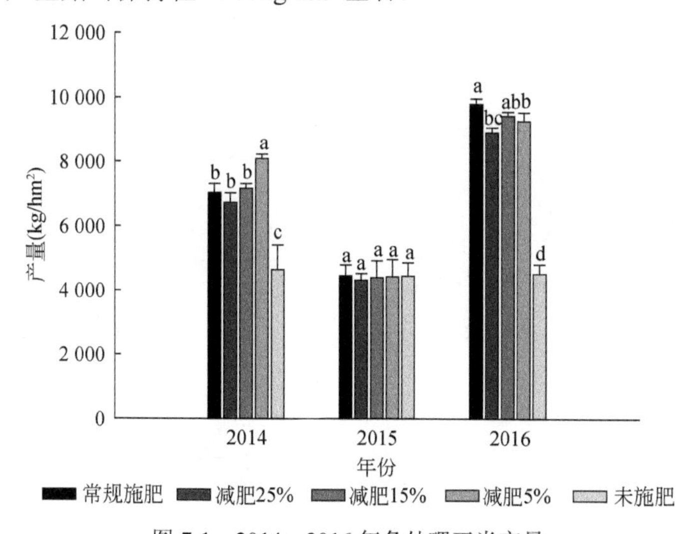

图 7-1 2014～2016 年各处理玉米产量

注：小写字母表示不同处理间的差异性（$P<0.05$）

表 7-1　2014～2016 年各处理产量及增产率

处理	2014 年产量（kg/hm^2）	2014 年增产率（%）	2015 年产量（kg/hm^2）	2015 年增产率（%）	2016 年产量（kg/hm^2）	2016 年增产率（%）	三年平均产量（kg/hm^2）	三年平均增产率（%）
常规施肥	7 032.92b	—	4 453.72a	—	9 808.89a	—	7 098.51a	—
减肥 25%	6 726.79b	-4.35	4 311.51a	-3.19	8 908.61bc	-9.18	6 648.97a	-6.33
减肥 15%	7 168.95b	1.93	4 384.21a	-1.56	9 441.93ab	-3.74	6 998.36a	-1.41
减肥 5%	8 094.60a	15.10	4 416.93a	-0.83	9 286.07b	-5.33	7 265.87a	2.36
未施肥	4 646.33c	-33.93	4 431.33a	-0.50	4 517.00d	-53.95	4 531.56b	-36.16

注：同列内不同字母表示差异显著（$P<0.05$）

7.4.1.2　铵态氮

在 2014～2016 年的 5～10 月，每个月各采集土壤样品一次，测定相关理化指标，共计取样 18 次。通过图 7-2 可以看出，不同处理的 0～10cm 土层土壤铵态氮含量变化趋势基本一致，都呈现出先升高后降低的趋势，除化肥减量 5%的处理在每年的 9 月到达峰值外，其他处理均在每年的 8 月达到峰值。而不同处理的 10～20cm 土层土壤铵态氮含量变化趋势一致，也呈现出先升高后降低的趋势，且在每年的 8 月达到峰值。20～30cm 土层土壤铵态氮含量变化趋势也呈现出先升高后降低的趋势，但规律性不是很明显。在 0～10cm 土层中，2014～2016 年土壤铵态氮含量最高值均为化肥减量 5%的处理，为 69.54～82.36mg/kg；在 10～20cm 土层中，2014～2016 年土壤铵态氮含量最高值均为化肥减量 15%的处理，为 63.64～75.37mg/kg；而在 20～30cm 土层中，每年的土壤铵态氮含量最高值并无规律。图 7-3 更加直观地表现

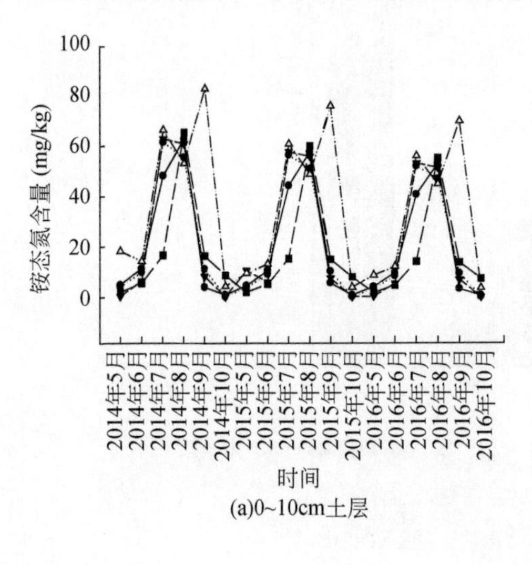

(a)0~10cm土层

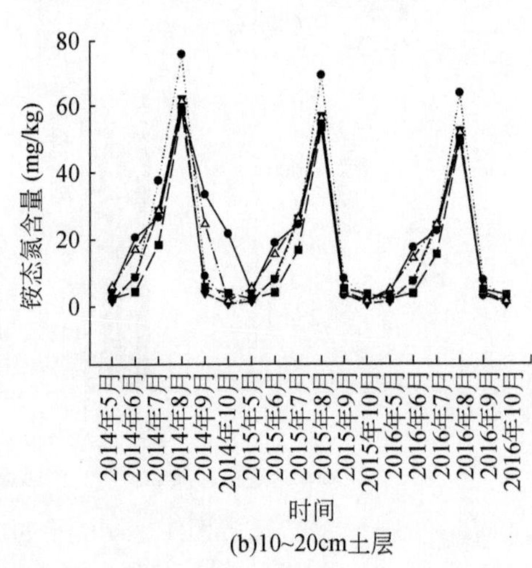

(b)10~20cm土层

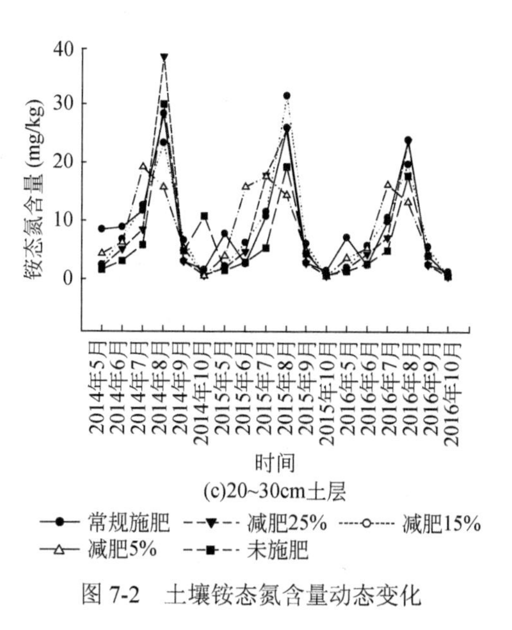

图 7-2　土壤铵态氮含量动态变化

出各处理不同土层铵态氮含量情况，在 0～10cm 土层中，化肥减量 5%的处理的土壤铵态氮含量明显高于其他处理；在 10～20cm 土层中，化肥减量 5%和 15%的处理未显著降低土壤铵态氮含量；在 20～30cm 土层中，化肥减量未显著降低土壤铵态氮含量。由于未施肥处理缺少氮肥，土壤铵态氮含量始终处于较低水平。从土壤剖面来看，表现为表层含量高，而随土层深度增加，土壤铵态氮含量也呈现出递减趋势，20～30cm 土层土壤铵态氮含量仅为 0～10cm 土层的 40%左右。

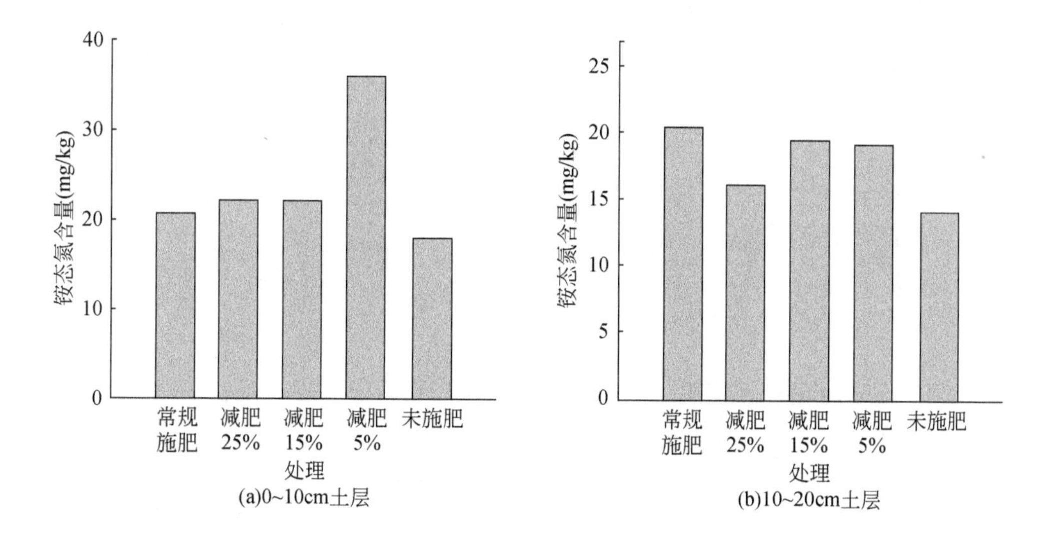

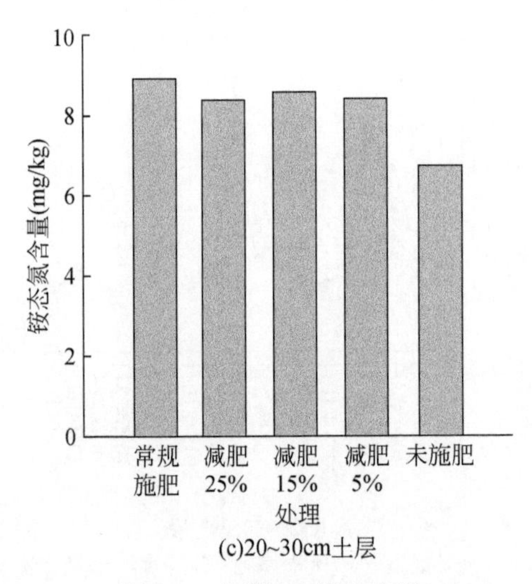

(c)20~30cm土层

图 7-3 土壤铵态氮均值图

7.4.1.3 硝态氮

通过图 7-4 可以看出，各处理不同土层的土壤硝态氮含量动态变化基本一致，基本都呈现出先升高后降低的趋势。在 0～10cm 土层中，常规施肥和化肥减量 15%的两个处理在每年的 6 月达到峰值，而化肥减量 5%的处理在每年有两个峰值，分别为每年的 7 月和 9 月，未施肥和化肥减量 25%的两个处理变化趋势较为接近，都呈现出先升高后降低的趋势。在 10～20cm 土层中，除未施肥处理在每年的 7 月达到峰值外，其余处理均在每年的 6 月达到峰值，且常规施肥>化肥减量 25%>化肥减量 5%>化肥减量 15%。在 20～30cm 土层中，化肥减量 15%的处理波动性

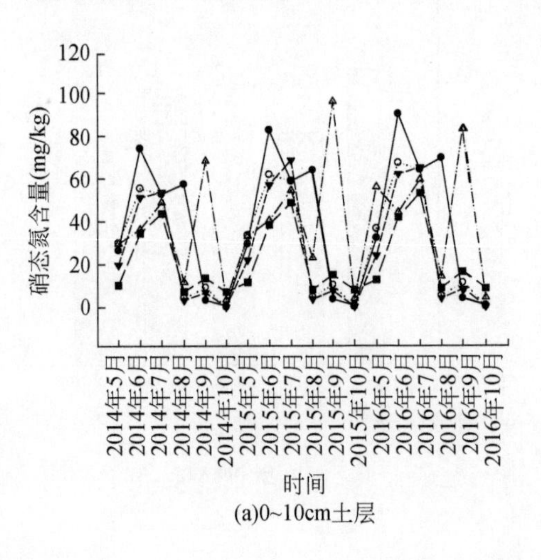

(a)0~10cm土层

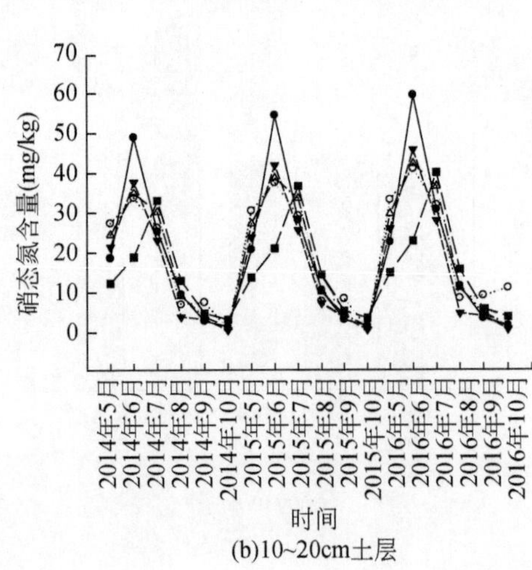

(b)10~20cm土层

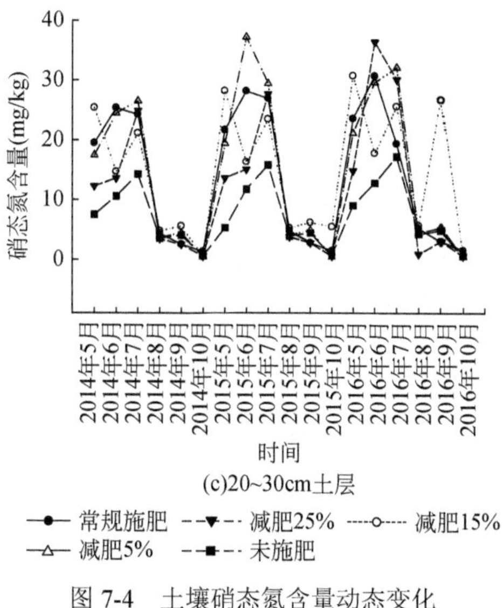

(c)20~30cm土层

图 7-4 土壤硝态氮含量动态变化

较大，呈现多峰状态，其他处理均在每年的 7 月和 8 月达到峰值，但无明显规律。通过图 7-5 可以看出，未施肥处理在各土层的土壤硝态氮含量最低；在 0～10cm 土层中，化肥减量可以降低土壤硝态氮含量，且减量越多效果越明显；在 10～20cm 土层中，化肥减量未显著降低土壤硝态氮含量；在 20～30cm 土层中，化肥减量 5%和化肥减量 15%的处理提高了土壤硝态氮含量。在土壤剖面表现为表层含量高，而随土层深度增加，土壤硝态氮含量也呈现出递减趋势，20～30cm 土层土壤硝态氮含量仅为 0～10cm 土层的 32%左右。

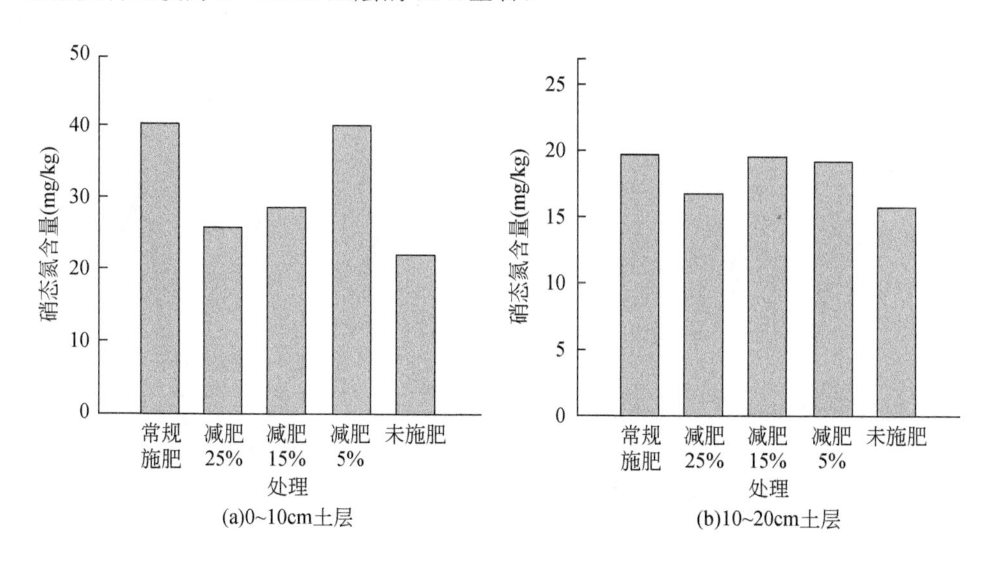

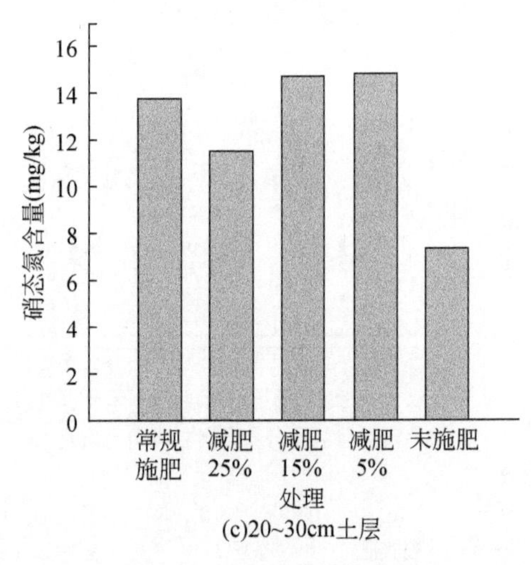

(c)20~30cm土层

图 7-5　土壤硝态氮均值图

7.4.1.4　碱解氮

由图 7-6 可知，各土层土壤碱解氮含量在玉米生长季变化总体呈现出递减趋势，在 7 月追肥后有个缓慢增加阶段。减肥处理在每年的 6～8 月 0～10cm 土层土壤碱解氮含量比常规施肥处理低，而在之后，0～10cm 土层土壤碱解氮含量处理之间的差异不明显。10～20cm 土层在 6～7 月各处理之间有差异，其他差异不明显。20～30cm 土层除每年的 7 月和 10 月差异不显著，其余各时期各处理之间均有差异。通过图 7-7 可知，在 0～10cm 和 10～20cm 土层中，化肥减量均可以降低土壤碱解氮含量，但在 20～30cm 土层中，化肥减量 25%的处理可以明显增加土壤碱解氮含量。未施肥处理在 0～10cm 和 10～20cm 土层中的平均土壤碱解氮含量呈较低

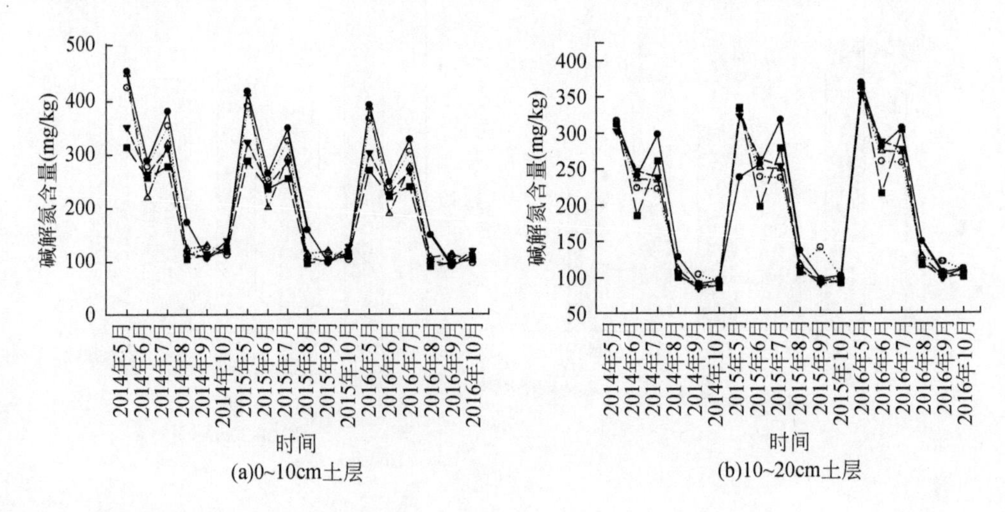

(a)0~10cm土层　　(b)10~20cm土层

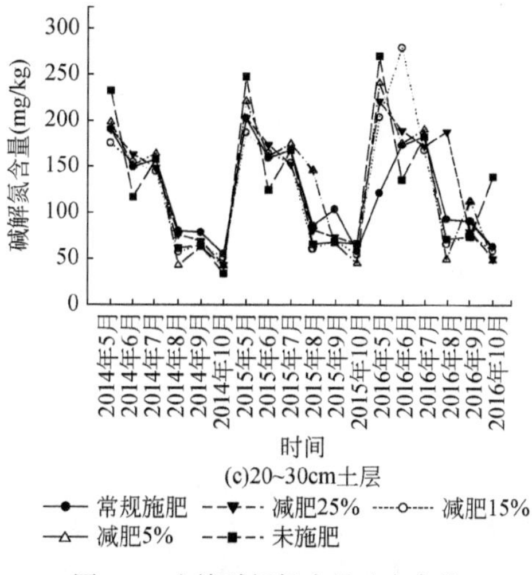

图 7-6 土壤碱解氮含量动态变化

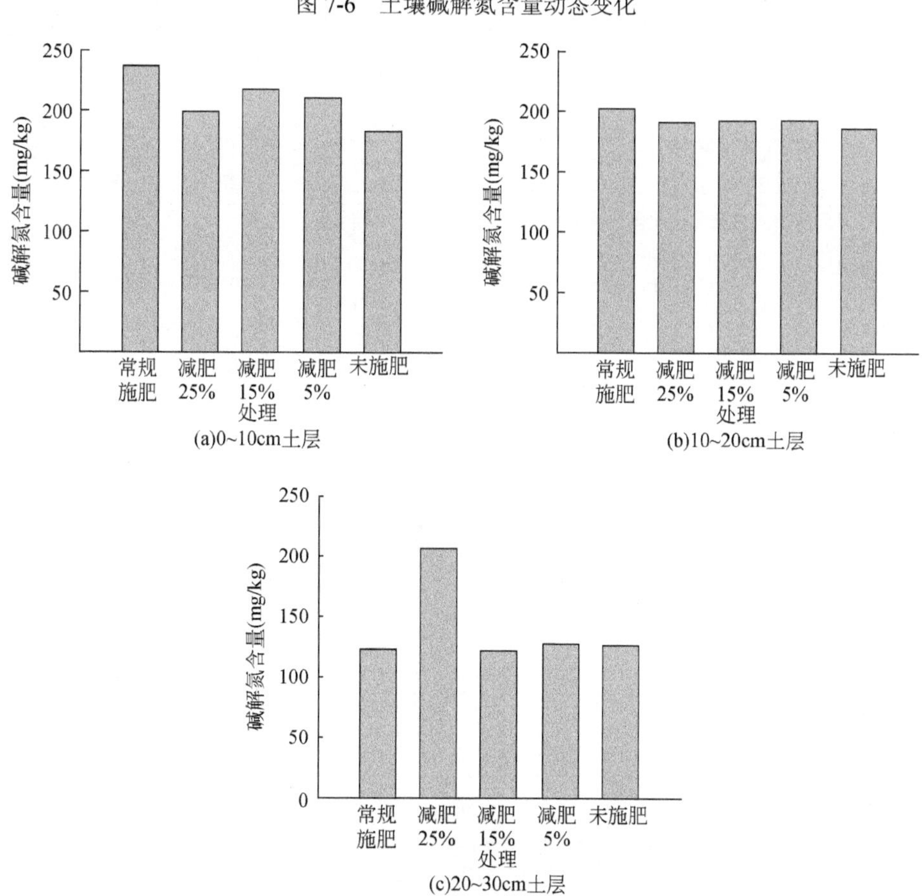

图 7-7 土壤碱解氮均值图

状态，而在 20～30cm 土层中未显著降低土壤碱解氮含量。在土壤剖面表现为表层含量高，而随土层深度增加，碱解氮含量也呈现出递减趋势，20～30cm 土层土壤碱解氮含量仅为 0～10cm 土层的 60%左右。

7.4.1.5 速效磷

由图 7-8 可知，0～10cm 土层土壤速效磷含量在玉米生长季变化总体呈现出递减趋势；而 10～20cm 土层土壤速效磷含量动态变化呈现出先升高后降低再升

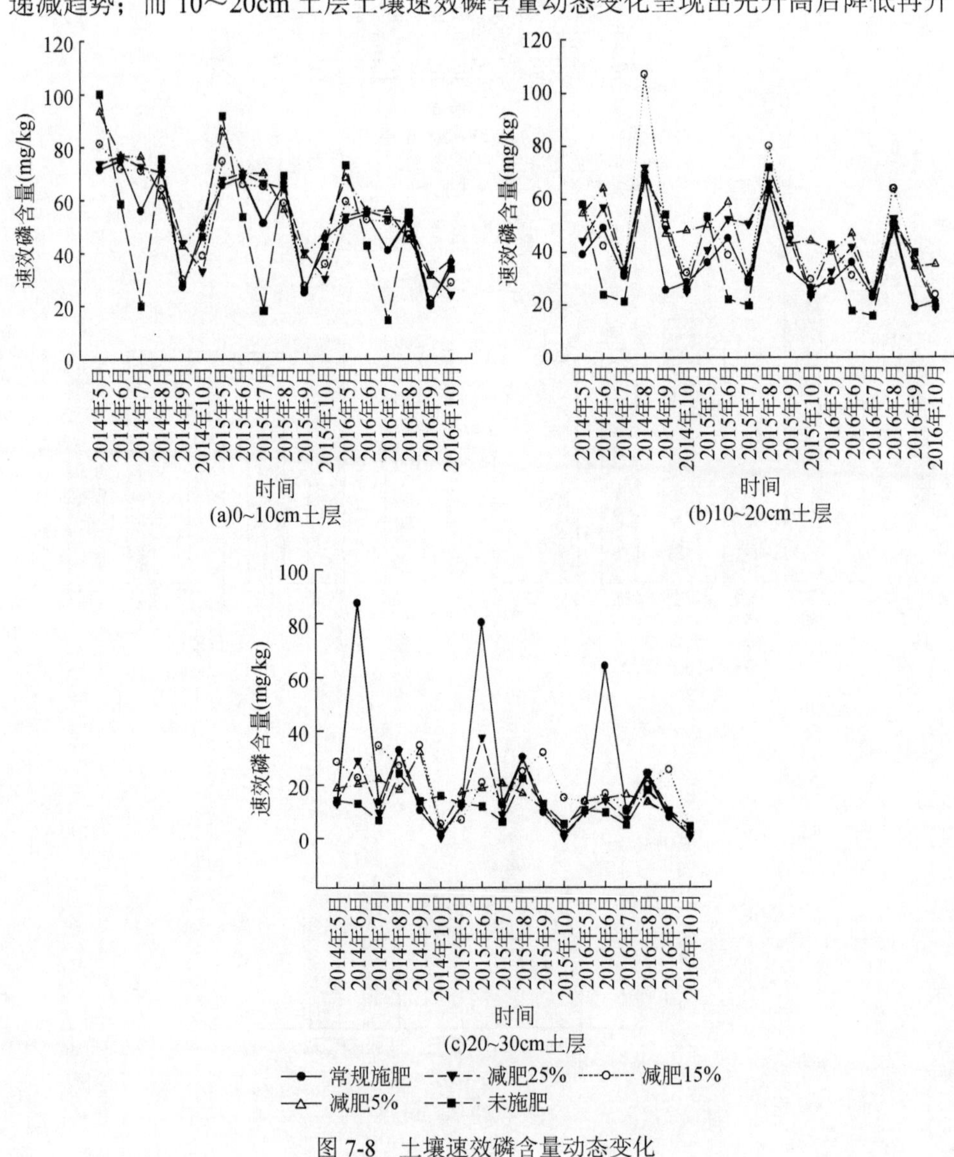

图 7-8 土壤速效磷含量动态变化

高再降低的“双峰”趋势；而 20～30cm 土层只有常规施肥处理在每年的 6 月呈现极高值，其余各处理各时期均在 40mg/kg 以下。由图 7-9 可知，在 0～10cm 和 10～20cm 土层中，化肥减量可以增加土壤速效磷含量，尤其是化肥减量 5%的处理效果更加明显；而在 20～30cm 土层中，化肥减量处理降低了土壤速效磷含量。未施肥处理除在 10～20cm 土层中土壤速效磷含量略高于常规处理，其余均为各土层的最低值。在土壤剖面表现为 0～10cm 土层土壤速效磷含量最高，而随土层深度增加，速效磷含量降低得很快，20～30cm 土层土壤速效磷含量仅为 0～10cm 土层土壤的 32%左右。

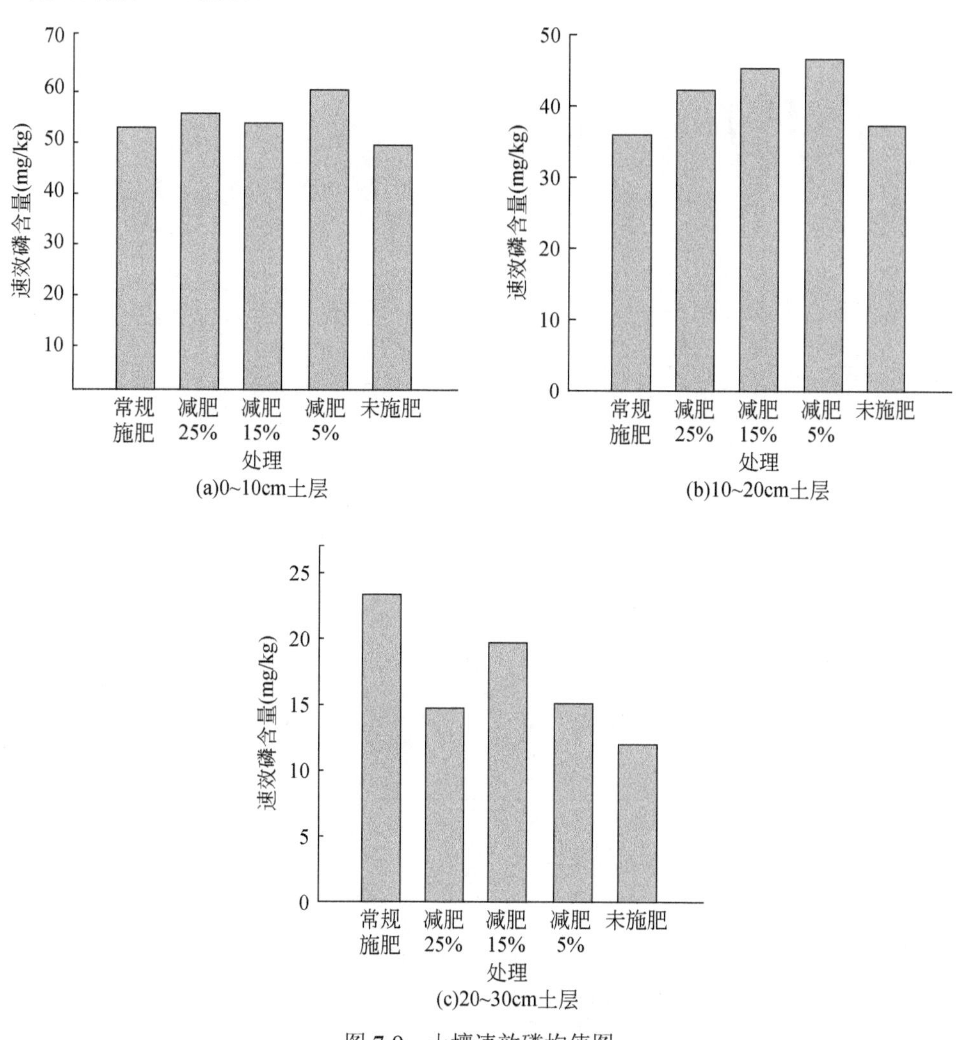

图 7-9 土壤速效磷均值图

7.4.1.6 有机质

由图 7-10 可知，0～10cm 土层土壤有机质含量在玉米生长季变化总体呈现出先增加后降低再增加的趋势，呈 N 形；而 10～20cm 土层土壤有机质含量动态变化呈现：2014 年波动较大且各处理差异较大，2015 年逐渐平稳，2016 年各处理土壤有机质含量变化趋势基本一致，呈 N 形，但最高值与最低值差异不大，基本在 3%上下波动；而 20～30cm 土层各处理土壤有机质含量动态变化呈现出先升高

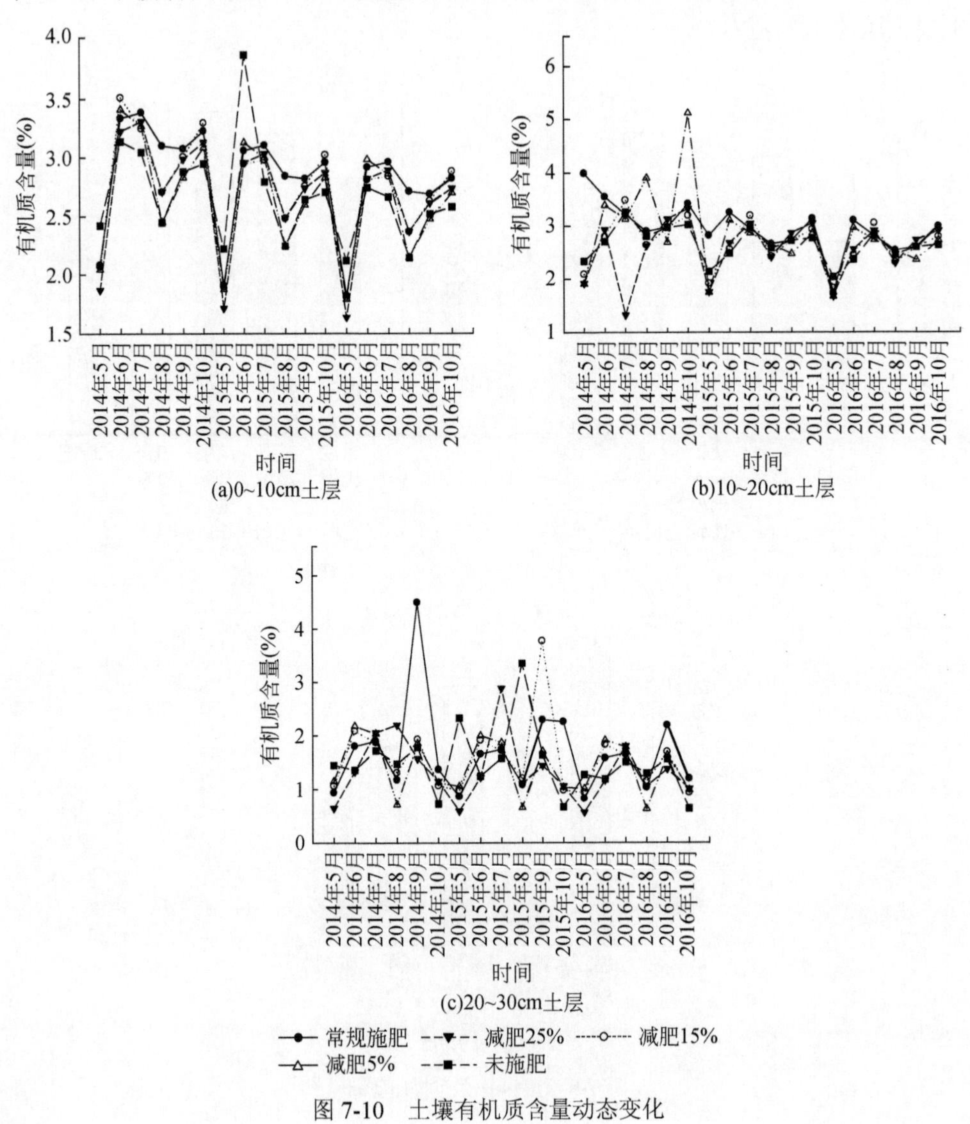

图 7-10 土壤有机质含量动态变化

后降低的趋势，且在各个时期各处理差异明显。由图 7-11 可知，在各土层中，化肥减量处理未显著降低土壤有机质含量，尤其是化肥减量 15%的处理在 0～10cm 土层中反而增加土壤有机质含量；但是，未施肥处理的土壤有机质含量也没有明显降低，说明实验地土壤本身肥力比较高。在土壤剖面表现为 0～10cm 和 10～20cm 土层土壤有机质含量较高，而 20～30cm 土层土壤有机质含量急剧下降，仅为 0～10cm 和 10～20cm 土层土壤有机质含量的 50%以下。

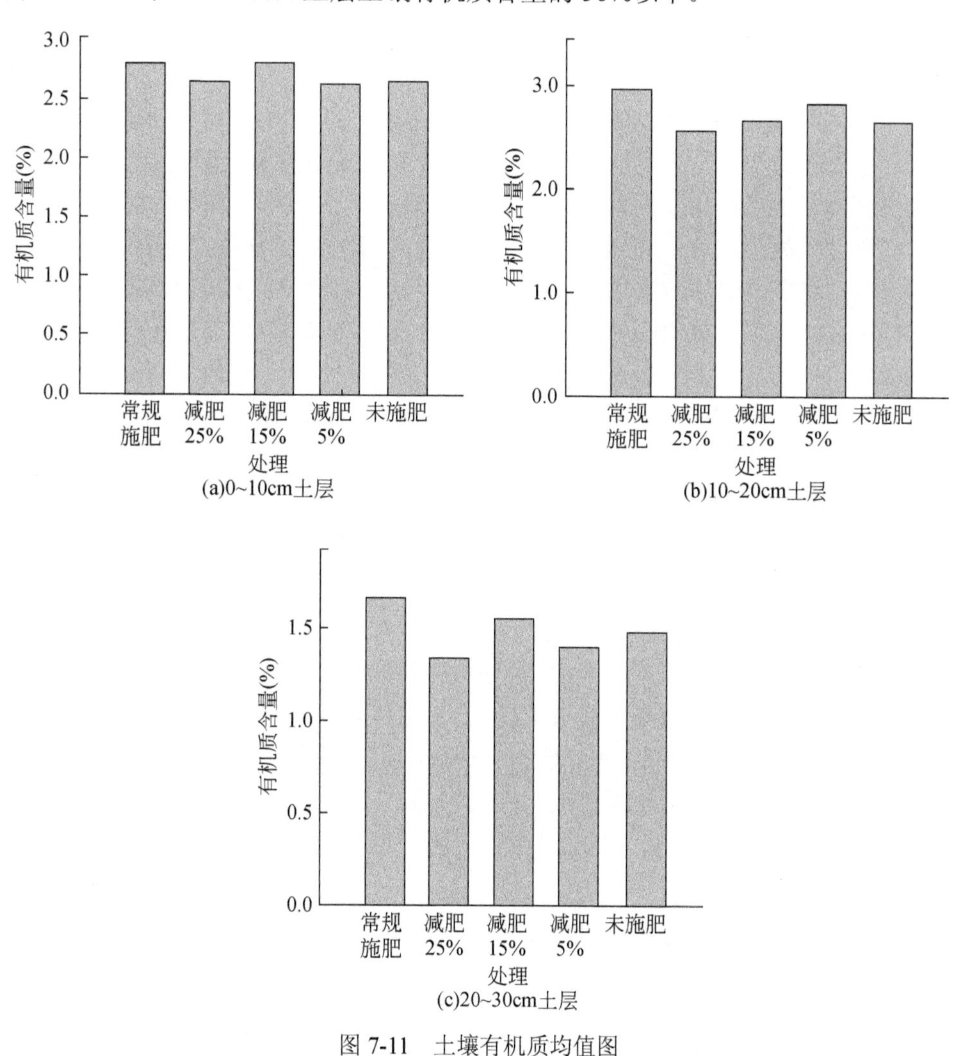

图 7-11 土壤有机质均值图

7.4.2 结果分析

氮和磷是玉米生长发育必需的营养元素，通过减少施肥量可以提高玉米的氮肥利用率，减少玉米对肥料的依赖度，同时也可以降低因过度施肥而造成的地下水污染和地表水富营养化等。目前，我国普遍存在施肥过多这一问题，合理减少氮肥施用已然成为目前的研究热点之一。结果表明，氮肥减量并未显著降低玉米产量，且化肥减量 5%的处理的三年平均产量高于常规施肥，其三年平均增产率达 2.36%。这主要是由于通过氮肥减量，可以提高化肥利用率，促进玉米早期发育与生长。在山东省德州市进行的试验也发现，化肥减量 10%和化肥减量 20%的处理不会显著降低玉米产量，同时实现养地的目标。

氮肥减量处理在 0～10cm 土层中可以增加土壤铵态氮含量，由于施肥技术较好，土壤铵态氮含量在每年的 8 月左右最高，这一时期正是玉米生长旺盛时期，有利于玉米吸收利用氮素，提高产量。但是，化肥减量 5%的处理在每年的 7～8 月都保持了较高水平的土壤铵态氮含量，这说明，化肥减量 5%处理可以延长氮肥释放时间，有利于玉米更长时间地利用土壤铵态氮，进而提高产量。此外随着深度的增加，土壤铵态氮含量减少。由于随着深度的增加，作物利用土壤铵态氮的能力越弱，而氮肥减量处理恰恰降低了深层土壤铵态氮含量，降低了氮素淋溶损失的风险。氮肥减量处理有降低土壤硝态氮含量的潜力。氮素施入到土壤中主要有三个去向：第一是被作物吸收利用；第二是淋溶损失；第三是气态损失。在 0～10cm 土层中，化肥减量处理增加了土壤铵态氮含量，却降低了土壤硝态氮含量，可减少氮素气态损失。化肥减量 5%的处理在每年的 7 月和 9 月达到了两个峰值，且三年平均土壤硝态氮含量未显著降低，这说明化肥减量 5%的处理可以延长肥料释放时间，提高肥料利用率。而对 20～30cm 土层来说，化肥减量 5%和化肥减量 15%的处理增加了土壤硝态氮含量，不过增加之后的土壤硝态氮含量依然不大，因此，不会增加其淋溶风险。综合来看，化肥减量 5%的处理可以通过提高肥料利用率来实现增产的目的。

碱解氮主要包括无机态氮（硝态氮和铵态氮）和易水解的有机态氮（氨基酸、易水解蛋白质和酰胺）。与无机态氮变化趋势不同，碱解氮主要呈现出下降趋势，只在每年的 7 月有一个小的提高。在施肥后（5 月），土壤碱解氮主要是易水解的有机态氮，各土层各处理土壤碱解氮含量达到最高，随着有机态氮的矿化作用，土壤碱解氮含量逐渐下降，转变为作物可以利用的无机态氮，而在 7 月，土壤碱解氮主要是无机态氮，随着无机态氮的利用，土壤碱解氮含量逐渐下降。在 0～10cm 和 10～20cm 土层中，各处理土壤碱解氮含量略有降低，这说明化肥减量处理并未显著降低土壤氮素含量，一方面提高了肥料利用率，另一方面也降低了淋溶和气态损失。

在 0～10cm 土层中，未施肥处理速效磷含量动态变化波动明显，而随着肥料施用量的增加，其变化越呈现出规律性。例如，在 0～10cm 土层中，常规施肥处理在 5～9 月基本不变化。而在 20～30cm 土层中，化肥减量处理明显降低了土壤速效磷含量，且各时期变化较为平稳。在 0～10cm 和 10～20cm 土层中，化肥减量可以增加土壤速效磷含量，尤其是化肥减量 5%的处理效果显著，这说明化肥减量提高了土壤可利用磷素的含量，从而实现增加产量的目的。而在 20～30cm 土层中，与土壤铵态氮一样，化肥减量可以降低土壤速效磷含量，从而降低了其淋溶的风险。

土壤有机质作为土壤肥力的表征指标之一，有机质含量的高低直接用来评判土壤肥力。氮肥减量并未显著降低土壤肥力，这说明氮肥减量可以在保证不降低土壤肥力的情况下减少氮素和磷素的损失。不过，化肥减量 25%处理和未施肥处理的有机质含量在各个土层都比较一致，这说明试验地本身肥力也比较高。因此，针对这一特殊情况，应选择合理的化肥减量措施以达到利益的最大化。

通过表 7-2～表 7-4 可以更加直观地看出，各土层各个指标之间及与化肥施用量之间的关系。不难发现，在 0～10cm 和 10～20cm 土层中，随着化肥施用量的增加，土壤无机态氮、速效磷、碱解氮和有机质等养分含量并未随之显著增加，这说明施用更多化肥并不能明显改善土壤养分含量。反而在 20～30cm 土层中，土壤硝态氮含量和施肥量之间呈显著的正相关关系，这意味着随着施肥量的增加，土壤硝态氮淋溶的风险也随之增加，更易造成地下水和地表水污染。总之，合理的化肥减量可以在保证不减产的情况下，减少氮素和磷素等淋溶，降低水污染的发生概率。

表 7-2 0～10cm 土层各指标之间及与化肥施用量的关系

	铵态氮	硝态氮	有机质	碱解氮	速效磷
铵态氮	1	0.429**	−0.035	0.199	0.097
硝态氮		1	0.475**	0.400**	0.182
有机质			1	0.684**	−0.241*
碱解氮				1	−0.077
速效磷					1
化肥施加量	0.157	0.167	0.105	0.038	0.147

*代表显著性，$P<0.05$；**代表极显著，$P<0.01$

表 7-3　10～20cm 土层各指标之间及与化肥施用量的关系

	铵态氮	硝态氮	有机质	碱解氮	速效磷
铵态氮	1	−0.054	−0.233*	0.602**	0.052
硝态氮		1	0.772*	−0.076	−0.066
有机质			1	−0.120	−0.345*
碱解氮				1	−0.085
速效磷					1
化肥施加量	0.089	0.082	0.029	0.053	0.172

*代表显著性，$P<0.05$；**代表极显著，$P<0.01$

表 7-4　20～30cm 土层各指标之间及与化肥施用量的关系

	铵态氮	硝态氮	有机质	碱解氮	速效磷
铵态氮	1	0	0.0540	0.310**	0.090
硝态氮		1	0.396**	0.226**	0.116
有机质			1	−0.014	0.193
碱解氮				1	0.150
速效磷					1
化肥施加量	0.081	0.244*	0.035	0.136	−0.960

*代表显著性，$P<0.05$；**代表极显著，$P<0.01$

7.4.3　减量技术内容

由于机械化作业，大喇叭口期很难进行追肥，加上劳动力缺乏，第二次追肥难度较大，最好推广缓控释肥与常规肥料配合使用，既可解决前期施肥过多，造成营养生长过旺的问题，又可解决后期供肥不足、生殖生长不足、籽粒不饱满、减产的问题。坡耕地玉米施肥存在的主要问题是大多过浅仅 10cm 左右，对肥料利用率的影响较大，加上根系的趋肥性，根系不容易下扎，影响水分吸收利用，不利于高产，尤其在干旱年份。以磷肥为例，玉米苗期对磷的吸收 10～20cm 耕层吸收量占 90%，抽丝期 20cm 耕层吸收量最多，蜡熟期 40cm 吸收量最多，磷肥在土壤中移动性小，施肥过浅，利用率很低。针对传统施肥及土壤耕作存在的普遍问题，设计了最佳施肥农作技术方案，主要包括：一是秋季深翻 25cm（传统旋耕 15cm 左右），扩大土壤养分容量，同时施用有机肥 15～20t/hm^2（猪粪、牛粪或鸡粪，试验区内农村有机肥普遍缺乏，少量的人畜粪尿量小基本用于离家较近的小地块）；二是播种时，60%的磷肥（总施肥量按 210kg/hm^2）、60%的钾肥（总施肥量按

210kg/hm^2）和 60%的氮肥（总施肥量按 240kg/hm^2）作为种肥；三是 40%的氮肥、磷肥和钾肥作为追肥，机械开沟条施距离玉米株 10～15cm，追施深度为 10cm 且覆土。三个环节实现了土壤深耕，肥料深施，有利于土壤养分储藏和提高肥料利用效率，保证玉米全生育期内养分的持续供应，为减少养分流失和玉米高产奠定基础。

通过对现有的技术进行整合并结合松干流域坡耕地施肥现状，要实现松干流域坡耕地肥料减量需要遵循的施肥原则是控氮、减磷、稳钾，补锌、硼、铁和钼等微量元素肥料。主要措施包括：①结合深松整地和保护性耕作，加大秸秆还田力度，增施有机肥；②适宜区域实行大豆、玉米合理轮作，在大豆和花生等作物中推广根瘤菌剂；③推广化肥机械深施技术，适时适量追肥；④干旱地区玉米推广高效缓释肥料和水肥一体化技术。

化肥减量施用是长期而艰巨的任务，应结合农村生产实际、区域农业生产特点，不断加大科技创新，提升土壤肥力，减少化肥投入量，保护农田生态环境，治理水与土壤污染，促进农业可持续发展。

第 8 章　松干流域玉米专用缓控释肥

松干流域是我国重要的粮食产区，气候属冷凉区，土壤主要类型为黑土，养分具有鲜明的区域特征，农民施肥主要选择化肥，农家肥基本不用或施用很少，秸秆多以焚烧还田为主。养分的组成搭配不合理，养分配比不合理，造成玉米生长营养失衡，氮肥施入土壤释放速度快，容易造成损失。土壤有机质含量降低，土壤结构破坏，造成土壤水分入渗速率减慢，坡地容易产生径流，造成农田面源污染。本章开展适宜该区域的新型缓控释肥料研发与应用试验。

8.1　缓控释肥料概念

国家行业标准 HG / T3931—2007 中定义缓控释肥料（slow/controlled release fertilizers）为以各种调控机制使其养分最初释放延缓，延长植物对其有效养分吸收利用的有效期，使其养分按照设定的释放率和释放期缓慢或控制释放的肥料。而在控释肥料标准 HG / T 4215—2011 中把控释肥料（controlled release fertilizers）进一步定义为能按照设定的释放率（%）和释放期（d）来控制养分释放的肥料。缓释肥料主要指肥料施入土壤中，在生物或化学作用下，可以分解转变为作物可利用的有效态养分，其释放速率比速溶性肥料释放速率缓慢（韩晓日，2006），而控释肥料是以颗粒肥料（单质或复合肥）为核心，在颗粒表面上涂覆一层低水溶性的无机物质或有机聚合物，或者应用化学方法将肥料均匀地分解并融入聚合物中，形成一种多孔网络体系，并且能够根据聚合物的降解情况来促进或延缓养分的释放。控释肥料中有效态养分的释放速率可以通过人为调控，很好地与作物各生长发育阶段对养分的需求吸收规律基本保持一致。控释肥料是缓释肥料的高级形式，它使促释和缓释协调统一，使肥料释放养分的速度与作物需肥规律相一致，使肥料利用率达到最高。缓控释肥料种类繁多，如基质复合肥料、包膜颗粒肥料、微溶性有机氮化合物（如脲甲醛、异丁叉二脲）、微溶性无机化合物（金属磷铵盐和部分酸化磷酸盐等）。

8.2 国内外缓控释肥料应用现状

从 20 世纪 60 年代开始，由美国、日本、欧洲和以色列等发达国家发起，开始从改变化肥本身的特性入手来提高肥料利用率的实验研究，先后研究制造出很多种类缓释和控释系列肥料产品，希望通过人工方法调控速效氮肥的养分溶出速率，从而可以达到长期供给作物肥料养分和提高化肥利用率的目的（张民等，2001）。

美国是世界上最早开始研究缓控释肥的国家，最为常见的缓控释肥是包硫尿素（SCU），此外还有包硫氯化钾（SCK）和包硫磷酸二铵（SCP）等。之后改进的肥料通过在包硫尿素原表面上包裹一层烯烃聚合物，命名为 Polys，由于这种新制备的缓释肥料具有比美国市场上其他聚合物包膜肥料价格低的特点，而在美国备受欢迎，得到了广泛使用。由于美国最初研制的控释肥料大多数与速效肥料混合施用，为了防止肥料在掺混使用时颗粒表面的包膜破裂，于是进一步开发出了耐磨控释肥料；之后又为了减轻肥料颗粒表面的聚合物对生态环境的污染，又相继研发了生物降解膜控释肥料（李远波，2000）。

日本也是研究并应用缓控释肥料技术比较先进的国家之一，主要是以研制高分子包膜肥料为目标。其在 1975 年研制生产出的硫黄包膜肥料，在水稻、玉米和西瓜等农业生产中广泛施用后取得了良好的肥力效果。日本很多家公司相继研制出了适合于本国农业生产情况的热塑型及热固型树脂包膜肥料，这些控释肥料的养分释放具备了精确控释功能，广泛应用于各项农作物的种植及花卉种植中。

欧洲各国则更加侧重于具有微溶性的含氮化合物缓控释肥料方面的研究。法国的缓控释肥料的研发一方面是将三聚磷酸钠或六偏磷酸钠包裹金属过氮化物制备成土壤添加剂；另一方面则是将聚合物包膜肥料与细菌结合在一起。在磷酸盐玻璃中引入 K、Ca、Mg 等元素是英国控释肥研发专项，采用这种方法制备成玻璃态控释肥，再加入 $CaCN_2$ 将氮素引入控释肥中。这种肥料具有一段不释放养分的诱导期，特别适合于树木幼苗的生长。德国把聚合物作为包膜材料来生产包膜肥作为研发的重点，这种肥料可以由人为调控养分的释放时间或者适时释放肥料中的养分，在作物生长发育过程中能较好地与作物对养分的阶段性需求相一致。荷兰研发出了一种将肥料与菊粉、甘油、土豆淀粉混合制成的生物可降解的包裹肥料。西班牙通过利用松树木质素纸浆的废液包膜尿素制成一系列不同的缓控释肥。捷克斯洛伐克制备的包膜尿素是用脲醛树脂包膜，采用调整包膜剂粒度和包膜层厚度的方式可以改变肥料养分的释放速率（何绪生和李素霞，1998）。

我国在 1971 年研发生产了脲甲醛肥料，1973 年又成功研发制备了钙镁磷肥包膜的碳酸氢铵，该肥料不仅能够控制养分的释放速率，而且能够抑制农田中氨的挥发，具有良好的肥效，增产效益显著；20 世纪 80 年代，开发制备了磷酸盐包膜尿素，研发出了一类以复合肥包裹肥料的缓释肥料；90 年代，在研究包裹型复合肥料的基础上，进一步开发了缓效多营养包硫尿素，并成功进行了工业化生产，肥效期为 90～120d。相较于传统肥料，该肥料在减少 1/3 用量的情况下，水稻试验田的产量基本保持不变。在小麦上施用可得到 57.2%的氮利用率。研发了添加有腐殖酸、双氰胺和磷、钾、微量元素的多营养缓释氮肥及不引起环境污染的缓释花卉专用肥。90 年代末期完成了应用聚乙烯醇和淀粉为主要成分的合成包膜剂、包膜与氮肥增效剂、缓释剂、保水剂及土壤改良剂等材料的混合包膜工艺，实现了在常温下包膜，肥料的养分控释效果良好，同时还可根据农田作物的种类、土壤条件调节包膜材料的比例和厚度，保证一次施肥能满足作物整个营养期对养分的需要，同时所选用的包膜材料在土壤中能降解，无毒副作用，符合环境友好型肥料要求（韩晓日，2006；Etal，2005）。

国内外关于包膜控释肥的研究，经过对单一养分肥料或复合肥进行包膜阶段后，目前大多研究的重点都转移到了作物专用肥包膜的研究上，因为作物专用肥是将大量元素、中微量元素按不同作物的营养需要比例单独配制而成，包膜后可以使控释肥料中养分的释放速率（释放期、释放量）和作物的需肥特征（需肥期、需肥量）趋向一致，根据不同作物不同生长阶段的养分需求，将养分按需供给。

纵观各国缓控释肥的开发研究和使用，目前研发推广的最大障碍是缓控释肥的价格是常规化肥的数倍，绝大多数研发的缓/控释肥包膜材料成本高，肥效控制上只强调抑制养分释放，尚未能做到促释和缓释双向调节。因此，缓/控释肥大多用在草坪和花卉等特殊用途，如何降低肥料的生产成本，是缓/控释肥逐步应用于农业生产的关键。缓控释肥的养分调控问题研究的关键是解决促释与缓释双向调控问题，如何从材料上筛选出性能优良同时成本较低的包膜材料，而从工艺上解决养分控释材料包膜及配套工艺流程。同时养分控释材料的选择应从价格、控释、环境效果三方面来考虑，应该选择价廉易得、控释效果好、对环境没有影响或影响小的材料，兼顾肥料效益、作物的经济效益及环境效益。

8.3 缓控释肥料的主要贡献

8.3.1 提高了肥料利用率

研究表明，缓控释肥料能够提高肥料利用率，减少肥料用量。许多田间实验表明，各种类型的缓控释肥料，都不同程度提高了肥料利用率。对玉米的研究表明，尿素和包衣尿素肥料的氮肥利用率分别为 30.02%和 35.69%（徐秋明等，2005）。^{15}N-包膜尿素研究发现，玉米氮素利用率提高了 8.3%（陈光等，1996）。缓释肥料可以提高春小麦氮、磷、钾利用率，张树清等（2004）研究表明，缓释肥料可以明显提高肥料养分的利用率。谢培才等（2005）应用小麦配方缓释肥和玉米配方缓释肥，研究小麦和玉米的氮、磷、钾吸收利用率，结果表明，氮、磷、钾的利用率均显著提高。在水稻的不同生育时期，控释肥料的利用率明显不同：在水稻生育前期，控释肥料氮的利用率为 48.4%；在生育中期，控释肥料氮的利用率为 85.6%；在成熟收获时，控释肥料氮的利用率为 72.3%，而尿素的利用率只有 35.5%（郑圣先等，2001）。

8.4.2 保护生态环境

农田氮的损失途径一般有两种，即氮的反硝化挥发和淋溶损失，特别是氮的淋溶损失，不仅造成氮肥的大量浪费和农业生产成本的增加，还可导致地表水和地下水的污染，影响水体生物的正常生长发育，甚至危及人类健康。缓控释肥料可抑制土壤 NH_4^+ 向 NO_3^- 氧化，减少土壤 NO_3^- 的积累，从而减少氮肥以 NO_3^- 形式的淋溶损失，减少施肥对环境的污染。许超（2004）应用德国生产的肥料 ASN+DMPP（3，4-二甲基吡唑磷酸盐）研究菜园土壤铵态氮与硝态氮含量，DMPP 处理土壤中 NH_4^+-N 的浓度较高，这是由于硝化抑制剂 DMPP 抑制土壤中 NH_4^+-N 向 NO_3^--N 的转化过程，使土壤 NH_4^+-N 表现较高水平。原因可能是在硝化抑制剂 DMPP 的作用下，肥料中的氮以较高浓度的 NH_4^+ 形式长时间存在于土壤中。含有硝化抑制剂的氮肥应用于农业生产，可以减少土壤 N_2O 的释放。Bremner 等在室内研究表明，硝化抑制剂可减少土壤 N_2O 排放。包膜尿素中氮在土壤中的残留高于普通尿素，施用包膜尿素较普通尿素的氨挥发、氮损失减少 14.2%～14.9%，淋失和反硝化氮损失减少 25.5%～28.3%，土壤持留氮增加 32.0%～37.3%。

8.3.3 提高了作物产量

缓控释肥料对作物产量的影响因作物种类、肥料种类和试验条件而异（于立芝等，2006）。张树清等（2004）在研究 Triabon（聚合物包膜肥、德国）、Field（磷酸铵钾盐包膜肥，兰州）和 S（NPK 养分混配肥料，兰州）3 种不同肥料对春小麦产量的影响时发现，3 种肥料的施用与对照相比均有不同程度的增产，Triabon 的增产幅度最大，为 42.5%，Field 次之，为 31.3%，S 为 27.4%。有研究发现（徐秋明等，2005），与常规施肥相比，采用夏玉米全生育期一次性基施氮肥用量减少

20%的包衣尿素的措施后，夏玉米产量仍能与普通尿素处理基本保持一致。吉林农业大学使用 ^{15}N-包膜尿素研究玉米的吸氮量和产量对缓释肥的响应发现，施用包膜尿素显著提高玉米产量，增幅为 14.7%～20%（陈光等，1996）。谢培才等（2005）应用小麦配方缓释肥和玉米配方缓释肥使小麦、玉米产量分别提高 11.3%和 12.6%。全云飞等（1996）应用棉花专用包膜肥使棉花亩产皮棉增产 18.8%。这都表明包膜缓释肥能明显增加小麦、玉米、棉花的产量。因此，控释肥料对多种作物均具有增产作用。

8.4 松干流域玉米缓控释肥试验

研究玉米专用缓控释肥的施用及效果对提高玉米产量具有十分重要的意义。松干流域主要旱地粮食作物为春玉米，施肥是玉米产量和品质的保证。玉米常规施肥包括基肥、种肥和追肥等形式，其中，追肥又分为苗肥、穗肥和粒肥。由于多采用机械化施肥作业，在玉米的大喇叭口时期很难实现再次追肥，造成东北玉米种植后期的追肥难现象，因此，农民往往在玉米封垄前采用一次性施用追肥方式来补充玉米生长所需养料，而忽略肥料真正的利用效率，造成资源浪费与作物减产。为解决这一问题，必须研制新型玉米缓控释肥（追肥），并与常规肥料（底肥）配合施用，减少追肥次数，提高化肥利用效率，为玉米高产提供基础保障。

由于玉米价格较低，种植利润较小，施肥次数多，农户不愿投入过多劳力去施肥管理；加上玉米种植区多位于干旱和半干旱区域，供水灌溉条件简陋，这进一步降低了普通玉米专用肥的肥料利用率，无法满足玉米生长的基本需要。因此，需要开发一种价格相对合理，肥料养分缓释性较好，具有保水功能的、符合玉米旱田耕作生产环境的专用控释肥料。而目前专用肥多以复混造粒为主，存在肥料养分利用率低和保水性能差等弊端。采用水肥耦合原理，将保水型原料作为肥料包膜层的主要成分，配合玉米生长所需的铜和锌等营养元素及氮素增效剂与环境友好的可生物降解高分子黏结剂包裹玉米专用复合肥，为玉米生产提供一种制备工艺简单的、保水与供肥功能相结合的新型玉米专用肥，实现玉米生长期一次施肥。

8.4.1 试验结果

借助新型肥料的研发和肥料在不同生育期的优化施用等手段，不仅可以提升肥料的养分释放特性，还能在减少肥料施用量的前提下，明显地改变玉米产量，实现玉米产量的增收。根据目前肥料情况，本研究于 2014～2016 年在方正县开展新型肥料试验——玉米缓控释肥料试验，引入两个配方，这里用肥料甲和肥料乙分别表示：以前期施用 200kg/hm^2 基肥为前提，在玉米拔节期施用肥料甲（160kg/hm^2）或施用肥料乙（150kg/hm^2）。与常规施肥和未施肥进行比较。由图 8-1 可知，与常规施肥相比，2014～2016 年肥料甲和肥料乙可以增加玉米产量，尤其是肥料甲在 2014 年可以显著提高玉米产量。2015 年自然原因（干旱）等导致产量不高，且各处理差异不明显。2016 年玉米产量整体上比 2014 年高，这也部分说明长期施用肥料甲和肥料乙可以增加玉米产量。通过表 8-1 可以直观地看出 2014～2016 年各处理每年增产率和三年平均增产率，可知肥料甲和肥料乙均可以增加玉米产量，且肥料甲的效果好于肥料乙。未施肥处理由于缺少肥料，产量始终处于较低水平，三年产量始终保持在 4500kg/hm^2 左右。另外，在对示范区土壤进行养分测试后，结果表明，该区域土壤普遍缺锌，因此，要在玉米新型专用肥料中适当增加锌元素的含量。

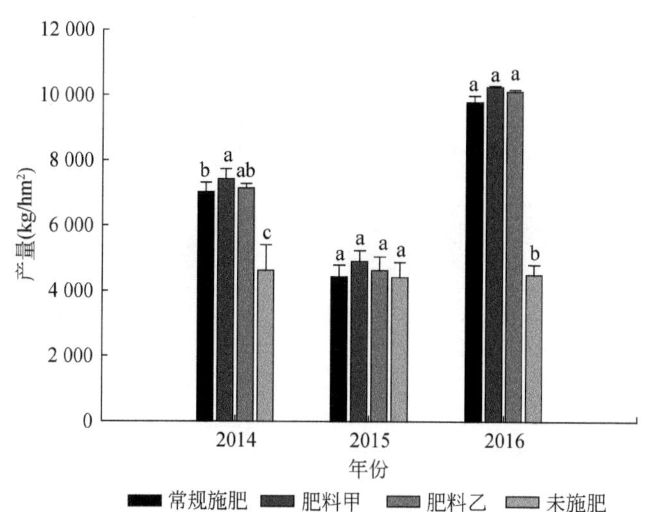

图 8-1 2014～2016 年各处理玉米产量

注：小写字母表示不同处理间的差异性（$P<0.05$）

表 8-1 2014～2016 年各处理玉米产量及增产率

处理	2014 年产量（kg/hm^2）	2014 年增产率（%）	2015 年产量（kg/hm^2）	2015 年增产率（%）	2016 年产量（kg/hm^2）	2016 年增产率（%）	三年平均产量（kg/hm^2）	三年平均增产率（%）
常规施肥	7032.92b	—	4453.72a	—	9808.89a	—	7098.51a	—
肥料甲	7432.50a	5.69	4920.02a	10.47	10270.51a	4.71	7541.12a	6.24
肥料乙	7161.20ab	1.82	4645.60a	4.31	10132.52a	3.30	7313.11a	3.02
未施肥	4646.33c	−33.93	4431.33a	−0.50	4517.00d	−53.95	4531.56b	−36.16

注：同列内不同字母表示差异显著（$P<0.05$）

在2014～2016年的5～10月，每个月各采集土壤样品一次，测定相关理化指标，共计取样18次。通过图8-2可以看出，不同处理的0～10cm土层土壤铵态氮含量变化趋势基本一致，土壤铵态氮含量都呈现出先升高后降低的趋势，但是施用新型肥料（肥料甲和肥料乙）的处理峰值都在每年的7月，早于对照组（每年的8月）。而不同处理的10～20cm土层土壤铵态氮含量变化趋势一致，也呈现出先升高后降低的趋势，且在每年的8月达到峰值。20～30cm土层土壤铵态氮含量变化趋势与10～20cm土层变化趋势一样，呈现出先升高后降低的趋势，且在每年的8月达到峰值。为了更加直观地表现出各处理不同土层土壤铵态氮含量情况，通过图8-3可以看出，在0～10cm土层中新型肥料处理的土壤铵态氮含量明显高

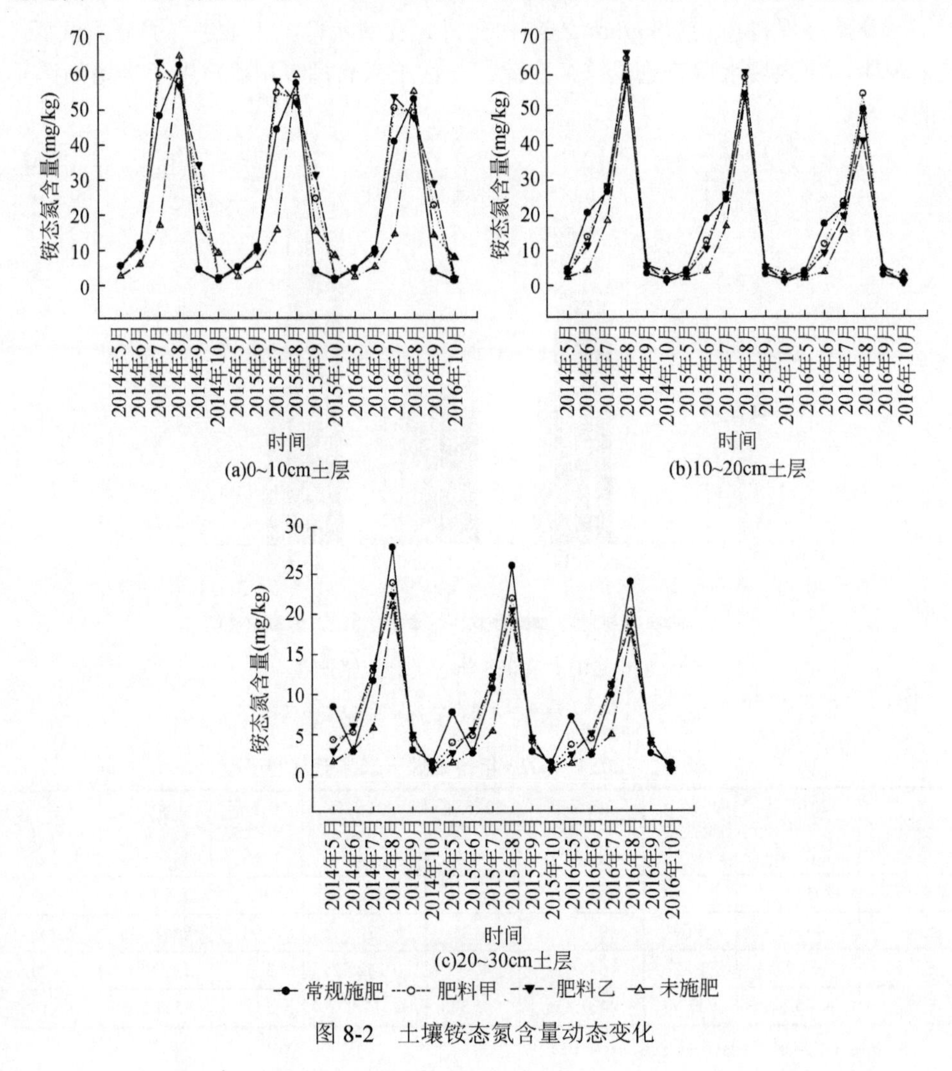

图8-2　土壤铵态氮含量动态变化

于其他处理，且肥料乙含量最高；而在 10～20cm 和 20～30cm 土层中新型肥料的处理低于对照组处理。由于未施肥处理缺少氮肥，土壤铵态氮含量始终处于较低水平。在土壤剖面表现为表层含量高，而随土层深度增加，土壤铵态氮含量也呈现出递减趋势，20～30cm 土层土壤铵态氮含量仅为 0～10cm 土层的 35%左右。

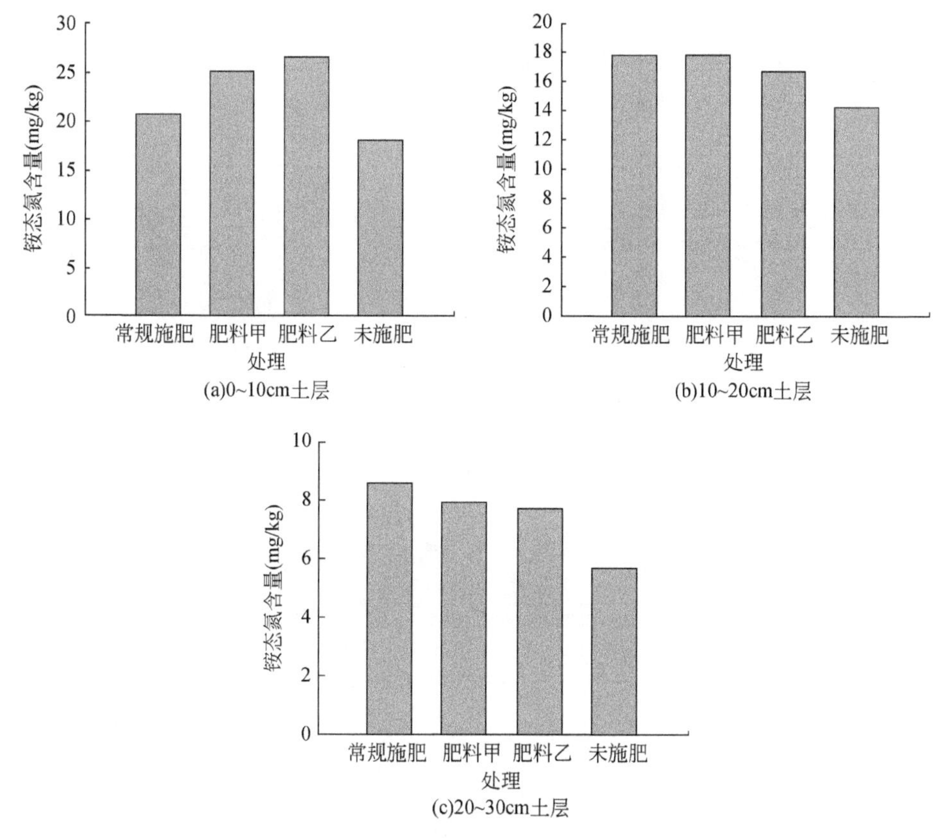

图 8-3 土壤铵态氮均值图

通过图 8-4 可以看出，各处理不同土层的土壤硝态氮含量动态变化基本一致，基本都呈现出先升高后降低的趋势。在 0～10cm 土层中，常规施肥和肥料甲处理在每年的 6 月达到峰值，而肥料乙和未施肥处理在每年的 7 月达到峰值。在 10～20cm 土层中，除未施肥处理在每年的 7 月达到峰值外，其余处理均在每年的 6 月达到峰值。在 20～30cm 土层中，除常规施肥处理在每年的 6 月达到峰值，其余处理均在每年的 7 月达到峰值且之后急剧降低。在各个土层的土壤硝态氮含量大小均为常规施肥>肥料甲>肥料乙>未施肥。通过图 8-5 可以更直观地看出上述规律。这说明施用新型肥料可以降低土壤硝态氮含量，且肥料乙效果好于肥料甲。在土壤剖面表现为表层土壤硝态氮含量高，而随土层深度增加，土壤硝态氮含量也呈现出递减趋势，

20～30cm 土层土壤硝态氮含量仅为 0～10cm 土层的 35%左右。

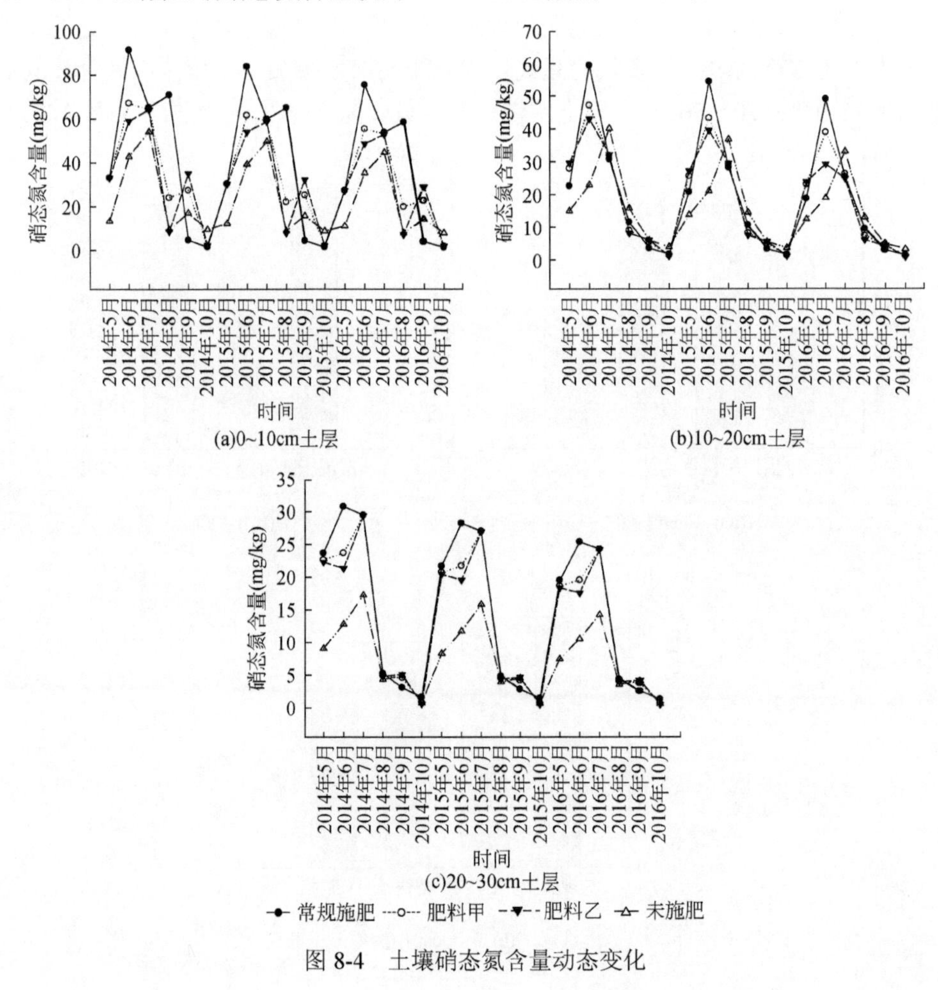

图 8-4　土壤硝态氮含量动态变化

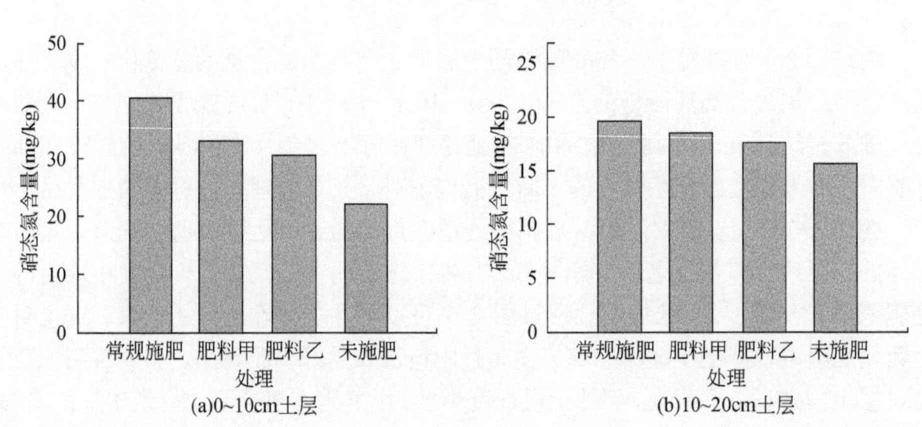

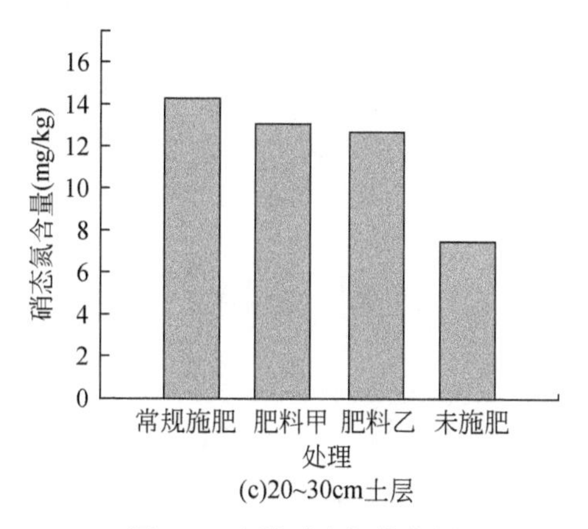

(c)20~30cm土层

图 8-5 土壤硝态氮均值图

由图 8-6 可知，各土层土壤碱解氮含量在玉米生长季变化总体呈现出递减趋势，在 7 月追肥后有一个缓慢增加阶段。在 0～10cm 土层中，在每年的 5～9 月土壤碱解氮含量表现为常规处理>肥料甲>肥料乙>未施肥；而在 10～20cm 土层中，各时期土壤碱解氮只在 7 月差异明显，其他时期差异不明显。20～30cm 土层除未施肥处理外，各处理在各时期差异不明显，未施肥处理在每年播种后土壤碱解氮含量较高，而后急剧下降，其余时期与其他处理差异不大。通过图 8-7 可知，在各个土层中，与常规处理相比，施用新型肥料可以降低土壤碱解氮的含量，且肥料乙比肥料甲效果明显。在土壤剖面表现为表层土壤碱解氮含量高，而随土层深度增加，土壤碱解氮含量也呈现出递减趋势，20～30cm 土层土壤碱解氮含量仅为 0～10cm 土层的 54%左右。

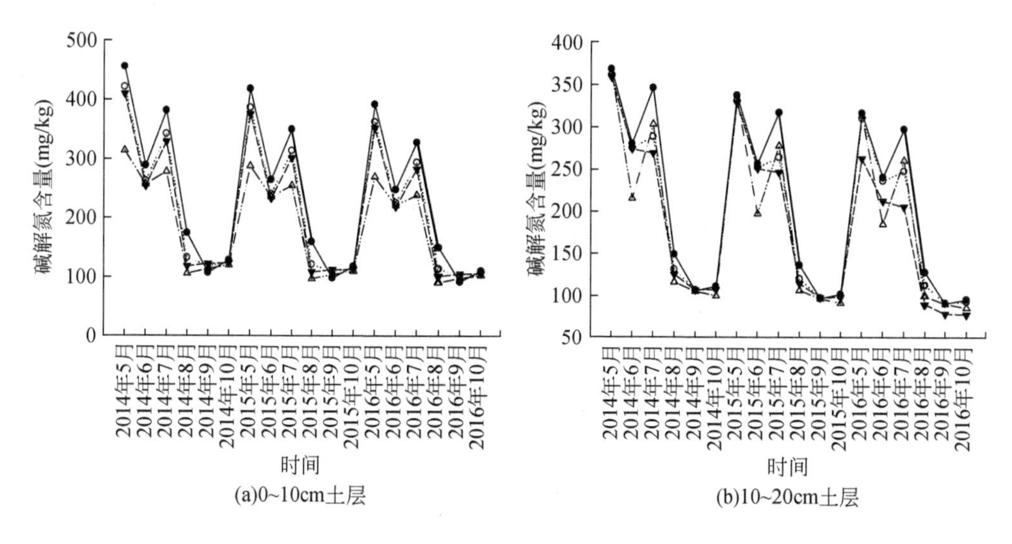

(a)0~10cm土层 (b)10~20cm土层

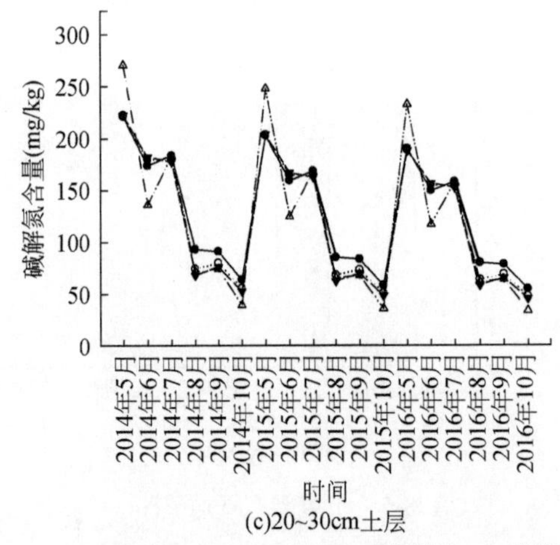

(c)20~30cm土层

常规施肥 肥料甲 肥料乙 未施肥

图 8-6 土壤碱解氮含量动态变化

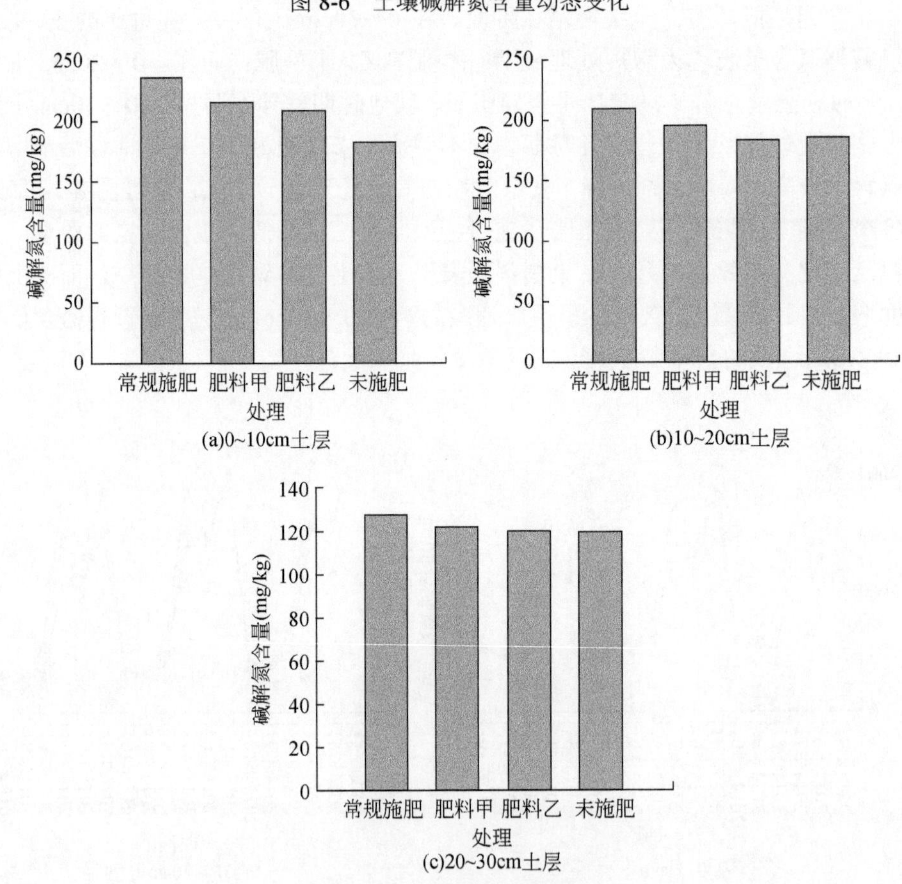

图 8-7 土壤碱解氮均值图

由图 8-8 可知，0～10cm 土层土壤速效磷含量在玉米生长季变化总体呈现出递减趋势，从每年的 8 月急剧下降，而未施肥处理土壤速效磷含量变化剧烈，在每年的 7 月有一个极低值；而 10～20cm 土层土壤速效磷含量动态变化呈现出先升高后降低再升高再降低的“双峰”趋势；而 20～30cm 土层只有常规施肥处理在每年 6 月呈现极高值，其余各处理各时期均在 40mg/kg 以下。由图 8-9 可知，在 0～10cm 和 10～20cm 土层中，施用新型肥料可以增加土壤速效磷含量；而在 20～30cm 土层中，施用新型肥料降低了土壤速效磷含量。未施肥处理除在 20cm 土层中土壤速效磷含量略高于常规处理，其余均为各土层的最低值。在土壤剖面表现为 0～10cm 土层土壤速效磷含量最高，而随土层深度增加，土壤速效磷含量降低得很快，20～30cm 土层土壤速效磷含量仅为 0～10cm 土层的 42%左右。

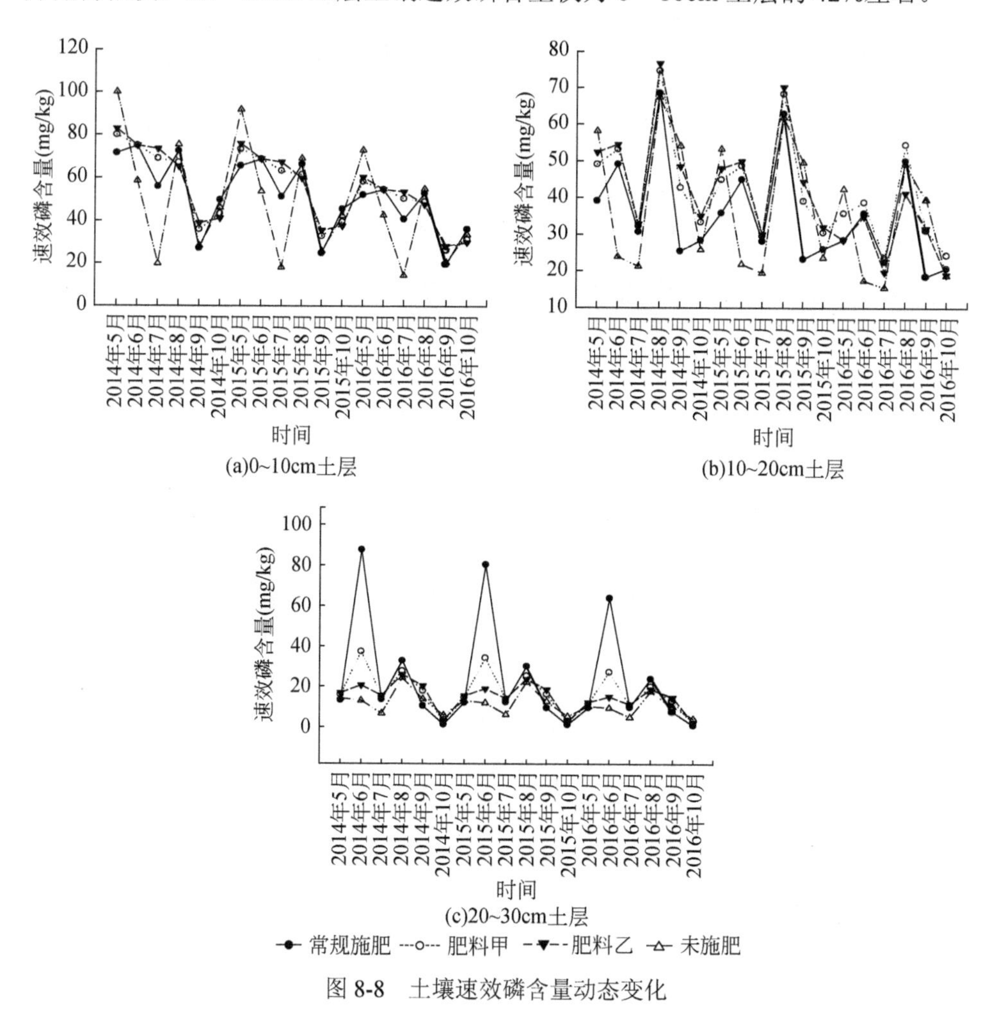

图 8-8 土壤速效磷含量动态变化

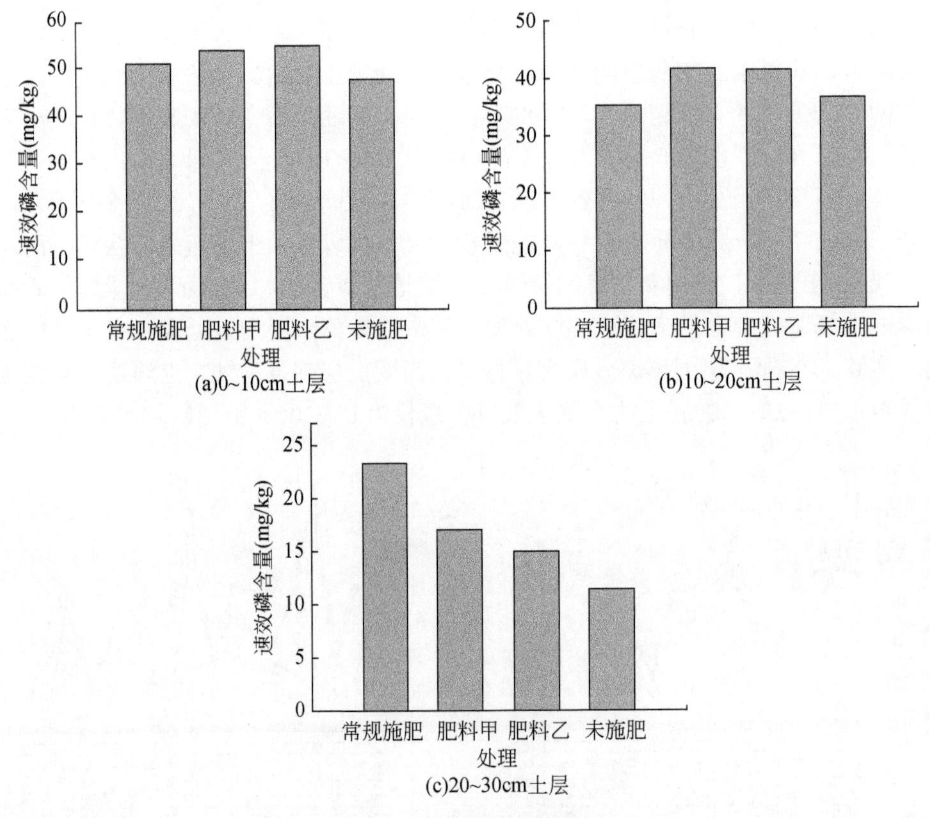

图 8-9 土壤速效磷均值图

由图 8-10 可知，各土层土壤有机质含量在玉米生长季变化总体呈现出先增加后降低再增加最后降低的趋势，呈 M 形。在 0～10cm 土层中，除常规施肥土壤有机质含量在每年的 7 月达到峰值外，其余各处理均在每年的 6 月达到峰值；而 10～20cm 土壤有机质含量除常规施肥在每年的 6 月达到峰值外，其余各处理均在每年的 7 月达到峰值，与 0～10cm 土层情况正好相反；在 20～30cm 土层中，各处理均在每年的 7 月达到峰值。由图 8-11 可知，在各个土层中施用新型肥料降低了土壤有机质含量，且肥料乙比肥料甲更明显；但是，未施肥处理的土壤有机质含量也没有明显降低，说明实验地土壤本身肥力比较高。在土壤剖面表现为 0～10cm 和 10～20cm 土层土壤有机质含量较高，而 20～30cm 土层土壤有机质含量急剧下降，仅为 0～10cm 和 10～20cm 土层的 50%左右。

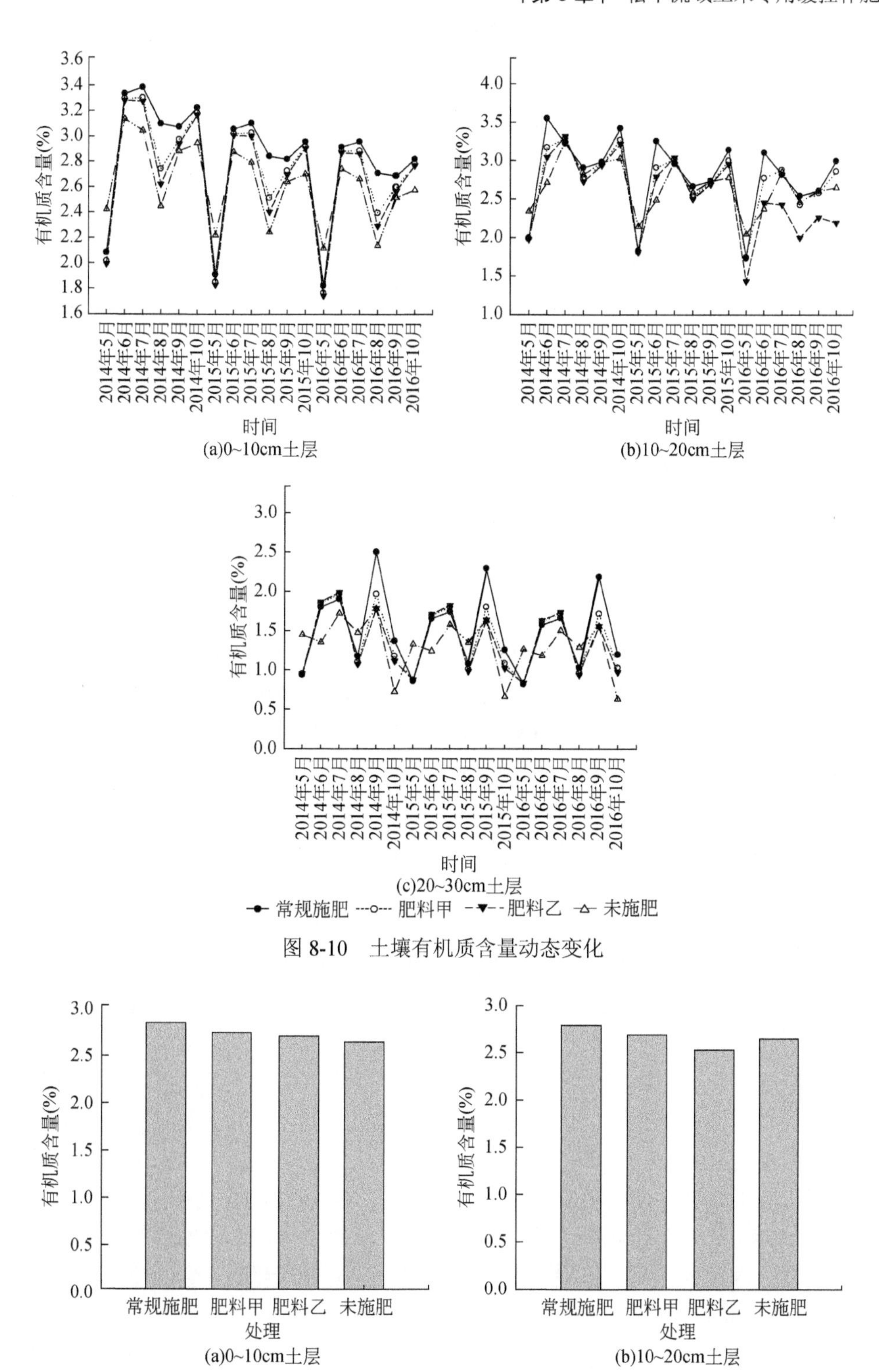

图 8-10 土壤有机质含量动态变化

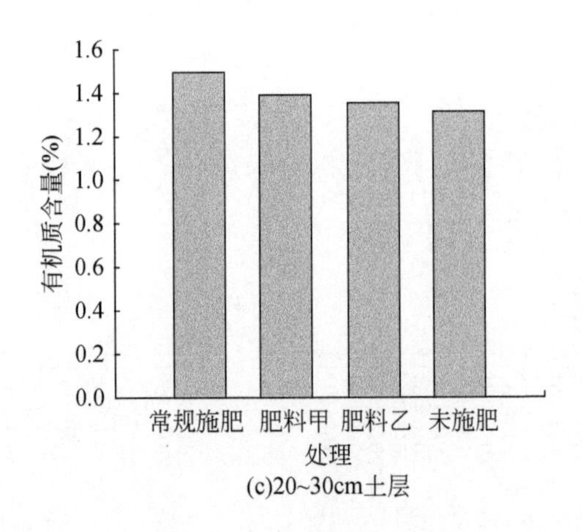

(c)20~30cm土层

图 8-11 土壤有机质均值图

8.4.2 结果分析

控释尿素影响松干流域整个黑土区玉米带的生长，它能缓慢释放氮素养分，满足玉米在不同生长发育时期对氮素的需求，并且有效减少氮素向下淋洗，降低氮素的挥发率。控释尿素的养分释放规律大体与松干流域玉米带黑土区玉米的需肥规律相符，即玉米幼苗期吸收养分少，吸收速度慢；拔节孕穗期到抽穗开花期，生长速度快，吸收养分多、速度快，这是玉米吸肥的关键阶段，需要供应充足的控释尿素来满足玉米的增穗结粒。此外，控释尿素还具有增强玉米抗倒伏性的特点（武志杰和陈利军，2003）。

施用新型肥料可以在 0～10cm 土层中增加土壤铵态氮含量，由于施肥技术较好，土壤铵态氮含量在每年的 8 月左右最高，这一时期正是玉米生长旺盛时期，有利于玉米吸收利用氮素，提高产量。而且，施用新型肥料可以在每年的 7～8 月都保持较高水平的土壤铵态氮含量，这说明化肥新型肥料可以延长氮肥释放时间，有利于玉米更长时间地利用土壤铵态氮，进而提高产量。此外随着深度的增加，土壤铵态氮含量减少。由于随着深度的增加，作物利用土壤铵态氮的能力越弱，而新型肥料处理恰恰降低了深层土壤铵态氮含量，降低了氮素淋溶损失的风险。另一方面，新型肥料处理有降低土壤硝态氮含量的潜力。施用新型肥料可以降低土壤硝态氮淋溶的风险。综合来看，施用新型肥料可以通过提高肥料利用率来实现增产的目的。与无机态氮变化趋势不同，土壤碱解氮含量主要呈现下降趋势，只在每年的 7 月有小幅度的提高。在施肥后（5 月），土壤碱解氮主要是易水解的有机态氮，各土层各处理土壤碱解氮含量达到最高，随着有机态氮的矿化作用，土壤碱解氮含量逐渐下降，转变为作物可以利用的无机态氮，而在 7 月，土壤碱解氮主要是无机态氮，随着无机态氮的利用，土壤碱解氮含量逐渐下降。在各土层中，各处理土壤碱解氮含量略有降低，这说明新型肥料处理可以在不明显降低土壤氮素含量情况下，一方面提高肥料利用率，另一方面降低淋溶和气态损失。

在 0～10cm 和 10～20cm 土层中，施用新型肥料可以增加土壤速效磷含量，这说明新型肥料可以提高土壤可利用磷素的含量，从而实现增加产量的目的。而在 20～30cm 土层中，与土壤铵态氮一样，新型肥料却降低了土壤速效磷含量，进而降低了其淋溶的风险。因此，施用新型肥料可以实现增加产量和降低污染的目标。

土壤有机质作为土壤肥力的表征指标之一，有机质含量的高低直接用来评判土壤肥力。施用新型肥料降低了土壤肥力但差异不明显，这可能与新型肥料施用量较低有关。由于试验地本身肥力比较高，从土壤有机质方面看，施用新型肥料虽降低土壤有机质含量，但对土壤肥力整体影响不大。

通过表 8-2～表 8-4 可以更加直观地看出各土层各个指标之间及与化肥施用量之间的关系。不难发现，在 0～10cm 土层中，肥料类型与土壤硝态氮含量有显著关系；在 20～30cm 土层中，肥料类型与土壤硝态氮和速效磷含量有显著关系。这说明，施用新型肥料可以实现增产的原因主要与土壤硝态氮含量及速效磷含量的变化有关。新型肥料提高了作物吸收土壤养分的含量，进而实现增产的目的。另外，新型肥料也可以降低深层土壤的氮素和磷素含量进而降低水污染的发生概率。总之，施用新型肥料可以给玉米种植带来明显经济效益。在施氮量相同的条件下，相对于普通尿素，控释尿素可以带来更大的经济效益，且控释尿素减量施氮处理带来的经济效益最高。因此，控释尿素在松干流域玉米带黑土区的玉米种植领域应用前景广阔。

表 8-2　0～10cm 土层各指标之间及与化肥施用量的关系

	铵态氮	硝态氮	有机质	碱解氮	速效磷
铵态氮	1	0.290*	0.142	−0.102	0.185
硝态氮		1	0.374**	0.544**	0.324**
有机质			1	−0.256**	−0.213
碱解氮				1	0.548**
速效磷					1
肥料类型	0.048	0.244*	0.153	0.160	0.065

*代表显著性，$P<0.05$；**代表极显著，$P<0.01$

表 8-3　10～20cm 土层各指标之间及与化肥施用量的关系

	铵态氮	硝态氮	有机质	碱解氮	速效磷
铵态氮	1	0.046	0.112	-0.149	0.625**
硝态氮		1	0.141	0.740**	0.019
有机质			1	-0.260*	-0.018
碱解氮				1	-0.095
速效磷					1
肥料处理	0.055	0.082	0.068	0.069	-0.032

*代表显著性，$P<0.05$；**代表极显著，$P<0.01$

表 8-4　20～30cm 土层各指标之间及与化肥施用量的关系

	铵态氮	硝态氮	有机质	碱解氮	速效磷
铵态氮	1	0.001	-0.078	-0.143	0.233*
硝态氮		1	0.275*	0.794**	0.393**
有机质			1	0.120	0.183
碱解氮				1	0.185
速效磷					1
肥料处理	0.048	0.290*	0.142	0.039	0.249*

*代表显著性，$P<0.05$；**代表极显著，$P<0.01$

8.5　缓控释肥料存在的问题及对策

随着国家对农业科研投入的增加，针对缓控释肥料的探索与研发必将成 21 世纪肥料工业领域的重点研究方向，但在其实际生产和应用方面还存在一定问题。

8.5.1　缓控释肥料价格偏高

相对进口的缓控释肥料而言，国产缓控释肥料的价格并不高。但在综合考虑缓控释材料和工艺成本等因素后发现，这部分缓控释肥的生产成本仍然比常规肥料高出 1～2 倍，甚至 3～5 倍，致使缓控释肥料的应用领域受到限制，主要用于花卉、蔬菜和草坪等经济价值较高的作物生产中，而很少应用于大田作物生产过程。因此，研制并筛选出性能优异、价格低廉且可生物降解的包膜材料已成为降低缓控释肥料价格的关键。

8.5.2　缓控释肥料原料种类单一

氮素易于淋溶和挥发的特性，使得所施氮肥在土壤中的损失极大，因而目前控释肥料的研究主要集中在氮肥的控释上。磷肥主要以水溶性磷肥为主，它与尿素共同形成包膜控释肥。钾肥主要以氯化钾、硫酸钾的包膜形式出现，不过这方面的报道并不多，未来有必要加强对磷、钾及微量元素控释的研究。

8.5.3　缓控释肥料生产技术薄弱

要想实现缓控释肥料在大田作物中的全面推广应用，除了选择控释效果好、价廉易得、对环境影响小（或没有影响）的控释材料外，还应加强肥料的生产工艺和关键设备等方面的研究，主要解决设备投资大、生产能力受限、肥料养分含量较低、缓控释效果不明显或养分释放速率与作物需肥规律不吻合（养分释放滞后）等问题，使缓控释肥料真正应用于大田作物生产过程，并形成产业化规模。

8.5.4　缓控释肥料推广宣传力度不够

目前，受到价格、农民施肥习惯和技术等因素的影响，缓控释肥的应用推广工作仍面临诸多问题，主要原因是专业人士没有给出更多的实际试验效果、成本与收益的对比测算数据，使缓控释肥料很难被农民接受。同时施用缓控释肥料可以减少施肥次数，降低用工成本，提高生产效率，使农民有更多时间从事其他生产活动。乡镇政府应加大对缓控释肥料的宣传力度，积极示范和推广缓控释肥料，使农民充分认识缓控释肥料潜在的经济效益、生态效益及社会效益，从而接受缓控释肥这一新型肥料产品。

第9章 松干流域坡耕地水土氮磷控制农作技术

9.1 坡耕地秸秆还田与横垄耕作水土氮磷控制技术

我国坡耕地占总耕地面积的34.3%（张旭斌等，2013），年均土壤侵蚀量为14亿t，导致土壤肥力下降、耕地生产能力降低（罗林等，2007）。水土流失不仅造成土壤退化，同时也增加了水体的环境负荷和风险，严重阻碍了区域农业的持续发展和土壤资源的持续利用（Liu et al.，2015）。引发水土流失的主要因素有植被因素如植被类型、植被覆盖、植被枯枝落叶层、植被高度与植被根系（高光耀等，2013；Ludwig et al.，2005），坡耕地水土流失主要因素如土壤耕作、作物类型、种植方式和垄作模式等（朱冰冰等，2010）；自然因素如降水量、降水强度、降水时期和坡度等（Fu et al.，2009）。坡耕地是江河泥沙的主要来源，如长江60%～78%的来沙量源于坡耕地（李文华，1999），陡坡耕地是水土流失发生的主要场所（袁希平和雷廷武，2004），坡越长，产沙量随雨强增加速度越快，从上坡到下坡侵蚀量随着坡长的延长而增加（Kara et al.，2010）。土壤少耕或免耕、地表微地形改造技术及地表覆盖技术，达到少动土、少裸露、少污染并保持适度湿润和适度粗糙的土壤状态，可有效减少水土流失量（高旺盛，2007）。等高草篱是防治坡耕地水土流失的一种有效措施（Shively，1999）。

遥感普查结果表明，黑土区水土流失面积为27.59万km^2，是黑土区总面积的27%（水利部等，2010），典型黑土区坡耕地水土流失的比例高达80.3%（刘绪军等，2015）。《中国水土流失与生态安全综合科学考察总结报告（2008）》中指出，黑土区水土流失速度超过治理速度。东北农田黑土层由20世纪50年代的60～70cm下降至20～30cm（田立生等，2011；孙莉英等，2012），40～70年后的黑土将可能流失殆尽（刘丙友，2003）。开垦20年的黑土肥力下降1/3，40年下降1/2，70～80年下降2/3左右，土壤有机质每年以0.1%左右的速度递减；年流失表层土壤为5960万～9180万t，若按表层土壤含有机质3%、全氮0.2%、全磷0.15%概算，则年流失的有机质为178.8万～275.4万t、氮为11.9万～18.4万t、磷为

8.9 万～13.8 万 t，还不包括地表水从土壤中带走的可溶性养分（孟祥志等，2010）。黑土区坡耕地坡度大多为 7°～10°，一般坡面长，坡底汇流产生的冲蚀力较大，易发生严重侵蚀（张永光等，2007）。坡耕地土壤底土黏重，透水能力较差，加剧坡面汇水量，更容易引发土壤侵蚀（张学俭和武龙甫，2007）。国内外学者多采用人工模拟降雨，研究不同作物覆盖及耕作措施对土壤侵蚀的影响，国内相关研究多集中在黄土区、紫色土区与红壤区（杨帅等，2016）。基于东北坡耕地水土保持的需求，也基于当前农田重用轻养的现状，本研究开展了不同农作物及其秸秆还田与垄作模式对土壤氮磷流失的影响研究，以期为东北坡耕地水土及土壤养分保持提供支持依据。田间定位试验期间正好遇到 3 个不同降水年型，因此，本研究从降水年型视角分析坡耕地水土氮磷流失负荷变化。

9.1.1 材料与方法

9.1.1.1 试验区概况

试验地位于黑龙江省哈尔滨市方正县德善乡史皮铺村（45.796°N，128.865°E），属松花江主要支流蚂蜒河流域下游。年平均温度在 3℃左右，年最低温度为-35℃，年最高温度为 34℃，无霜期为 110～145d，多年平均降水量为 556mm，集中在 6～8 月。

9.1.1.2 试验设计

试验设置玉米+秸秆不还田+顺垄（CNL-CK）、玉米+立茬还田+横垄（CSSC）、玉米+粉碎还田+横垄（CSC）、大豆+秸秆粉碎还田+横垄（SSC）和苜蓿+秸秆粉碎还田+横垄（ASC）5 种不同种植模式（其中，缩写第一个 C 代表玉米，最后一个 C 代表横垄，L 代表顺垄，N 代表无秸秆还田；第一个 S 代表大豆，第二个 S 代表秸秆粉碎还田，A 代表苜蓿），3 次重复。4 月下旬至 5 月上旬播种，播种前施入底肥（复合肥 N、P_2O_5、K_2O 的养分含量分别为 17%、17%与 17%），施肥量为 500kg/hm^2 占总施肥量的 71.4%，6 月中下旬追施尿素（含 N 量为 46.4%）200kg/hm^2，占总施肥量的 28.6%，10 月上中旬收获。试验小区为 4m×8m，坡度为 17.6%（10°），小区之间用彩钢板隔开，高出垄高 5cm。种植作物玉米、苜蓿和大豆，全量还田，秸秆人工粉碎 3～5cm。立茬还田秸秆置于垄沟中，下一年起垄，采用点种方式播种。土壤全氮采用半微量开氏法，土壤全磷采用 NaOH 熔融—钼锑抗比色法，水中总氮、总磷采用过硫酸钾消解—紫外分光光度法，土壤硝态氮与铵态氮采用流动分析仪测定法。作物生长季降水量在 2014 年为 459.4mm，2015 年为 373.8mm，2016 年为 593.5mm。试验期内的逐日降水量如图 9-1 所示。

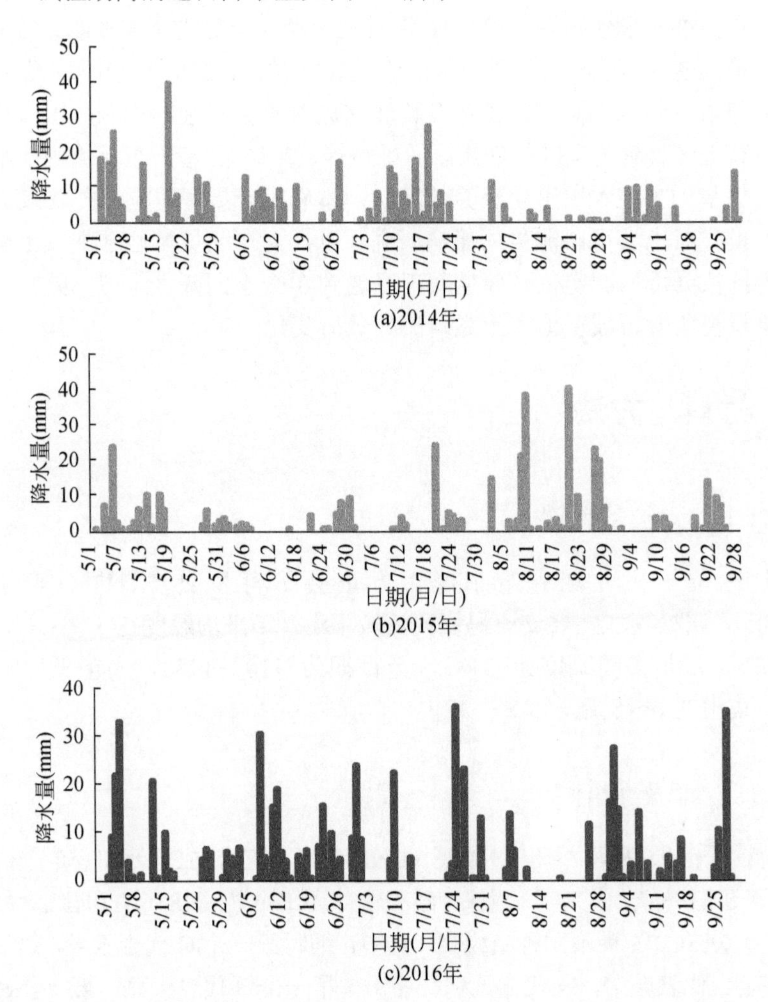

图 9-1　2014～2016 年 5～10 月降水量

9.1.2　试验结果

9.1.2.1　不同种植模式下坡耕地土壤流失量与径流量

不同种植模式下坡耕地土壤流失量与径流量见表 9-1。横垄显著减少水土流失量（P <0.05，下同），不同作物之间差异性因降水年型而有所差异。CSSC、CSC与 CK 相比，土壤流失量减少 37.9%～59.6%，径流量减少 42.4%～57.3%，表明CSSC 与 CSC 种植模式能有效降低坡耕地水土流失量；CSSC 与 CSC 相比，土壤流失量没有显著差异，但 2016 年径流量达到显著差异，表明在立茬还田情况下，由于表层土壤耕作干扰减少，雨水的土壤入渗量减少，加上地表粗糙度相对降低，利于形成径流。SSC、ASC 与 CK 相比，土壤流失量减少 59.9%～76.8%，径流量减少 54.6%～61.6%，表明大豆与苜蓿秸秆还田模式能够有效降低坡耕地水土流失量。ASC、SSC 与 CSC 相比，土壤流失量减少 11.4%～17.2%，径流量减少 0.5%～8.6%，表明大豆与苜蓿的水土保持效果优于玉米，大豆与苜蓿差异不显著。大豆与苜蓿有利于土壤保持，主要原因是苜蓿与大豆冠层叶密集，能够较大缓冲雨滴对地面的冲击，加上种植密度相对较大，茎干减缓坡面水流冲蚀。不同种植模式的土壤流失量与径流量随降水量增加而增加，相关系数达到了 0.907；但随降水量增加，增加的幅度降低。

表 9-1 不同种植模式下坡耕地土壤流失量与径流量

处理	土壤流失量（kg/小区）			径流量（kg/小区）		
	2014 年	2015 年	2016 年	2014 年	2015 年	2016 年
CK	2.82Ab	1.58Ac	3.54Aa	262.2Ab	193.6Ac	341.1Aa
CSSC	1.59Bb	0.79Bc	2.20Ba	151.1Bb	82.6Bc	182.2Ba
CSC	1.46Bb	0.79Bc	1.88Ba	125.1Bb	84.2Bc	160.7Ca
SSC	1.18Cc	0.61Bb	1.42Ca	119.0Cb	74.3Bc	154.0Ca
ASC	1.07Cb	0.53Bc	1.38Ca	102.4Cb	85.2Bc	149.6Ca

注：大写字母表示不同处理之间的差异性，小写字母表示不同年份之间的差异性（P <0.05）

9.1.2.2 不同种植模式下坡耕地流失土壤氮磷浓度与径流水氮磷浓度

坡耕地流失土壤的全氮、全磷含量见表 9-2。不同种植模式下，坡耕地流失土壤总氮与总磷浓度均没有达到显著差异，不同作物之间也是如此。

表 9-2 不同种植模式下坡耕地流失土壤的总氮与总磷浓度

处理	全氮（g/kg）			全磷（g/kg）		
	2014 年	2015 年	2016 年	2014 年	2015 年	2016 年
CK	2.21Aa	2.19Aa	2.22Aa	0.84Aa	0.84Aa	0.82Aa
CSSC	2.10Aa	2.07Aa	2.13Aa	0.74Aa	0.71Aa	0.71Aa

续表

处理	全氮（g/kg）			全磷（g/kg）		
	2014 年	2015 年	2016 年	2014 年	2015 年	2016 年
CSC	2.09Aa	1.97Aa	2.11Aa	0.82Aa	0.84Aa	0.84Aa
SSC	2.00Aa	2.04Aa	1.99Aa	0.82Aa	0.80Aa	0.78Aa
ASC	1.98Aa	2.04Aa	1.96Aa	0.74Aa	0.76Aa	0.81Aa

注：大写字母表示不同处理之间的差异性，小写字母表示不同年份之间的差异性（$P<0.05$）

限于篇幅以 2014 年 6 月与 7 月的两次农田径流液为例（表 9-3）。6 月，径流液总氮浓度与同期纯雨水相比均达到显著差异，表明农田径流会携带一定量的土壤氮；玉米不同处理之间没有显著差异，SSC 径流液总氮浓度较高，其原因可能是氮肥的过量施用（注：以玉米为参考的施氮量，对大豆有些偏高）；径流液总磷浓度与降水量相比达到显著差异，但各处理之间没有显著差异。7 月，径流液总氮与总磷浓度变化情况基本与 6 月相同。坡耕地径流液总氮浓度大体随生育期推进而降低，一方面受前期施肥的影响，另一方面与土壤氮养分浓度的变化有关。径流液总氮浓度最高为 0.944mg/L（6 月的 SSC），依据《地表水环境质量标准（GB 3838—2002）》，低于Ⅲ类水质的总氮浓度（1.0mg/L）；总磷浓度最高为 0.076mg/L（7 月的 CSSC），低于Ⅱ类水质的总磷浓度（0.1mg/L）。由此可见，东北坡耕地农田径流对地表水污染贡献有限，几乎可忽略不计。6、7 月降水总氮与总磷浓度均介于Ⅰ类与Ⅱ类之间，7 月总氮浓度略低，原因可能与氮沉降增加有关。

表 9-3　不同种植模式下坡耕地农田径流液总氮与总磷浓度（2014 年 6 月与 7 月）

取样时间	6 月 19 日		7 月 15 日	
处理	总氮（mg/L）	总磷（mg/L）	总氮（mg/L）	总磷（mg/L）
CK	0.681b	0.033a	0.389b	0.070a
CSSC	0.698b	0.034a	0.376b	0.076a
CSC	0.621b	0.051a	0.352b	0.032b
SSC	0.944a	0.046a	0.539a	0.059a
ASC	0.407c	0.054a	0.423b	0.057a
纯雨水	0.219e	0.024b	0.318c	0.024b

注：表中小写字母表示不同处理之间的差异显著性（$P<0.05$）

9.1.2.3 单位面积上坡耕地水土流失量估算

基于小区试验数据，松干流域坡耕地单位面积水土流失量的估算见表 9-4。基于小区试验数据，松干流域坡耕地土壤流失量为 190.63～1106.25kg/hm^2，径流量为 23.22～106.59t/hm^2。不同种植模式具有较大的差异，大豆与苜蓿横垄种植能够显著降低水土流失量，玉米顺垄种植水土流失量较大。降水量对水土流失量有显著影响，与 2015 年相比，2014 年和 2016 年的水土流失量显著增加。

表 9-4 松干流域坡耕地单位面积水土流失量估算

处理	土壤流失量（kg/hm^2）			径流量（t/hm^2）		
	2014 年	2015 年	2016 年	2014 年	2015 年	2016 年
CK	881.25Ab	493.75Ac	1106.25Aa	81.88Ab	60.50Ac	106.59Aa
CSSC	496.88Bb	246.88Bc	687.5Ba	47.19Bb	25.81Bc	56.94Ba
CSC	456.25Bb	246.88Bc	587.5Ba	39.06Bb	26.25Bc	50.22Ca
SSC	368.75Cc	190.63Bb	443.75Ca	37.19Cb	23.22Bc	48.13Ca
ASC	334.38Cb	165.63Bc	431.25Ca	31.91Cb	26.63Bc	46.75Ca

注：大写字母表示不同处理之间的差异性，小写字母表示不同年份之间的差异性（P <0.05）

9.1.2.4 不同种植模式下土壤氮磷流失负荷与径流氮磷流失负荷

基于小区试验结果，估算松干流域坡耕地土壤氮磷与径流氮磷流失负荷，结果见表 9-5 与表 9-6。土壤氮流失负荷为 0.39～2.46kg/hm^2，土壤磷流失负荷为 0.21～0.91kg/hm^2；径流氮流失负荷为 9.24～41.46g/hm^2，径流磷流失负荷为 0.84～7.46g/hm^2。与土壤氮磷流失负荷相比，径流氮磷流失负荷很低，几乎可以忽略不计。大豆与苜蓿的土壤氮磷流失负荷显著降低，但总的来看，松干流域坡耕地农田面源氮磷流失负荷并不大，通过保护性土壤耕作与种植结构调整相结合，能够明显降低坡耕地氮磷流失负荷。

表 9-5 松干流域坡耕地土壤氮磷流失负荷

处理	总氮（kg/hm^2）			总磷（kg/hm^2）		
	2014 年	2015 年	2016 年	2014 年	2015 年	2016 年
CK	1.95Ab	1.08Ac	2.46Aa	0.75Ab	0.41Ac	0.91Aa
CSSC	0.90Bb	0.45Bc	1.22Ba	0.37Bb	0.18Bc	0.49Ba
CSC	0.96Bb	0.49Bc	1.24Ba	0.37Ba	0.21Bb	0.49Ba

续表

处理	总氮（kg/hm²）			总磷（kg/hm²）		
	2014 年	2015 年	2016 年	2014 年	2015 年	2016 年
SSC	0.74Ca	0.39Bb	0.87Ca	0.30Ba	0.15Bb	0.35Ca
ASC	0.66Ca	0.33Bb	0.85Ca	0.25Ba	0.13Bb	0.35Ca

注：大写字母表示不同处理之间的差异性，小写字母表示不同年份之间的差异性（$P<0.05$）

表 9-6　松干流域坡耕地径流氮磷流失负荷

处理	总氮（g/hm²）			总磷（g/hm²）		
	2014 年	2015 年	2016 年	2014 年	2015 年	2016 年
CK	31.85Aa	23.53Ab	41.46Aa	5.73Aa	4.24Aa	7.46Aa
CSSC	15.04Ba	9.71Bb	21.41Ba	3.04Ba	1.96Bb	4.33Ba
CSC	13.75Ba	9.24Bb	17.68Ba	1.25Da	0.84Cb	1.61Da
SSC	17.18Ba	12.51Bb	25.94Ba	1.88Ca	1.37Bb	2.84Ca
ASC	15.86Ba	11.26Bb	19.78Ba	2.14Ca	1.52Bb	2.66Ca

注：大写字母表示不同处理之间的差异性，小写字母表示不同年份之间的差异性（$P<0.05$）

9.1.3　讨论

9.1.3.1　降水对坡耕地水土流失的影响

松干流域坡耕地常年土壤流失负荷为 881.25kg/hm²，接近 1mm 表层土壤量，2016 年（降水偏多年型）和 2015 年（降水偏少年型）土壤流失量分别表现为增加和减少，表明降水量影响水土流失。相似的研究结论表明，近 50 年来流域降水量减少导致密云水库的入库泥沙量呈显著减少趋势（李子君等，2008）。在黄土丘陵沟壑区，径流量主要受降水量影响，且随着坡度的升高侵蚀量增加（卫伟等，2006）。黄土高原地区引起产流产沙的主要降水类型是短历时局地雷暴雨（王万忠和焦菊英，1996）。一般来讲，降水量越大，坡耕地水土氮磷流失也越大。关于坡耕地的土壤氮磷流失量研究大多不容易遇到几个不同的降水年型，都是基于当时的降水因素，因此，不同文献的结果差异较大，另外，还有地域、坡度、作物种类和耕作方式等方面原因产生的差异。一些室内模拟实验为了取得显著的试验效果，采用较大降水量（甚至是百年不遇），与实际情况有很大差别。刘淼等（2004）报道，黑龙江呼中地区坡耕地土壤侵蚀量平均为 0.45t/hm²，黑龙江克山农田径流场土壤流失量为 212kg/hm^2，径流量为 4.8m^3/hm^2（李树森等，2001）；松嫩平原漫岗黑土区坡耕地采用垄向区田技术土壤流失量为 700～910kg/hm^2，仅为常规种植的 1.93%（柴宇等，2015）；杨文文等（2005）模拟黑土坡耕地的年土壤允许流失量取上限为 3t/hm^2；辽宁省阜新市二道岭小流域坡耕地横垄耕作径流量为 818.7.6m^3/hm^2，比顺垄减少 141.6m^3/hm^2（吕刚等，2009）。

9.1.3.2 农作措施对坡耕地水土流失的影响

横垄耕作具有良好的水土保持效果，与顺垄相比，水土流失量可大大减少。黑龙江省赵光农场横坡垄径流量与土壤流失量比顺坡垄减少 65%和 70%，在一次 40～50mm 降水，水不出田，2h 降水量为 61.8mm 及 24h 降雨量为 146mm 情况下，横坡垄未断垄出沟（石长金等，1994）。辽北低山丘陵区 6° 坡耕地横垄耕作土壤流失量为 487.5kg/hm^2，比顺垄减少 38.9%（张爽等，2010）。陈礼耕（1984）的漫岗农田横垄比顺坡减少径流量介于 56%～80%，减少土壤流失量介于 63%～90%。不同作物的水土保持效应不同，大豆与苜蓿较玉米的水土保持效果更好。王贵作（2006）研究表明，大豆和苜蓿具有一定的水土保持优势，大豆控制泥沙优于玉米，但径流控制效果正好相反；马璠（2009）的研究结果是与裸地相比玉米与大豆生长季内的径流量分别降低 11%～42%和 7%～38%，土壤流失量分别减少 27%～76%和 21%～78%；但吴限（2015）研究表明，玉米、玉米间作大豆处理产沙量较大豆小区减少了 15%和 10%。

坡耕地横垄耕作尽管水土保持效果好，但应用并不多。通过走访与实际调研，其原因有四点：一是以漫岗长缓坡为主的坡耕地在短期内水土流失不明显，且流失土壤大多集聚于坡底，加上常年降水量并不大，引不起农户重视；二是暴雨周期一般为 5～10 年，一旦遇到暴雨，横垄易垮导致更多的水土流失，后期整田投资大，而顺垄具有排水功能，可避免冲毁农田；三是大多采用顺坡分地，顺坡易开展机械化作业，而横向起垄机械化成本高，也不方便田间操作；四是大多顺垄实际上为斜垄或半顺垄，完全顺垄很少见，即使横垄耕作也会因为水力重力作用成为半顺垄。实际上，欧美国家的顺垄种植也不少，如葡萄园等。

9.1.3.3 工程措施对坡耕地水土流失的影响

松干流域属漫岗地，坡度较小，水土流失特征不明显，但在较长坡度上，多年形成的水蚀冲刷也非常严重。因此，除了横垄耕作，必要的工程措施也很重要。植物篱水土保持效果很好，可大大提升水土保持效果，特别适合松干流域缓坡耕地。肖波等（2013）采用草篱技术，农田径流量减少 44%以上，土壤流失量减少 49%以上。麦冬双行植物篱处理地表径流量降低 39.4%，土壤流失量降低 65.8%（邬岳阳等，2012）。植物篱＋秸秆覆盖和等高垄作的地表径流量与土壤流失量分别减少 25.4%～45.6%和 19.7%～36.5%（王静等，2016）。沟头秸秆覆盖的坡面总侵蚀量减少 67.5%～76.7%，沟蚀量减少 69.1%～72.3%（温磊磊等，2014）。

9.1.4 主要结论

9.1.4.1 不同降水年型下各处理水土流失有显著差异

田间试验期间正好遇到 3 个有明显差异的降水年型，对室外试验可遇不可求。不同降水年型下的松干流域坡耕地水土流失具有显著差异性，表现为 2016 年>2014 年>2015 年。与 2014 年相比，传统顺垄种植模式 2015 年土壤流失量减少 44.0%，2016 年土壤流失量增加 25.5%；与 2014 年相比，传统顺垄种植模式 2015 年径流量减少 26.2%，2016 年径流量增加 30.1%。CSSC 土壤流失量 2015 年减少 50.3%，2016 年增加 38.4%，径流量 2015 年减少 45.3%和 2016 年增加 20.6%。CSC 土壤流失量 2015 年减少 45.9%和 2016 年增加 28.8%，径流量 2015 年减少 32.7%和 2016 年增加 28.5%。SSC 土壤流失量 2015 年减少 48.3%和 2016 年增加 20.3%，径流量 2015 年减少 37.6%和 2016 年增加 29.4%。ASC 土壤流失量 2015 年减少 50.5%和 2016 年增加 29.0%，径流量 2015 年减少 16.8%和 2016 年增加 46.1%。土壤氮磷流失负荷在 2015 年减幅与 2016 年增幅接近土壤流失量变化百分数，径流氮磷流失负荷在 2015 年减幅与 2016 年增幅接近径流量变化百分数。

9.1.4.2 横垄耕作能有效减少水土流失

与常规种植方式 CK 相比，CSSC、CSC、SSC 与 ASC 在 2014 年的土壤流失量分别减少 43.6%、48.6%、58.2%和 62.1%，土壤氮流失负荷分别减少 53.8%、50.8%、62.1%和 66.2%，土壤磷流失负荷分别减少 50.7%、50.7%、60.0%和 66.7%；径流量分别减少 42.4%、52.3%、54.6%和 61.0%，径流氮流失负荷氮分别减少 52.8%、56.8%、46.1%和 50.2%；径流磷流失负荷分别减少 46.9%、78.2%、67.2%和 62.7%。

9.1.4.3 大豆与苜蓿在坡耕地有利于水土保持

不同作物的水土保持效应不同，与玉米（CSC 处理）相比，大豆与苜蓿水土保持效果更好，土壤流失量减少 19.2%和 26.7%，土壤氮流失负荷减少 22.9%和 31.3%，土壤磷流失负荷减少 18.9%和 32.4%；径流量减少 4.8%和 18.4%，径流氮流失负荷增加 24.9%和 15.3%；径流磷流失负荷增加 50.4%和 71.2%，主要原因是尽管径流量减少，但大豆与苜蓿处理的径流液氮磷浓度较高。坡耕地是以土壤氮磷流失负荷为主，径流氮磷流失量很少，几乎可以忽略不计，且各个处理的径流液氮磷浓度低于国家III类地表水标准。

9.2 植物篱埂垄作区田水土氮磷控制技术

9.2.1 筑埂间距

东北坡耕地垄作的垄宽一般为 60～70cm，垄高为 15～24cm。以下技术方案设计中的垄宽与垄高分别为 60cm 与 15cm。

9.2.2 垄作与坡向关系

根据垄与坡向的关系，分为横坡垄作、顺坡垄作与斜坡垄作三种情况。示意图如图 9-2 所示，从左至右分别是横坡、顺坡和斜坡。

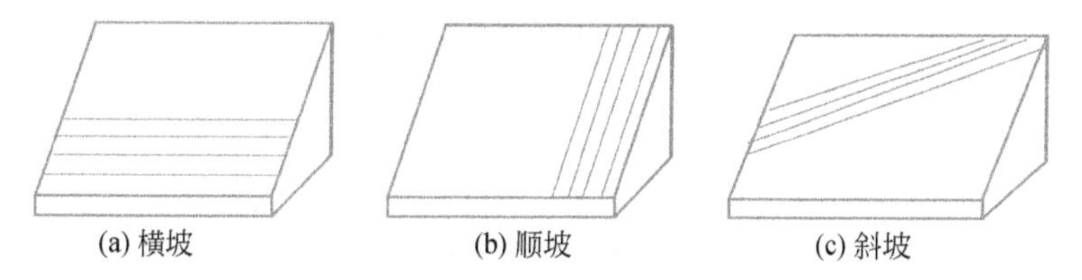

图 9-2 横坡、顺坡和斜坡垄作示意图

（1）横坡垄作

假设垄长为 L，垄沟体积为 V，降雨量为 H。在垄沟盛满水的情况下，能够承担的最大降水量 H_{max} 计算如下：

$$L \times 60 \times H_{max} = 60 \times 15 \times L/2$$

$$H_{max} = 7.5\text{cm} = 75\text{mm}$$

由于降水量能够渗入土壤，在未达到田间饱和水的情况下，不会产生径流（在强降水情况下，来不及下渗而产生径流）。东北黑土地土壤田间饱和含水量较高，一般情况下可达 25%～35%，最高甚至达到 70%以上。坡耕地土壤土层厚度为 20～40cm，按最低值为 20cm 计算，在饱和含水量为 30%的情况下，土壤能够承担 60mm 的降水量，已经是暴雨级别（24h 降水量在 50～100mm）。因此，在坡地拦截情况下，横坡垄作完全可以承担 75mm 的降水量；如果没有拦截措施，就必然有径流产生，导致发生水土流失。

由于降水发生在作物生长季节，垄上种植玉米，垄体比较坚固，一般不会发生垄体冲垮事件。方正县2001～2014年的降水量资料表明，日降水量超过50mm仅一次，接近50mm降水量一次（49.6mm），40～50mm降水量5次，均发生在7月下旬至8月下旬。

因此，对横坡垄作，只需要在垄的两头，人工筑埂2～4个且与垄同高，土埂上种植苜蓿或三叶草（植物篱土埂）。另外，为提高土埂隔断水流与护垄功能，中间段每隔8～10m可以增加筑埂。

（2）顺坡垄作

对顺坡垄作，不存在土埂切割与阻隔作用，顺坡垄作无疑加大了水土氮磷流失，尤其在大雨情况下（25～50mm/24h）；在小中雨情况下，如果降水总量大，也会导致较大的水土氮磷流失。

在不同降水量、不同坡度情况下，求解筑埂间距。假定坡度为α，由于受坡度的影响，垄沟盛水量V为

$$V=1/3\times1/2\times60\times15\times15/\tan\alpha$$

相同距离上的降水量体积：

$$V_{降水}=H_{max}\times60\times15/\sin\alpha$$

$$H_{max}=15/6\times\cos\alpha=25\text{mm}\cos\alpha$$

东北地区的雨季多在6～8月，较大的雨强多集中7月。因此，筑挡时期最好在6月中下旬，结合最后一次中耕（趟地）进行，最迟不超过7月上旬，在雨季来临之前筑好土挡，并留在田间。这样，可以把其后的降水留在土壤中。秋季在田间保留土挡或秋翻起垄筑挡，也可拦蓄来年春季融化的雪水。

从表9-7中可以看出，垄高不同，最长筑埂间距不同。垄距一般为60～70cm，筑埂间距接近70cm就非常不适宜筑埂。由于垄高的差异，15cm垄高的70cm筑埂间距坡度为12°，20cm垄高的70cm筑埂间距坡度为16°，24cm垄高的70cm筑埂间距坡度为19°。垄高不同，同一坡度上的拦截降水量也不同。以25°为例，15cm垄高的拦截降水量为22.7mm，20cm垄高的拦截降水量为30.2mm，24cm垄高的拦截降水量为36.3mm。坡耕地垄作筑埂技术规范要求适合垄高为15cm，筑埂高度为12cm的情况。

表9-7　不同坡度下的最长筑埂间距及拦截降水量

坡度度数	坡度（%）	最长筑埂间距（cm）			折算拦截降水量（mm）		
		15cm垄高	20cm垄高	24cm垄高	15cm垄高	20cm垄高	24cm垄高
25°	46.6	35.5	47.3	56.8	22.7	30.2	36.3

续表

坡度度数	坡度(%)	最长筑埂间距(cm)			折算拦截降水量(mm)		
		15cm 垄高	20cm 垄高	24cm 垄高	15cm 垄高	20cm 垄高	24cm 垄高
24°	44.5	36.9	49.2	59.0	22.8	30.5	36.5
23°	42.4	38.4	51.2	61.4	23.0	30.7	36.8
22°	40.4	40.0	53.4	64.1	23.2	30.9	37.1
21°	38.4	41.9	55.8	67.0	23.3	31.1	37.3
20°	36.4	43.9	58.5	70.2	23.5	31.3	37.6
19°	34.4	46.1	61.4	73.7	23.6	31.5	37.8
18°	32.5	48.5	64.7	77.7	23.8	31.7	38.0
17°	30.6	51.3	68.4	82.1	23.9	31.9	38.3
16°	28.7	54.4	72.6	87.1	24.0	32.0	38.5
15°	26.8	58.0	77.3	92.7	24.1	32.2	38.6
14°	24.9	62.0	82.7	99.2	24.3	32.3	38.8
13°	23.1	66.7	88.9	106.7	24.4	32.5	39.0
12°	21.3	72.1	96.2	115.4	24.5	32.6	39.1
11°	19.4	78.6	104.8	125.8	24.5	32.7	39.3
10°	17.6	86.4	115.2	138.2	24.6	32.8	39.4
9°	15.8	95.9	127.8	153.4	24.7	32.9	39.5
8°	14.1	107.8	143.7	172.4	24.8	33.0	39.6
7°	12.3	123.1	164.1	196.9	24.8	33.1	39.7
6°	10.5	143.5	191.3	229.6	24.9	33.2	39.8
5°	8.7	172.1	229.5	275.4	24.9	33.2	39.8
4°	7.0	215.0	286.7	344.1	24.9	33.3	39.9
3°	5.2	286.6	382.1	458.6	25.0	33.3	39.9
2°	3.5	429.8	573.1	687.7	25.0	33.3	40.0
1°	1.7	859.5	1146.0	1375.2	25.0	33.3	40.0

以上主要基于理论模型得到的坡耕地筑埂间距，没有考虑农田耕层储水能力。实际上农田土壤储水能力很大，这是在东北地区坡耕地垄沟中不会产生汇流现象的重要原因之一。坡耕地耕层土壤一般为 20～25cm，如果土壤含水量按 30%计算，理论上能够接纳的降水量为 60～75mm，如果不是暴雨级别，产生农田地表径流的可能性不是很高。松干流域一次降水超过 50mm 降水量（24h 降水量为 50～100mm 为大雨界别）的情况不多，因此，植物篱埂垄作区田在小于 50mm 的降水

量情况下的水土保持效果非常好。基于此考虑，在推广试验中的植物篱埂间距增加至 300～800cm 时，2016 年未能在坡耕地下沿观察到农田水土流失现象；与此同时，适当增加植物篱埂间距能够降低人力成本，减少草籽投入。另外，基于考虑暴雨情形，在坡底坡度较小情况下，采用 1∶*N* 间隔筑埂方式（1 个垄沟筑埂∶*N* 个垄沟不筑埂，一般 *N*=1，2，3）；在低洼处一般不筑埂。这样有利于农田排水，减少内涝，保护农田，还有助于提高农作物抗灾能力，收获更多产量。在机械筑埂情况下，也可采用全程间隔筑埂模式（根据农机具确定间隔垄沟数），主要目的是方便机械化操作和降低作业成本，与中耕相结合种植经济效益也更好。

9.2.3 筑埂技术

（1）植物篱埂技术

由于东北农田表层土壤疏松，土埂容易被降水冲垮，因此，筑埂的同时在土埂上种植苜蓿、三叶草或大豆，筑埂应适时早进行，在雨季来临之前，地上部分长高 8～10cm。种子应播在土埂的两个侧坡面的中部（图 9-3），以提高护埂效果。在植物根系的保护下，土埂稳定性大大提高，抵抗踩踏能力增强，控制水土流失功能得到大大提升。另外，长期轮换筑埂与种植豆科植物也有助于土壤有机碳的累积。

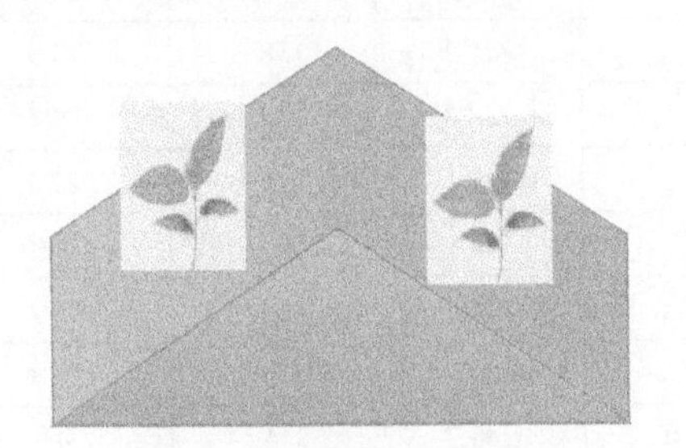

图 9-3　植物篱埂示意图

（2）顺坡垄作筑埂技术

顺坡垄作筑埂适宜间距应大于 1.5m，小于 1.5m 间距的应改为横坡垄作，对应的坡度为 6°（10.5%）；筑埂间隔小于 0.7m 为不适宜筑埂，对应的坡度为 12°（21.3%）；3°～5°（5.2%～8.7%）为次适宜筑埂坡度；小于 2°（3.5%）为适宜筑埂坡度。

（3）横坡垄作筑埂技术

绝对横坡垄作很难，因此，横坡垄作筑埂也是必要的，筑土埂有助于护垄，预防大暴雨冲垮。横垄两端筑埂，向内间隔为 5m，筑埂为 2～3 个；中间地带间距为 8～10m。由于受地形地势影响，在横坡垄作中出现顺坡情况时，在横坡与顺坡链接部分筑埂分割，横坡一端采用前述技术，顺坡一端根据坡度选择合适的间距筑埂；在坡度大于 13°且坡长大于 5m，位于地头改为横坡垄作；坡度小于 13° 位于中间地带小于 5m，采用人工加高垄高。

（4）机械筑埂技术

顺坡垄作情况下，采用机械筑埂的坡度不超过 6°。一方面，机械磨损与油耗大幅度增加，机组的生产率急剧下降；另一方面，由于拖拉机轮子附着力降低，耕作和深松时较为困难，机械稳定性降低，作业危险性加大。尤其是后轮承重在 50%以下的拖拉机更为严重。因此，大于 6°的坡耕地不宜机械筑埂，最好是横坡垄作。

植物篱埂垄向区田技术示意图如图 9-4 所示。植物篱埂垄向区田技术的水土保持效果很好，坡底下沿带没有水土流失冲刷痕迹，玉米长势明显好于对照。

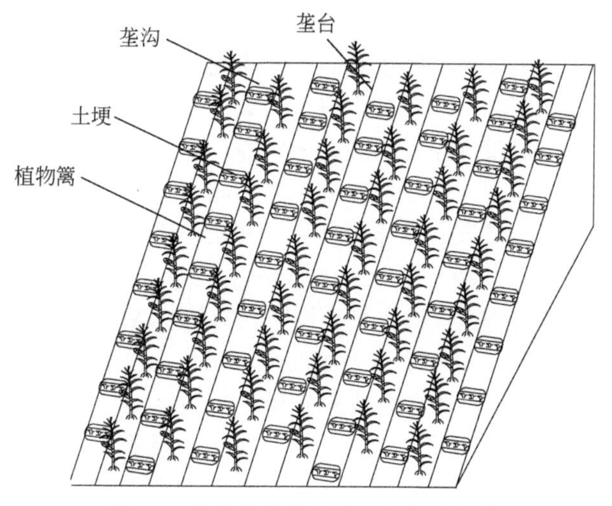

图 9-4 植物篱埂垄向区田技术示意图

9.3 坡耕地“化肥减量—结构调整—缓控释肥”一体化施肥技术

9.3.1 东北坡耕农田化肥减量与施肥结构调整技术

根据目前生产实践中施肥存在的问题，一是减少化肥用量，总量前期减量5%～25%；二是调整施肥数量结构，氮肥基施（减半施用，剩余的用于追肥），在营养临界期和肥料最大效率期追肥。具体内容见本书 7.4 部分。

2014～2016年肥料减量试验结果表明，在坡耕地氮肥减量25%的情况下，对玉米产量有影响，但减产幅度有限，但减产未达到显著差异；在氮肥减量15%的情况下，与对照相比，产量增减也未达到显著差异。因此，坡耕地氮肥减量15%是可行的，减量3年也是可行的。为了确保玉米不减产，从第四年恢复施肥量（常年施肥量标准），第五年可继续采用减量方案，并根据土壤养分测试结果，确定后期氮肥施用量。一般情况下，采用“大小年”施肥量方案，大年施肥量为常年施用量，小年采用20%的减量，基本能够保障玉米不减产。

9.3.2 坡耕农田玉米新型缓控释肥料技术

针对东北玉米种植后期追肥困难的实际情况，研制玉米缓控释肥（追肥），并与常规肥料（底肥）配合施用，减少追肥次数，提高化肥利用效率，为玉米高产提供基础保障。通过研发新型肥料提升肥料养分释放特性，优化肥料在不同生育期的合理运筹施用，实现在减少肥料施用量的同时，通过提升氮肥利用效率，确保玉米稳产增产，避免减产。具体内容见本书8.4部分。

本研究研发的玉米多功能土壤改良养分控释肥料，包括生物碳土壤改良材料和化学肥料。玉米多功能土壤改良养分控释肥料的制备方法，操作简单，成本低，不需要复杂的生产设备，将生物碳土壤改良材料与化学肥料按照一定比例结合到一起，既能够保证化学肥料的养分被充分利用，又能达到土壤改良与控释的目的，可以显著增加土壤有机碳含量、改善土壤性质、减缓养分释放速率，从而减少农田面源污染的发生，提高养分利用率，实现粮食增产和农民增收，尤其对玉米的效果最为显著。

田间实验表明，当比常规施肥减少30%用量，即相当于N（108.3kg/hm^2）、P_2O_5（60kg/hm^2）、K_2O（72.2kg/hm^2）时，其产量与常规施肥相当，而氮、磷、钾素的利用率却比常规施肥时分别提高9.89%、14.30%和14.52%。

9.4 坡耕地种植模式调整与水土氮磷流失控制技术

从玉米、大豆和苜蓿三种种植模式的比较结果（表9-8）看，与对照相比，大豆与苜蓿的土壤流失量减少58%和62%；径流流失量减少61%和55%。由于玉米的经济收益较好，大豆在东北的种植面积锐减。种植大豆能够固氮，提升土壤氮素含量，改善土壤质量；苜蓿与大豆有同样的功效。从水土氮磷的保持效果及坡岗地黑土壤的保护来讲，建议适当扩大苜蓿与大豆的种植面积，以调整种植业结构带动农业产业结构变化，一方面，压缩玉米种植面积，提高玉米种植效益；另一方面，种植苜蓿与大豆为发展养殖业提供充足的原料，为农业产业升级奠定基础。从整个东北区域来讲，着手种植业结构调整，有利于推动东北农业种植大区向农业经济强区的转型，这是东北乃至全局农业发展战略的需求。

表 9-8 不同种植模式下的水土氮磷保持效果

不同处理	土壤流失量（kg/区）	增减率（%）	径流流失量（cm^3/区）	增减率（%）
玉米顺坡种植 CK	2.82	0.00	262.0	0.00
玉米横坡种植	1.46	−48.2	125.1	−52.3
苜蓿（横坡）	1.07	−62.1	119.2	−54.5
大豆（横坡）	1.18	−58.2	102.1	−61.0

9.5 坡面降水收集及再利用技术

坡耕地大多紧邻山岗、丘陵地带的林草地，降水在坡面形成径流向低势处汇流，遇到强降水，在沟渠排水不畅的情况下，坡面短时间汇水可能对坡耕农田产生冲蚀破坏作用，在水力的作用下导致较大的水土、氮磷流失。针对德善乡邻近的坡耕农田水土氮磷控制需求，在山坡低洼处筑坝建水塘，拦截雨水，不但能减少径流冲刷，而且能储存降水，在邻近低地势靠近坡耕地农田，经过旱改水，种植水稻 1.33hm^2（三块 0.73+0.47+0.13hm^2），提高了种植效益，同时有利于坡耕农田水土氮磷流失控制。水稻单产达到 7740kg/hm^2，种植经济效益是玉米的 2～3 倍。

参考文献

鲍士旦. 2000. 土壤农化分析. 3版. 北京：中国农业出版社.

蔡祖聪. 1999. 中国稻田甲烷排放研究进展. 土壤，31（5）：266-269.

柴宇，魏永霞，张宝丽，等. 2015. 坡耕地治理措施及其组合对水土环境及养分流失的影响. 农机化研究，37（1）：177-182.

常宗强，马亚丽，刘蔚，等. 2014. 土壤冻融过程对祁连山森林土壤碳氮的影响. 冰川冻土，36（1）：200-206.

陈光，李立中，张平，等. 1996. 包膜尿素对玉米吸氮及产量的影响. 吉林农业大学学报，（4）：64-68.

陈光水，杨玉盛，吕萍萍，等. 2008. 中国森林土壤呼吸模式. 生态学报，28（4）：1748-1761.

陈杰，龚子同，陈志诚，等. 2005. 基于国际冻土分类进展论中国土壤系统分类中冻土纲的恢复与重构. 土壤，37（5）：465-473.

陈礼耕. 1984. 黑龙江中部漫川漫岗区坡耕地的水土流失及其防治. 中国水土保持，（7）：23-24，27.

陈全胜，李凌浩，韩兴国，等. 2004. 土壤呼吸对温度升高的适应. 生态学报，24（11）：2649-2655.

陈哲，杨世琦，张晴雯，等. 2016. 冻融作用对土壤氮素损失及有效性的影响. 生态学报，36（4）：1083-1094.

程淑兰，方华军，于贵瑞，等. 2012. 森林土壤甲烷吸收的主控因子及其对增氮的响应研究进展. 生态学报，32（15）：4914-4923.

程燕. 2013. 秸秆还田及化肥配施对土壤性状及氮磷流失的影响. 合肥：安徽农业大学硕士学位论文.

崔力拓，李志伟. 2008. 洋河流域典型旱坡地土壤磷素淋失风险研究. 农业环境科学学报，27（6）：2419-2422.

崔明，赵立欣，田宜水，等. 2008. 中国主要农作物秸秆资源能源和利用分析评价. 农业工程学报，24（12）：291-296.

戴照福，王继增，程炯. 2006. 土壤磷素非点源污染及其对环境影响的研究. 农业环境科学学报，25（Sl）：323-327.

戴志刚，鲁剑巍，李小坤，等. 2010. 不同作物还田秸秆的养分释放特征试验. 农业工程学报，26（6）：272-276.

戴志刚，鲁剑巍，周先竹，等. 2012. 不同耕作模式下秸秆还田对土壤理化性质的影响. 中国农技推广，28（3）：46-48.

单艳红，杨林章，颜廷梅，等. 2005. 水田土壤溶液磷氮的动态变化及潜在的环境影响. 生态学报，25（1）：115-121.

邓红兵，曹慧明，沈园，等. 2016. 松花江流域生态系统评估. 北京：科学出版社.

邓良佐，李艳杰，史纪明，等. 2004. 黑龙江省旱作玉米测土配方平衡施肥技术研究. 玉米科学，12（4）：79-80.

丁维新，蔡祖聪. 2003a. 温度对甲烷产生和氧化的影响. 应用生态学报，14（4）：604-608.

丁维新，蔡祖聪. 2003b. 氮肥对土壤甲烷产生的影响. 农业环境科学学报，22（3）：380-383.

范立春，彭显龙，刘元英，等. 2005 寒地水稻实地氮肥管理的研究与应用. 中国农业科学，38（9）：1761-1766.

方华军，程淑兰，于贵瑞，等. 2014. 大气氮沉降对森林土壤甲烷吸收和氧化亚氮排放的影响及其微生物学机制. 生态学报，34（17）：4799-4806.

方精云，朴世龙，贺金生，等. 2003. 近20年来中国植被活动在增强. 中国科学，33（6）：554-565.

高光耀，傅伯杰，吕一河，等. 2013. 干旱半干旱区坡面覆被格局的水土流失效应研究进展. 生态学报，33（1）：12-22.

高利伟，马林，张卫峰，等. 2009. 中国作物秸秆养分资源数量估算及其利用状况. 农业工程学报，25（7）：173-179.

高旺盛. 2007. 论保护性耕作技术的基本原理与发展趋势. 中国农业科学，40（12）：2702-2708.

郭玉炜. 2012. 不同施氮处理对夏玉米生长及其氮素吸收的影响. 山西农业科学，40（6）：656-660.

韩晓日. 2006. 新型缓/控释肥料研究现状与展望. 沈阳农业大学学报，37（1）：3-8.

何绪生，李素霞. 1998. 控效肥料的研究进展. 植物营养与肥料学报，4（2）：97-106.

黑龙江省人民政府. 2010. 2010 黑龙江年鉴. 哈尔滨：黑龙江年鉴社.

黑龙江省人民政府. 2015. 2015 黑龙江年鉴. 哈尔滨：黑龙江年鉴社.

洪春来，魏幼璋，黄锦法，等. 2003. 秸秆全量直接还田对土壤肥力及农田生态环境的影响研究. 浙江大学学报（农业与生命科学版），29（6）：627-633.

侯彦林. 2000. “生态平衡施肥”的理论基础和技术体系. 生态学报，20（4）：653-658.

侯彦林，任军. 2003. 生态平衡施肥技术产业化模式和机制研究. 土壤通报，34（3）：191-194.

胡敏杰，仝川，邹芳芳. 2015. 氮输入对土壤甲烷产生、氧化和传输过程的影响及其机制. 草业学报，24（6）：204-212.

胡霞，吴宁，尹鹏，等. 2013. 川西高原季节性雪被覆盖下凋落物输入对土壤微生物数量及生物量的影响. 生态科学，32（3）：359-364.

胡霞，尹鹏，王智勇，等. 2014. 雪被厚度和积雪周期对土壤氮素动态影响的初步研究. 生态环境学报，（4）：593-597.

黄国宏，陈冠雄，吴杰，等. 1995. 东北典型旱作农田 N_2O 和 CH_4 排放通量研究. 应用生态学报，6（4）：383-386.

吉林省统计局，国家统计局吉林调查总队. 2010. 吉林统计年鉴（2010）. 北京：中国统计出版社.

吉林省统计局，国家统计局吉林调查总队. 2015. 吉林统计年鉴（2015）. 北京：中国统计出版社.

纪雄辉，郑圣先，鲁艳红，等. 2006. 施用尿素和控释氮肥的双季稻田表层水氮素动态及其径流损失规律. 中国农业科学，39（12）：2521-2530.

季陆鹰，葛胜，郭静，等. 2012. 作物秸秆还田的存在问题及对策. 江苏农业科学，40(6)：342-344.

贾宇，徐炳成，李凤民，等. 2007. 半干旱黄土丘陵区苜蓿人工草地土壤磷素有效性及对生产力的响应. 生态学报，27（1）：42-47.

江长胜，王跃思，郑循华，等. 2004. 稻田甲烷排放影响因素及其研究进展. 土壤通报，35（5）：663-669.

金春久，李环，蔡宇. 2004. 松花江流域面源污染调查方法初探. 东北水利水电，22（6）：54-55.

李昌珍，张婷婷，冯永忠，等. 2013. 不同轮作方式和秸秆还田对麦田土壤 CO_2 排放与水热碳氮状况和产量的影响. 干旱地区农业研究，31（6）：190-197.

李广宇，彭显龙，刘元英，等. 2009. 前氮后移对寒地水稻产量和稻米品质的影响. 东北农业大学学报，40（3）：7-11.

李述训，南卓铜，赵林. 2002. 冻融作用对系统与环境间能量交换的影响. 冰川冻土，24（2）：109-115.

李树森，权崇义，张学新，等. 2001. 黑龙江省西部平原缓丘区农区降雨量与水土流失关系. 防护林科技，46（1）：4-5.

李文华. 1999. 长江洪水与生态建设. 自然资源学报，14（1）：1-8.

李文军，夏永秋，杨晓云，等. 2011. 施氮和肥料添加剂对水稻产量、氮素吸收转运及利用的影响. 应用生态学报，22（9）：2331-2336.

李学平，邹美玲. 2010. 农田土壤磷素流失研究进展. 中国农学通报，26（11）：173-177.

李玉娥，林而达. 1999. 土壤甲烷吸收汇研究进展. 地球科学进展，14（6）：613-618.

李远波. 2000. 化肥的未来. 自动化应用，（1）：27.

李子君，李秀彬，朱会义，等. 2008. 降水变化与人类活动对密云水库入库泥沙量的影响. 北京林业大学学报，30（1）：101-107.

梁巍，岳进，吴劼，等. 2003. 微生物生物量 C、土壤呼吸的季节性变化与黑土稻田甲烷排放. 应用生态学报，14（12）：2278-2280.

梁战备，史奕，岳进. 2004. 甲烷氧化菌研究进展. 生态学杂志，23（5）：198-205.

林咸永，章永松，何念祖. 1997. 秸秆的施用方法对三熟制稻田作物产量和土壤肥力的影响. 浙江农业大学学报，23（3）：47-50.

刘丙友. 2003. 典型黑土区土壤退化及可持续利用问题探讨. 中国水土保持，（12）：31-32.

刘春，郑贵廷. 2013. 东北黑土带水土保持与玉米总产值的关系研究. 当代经济研究，（8）：59-64.

刘定辉，蒲波，陈尚洪，等. 2008. 秸秆还田循环利用对土壤碳库的影响研究. 西南农业学报，21（5）：1316-1319.

刘国华，傅伯杰，方精云. 2000. 中国森林碳动态及其对全球碳平衡的贡献. 生态学报，20（5）：733-740.

刘红江，郑建初，陈留根，等. 2012. 秸秆还田对农田周年地表径流氮、磷、钾流失的影响. 生态环境学报，21（6）：1031-1036.

刘继明，卢萍，徐演鹏，等. 2013. 秸秆还田对吉林黑土区土壤有机碳、氮的影响. 中国土壤与肥料，（3）：96-99.

刘琳，孙庚，吴彦，等. 2011. 季节性雪被对青藏高原东缘高寒草甸土壤氮矿化的影响. 应用与环境生物学报，17（4）：453-460.

刘淼，胡远满，徐崇刚. 2004. 基于 GIS、RS 和 RUSLE 的林区土壤侵蚀定量研究——以大兴安岭呼中地区为例. 水土保持研究，11（3）：21-24.

刘宁，孙振涛，韩晓日，等. 2010. 缓/控释肥料的研究进展及存在问题. 土壤通报，41（4）：1005-1009.

刘汝亮，李友宏，王芳，等. 2014. 缓释肥侧条施肥技术对水稻产量和氮素利用效率的影响. 农业资源与环境学报，31（1）：45-49.

刘汝亮，李友宏，张爱平，等. 2012. 育秧箱全量施肥对水稻产量和氮素流失的影响. 应用生态学报，23（7）：1853-1860.

刘汝亮，王芳，张爱平，等. 2017. 引黄灌区不同肥料类型和施肥技术对稻田氮磷流失的影响. 灌溉排水学报，36（9）：46-49.

刘汝亮，张爱平，李友宏，等. 2015. 长期配施有机肥对宁夏引黄灌区水稻产量、氮素利用率和氮素淋失的影响. 农业环境科学学报，34（5）：947-954.

刘汝亮，张爱平，李友宏，等. 2016. 生物炭对引黄灌区水稻产量和氮素淋失的影响. 水土保持学报，30（2）：208-212.

刘绍辉，方精云. 1997. 土壤呼吸的影响因素及全球尺度下温度的影响. 生态学报，17（5）：469-476.

刘实，王传宽，许飞. 2010. 4 种温带森林非生长季土壤二氧化碳、甲烷和氧化亚氮通量. 生态学报，30（15）：4075-4084.

刘兴土，佟连军，武志杰，等. 1998. 东北地区粮食生产潜力的分析与预测. 地理科学，18（6）：501-509.

刘兴土，阎百兴. 2009. 东北黑土区水土流失与粮食安全. 中国水土保持，(1)：17-19.
刘绪军，任宪平，杨亚娟，等. 2015. 植物篱对黑土区坡耕地土壤蓄水性能的影响. 水土保持应用技术，(4)：7-9.
刘兆辉，薄录吉，李彦，等. 2016. 化肥减量施用技术及其对作物产量和生态环境的影响综述. 中国土壤与肥料. (4)：1-8.
路文涛，贾志宽，高飞，等. 2011. 秸秆还田对宁南旱作农田土壤水分及作物生产力的影响. 农业环境科学学报，30（1)：93-99.
吕刚，班小峰，雷泽勇，等. 2009. 东北黑土区坡耕地治理过程中的水土保持效应. 水土保持研究，16（6)：51-55.
罗林，胡甲均，姚建陆. 2007. 喀斯特石漠化坡耕地梯田建设的水土保持与粮食增产效益分析. 泥沙研究，(6)：8-13.
马璠. 2009. 作物植被对坡耕地土壤侵蚀的影响研究. 杨凌：西北农林科技大学博士学位论文.
孟祥志，刘艇，王继红. 2010. 我国黑土区水土流失研究综述. 中国农村水利水电，(10)：36-39.
慕平，张恩和，王汉宁，等. 2011. 连续多年秸秆还田对玉米耕层土壤理化性状及微生物量的影响. 水土保持学报，25（5)：81-85.
慕平，张恩和，王汉宁，等. 2012. 不同年限全量玉米秸秆还田对玉米生长发育及土壤理化性状的影响. 中国生态农业学报，20（3)：291-296.
潘剑玲，代万安，尚占环，等. 2013. 秸秆还田对土壤有机质和氮素有效性影响及机制研究进展. 中国生态农业学报，21（5)：526-535.
朴河春，刘广深，洪业汤. 1995. 干湿交替和冻融作用对土壤肥力和生态环境的影响. 生态学杂志，14（6)：29-34.
全云飞，龚佩珍，缪美林，等. 1996. 棉花专用包膜应用试验初报. 江苏农业科学，(2)：42-43.
申源源，陈宏. 2009. 秸秆还田对土壤改良的研究进展. 中国农学通报，25（19)：291-294.
石长金，陈礼耕，李家旺，等. 1994. 黑土坡耕地水土保持耕作技术措施体系及效益研究技术报告. 农业系统科学与综合研究，11（4)：290-293，296.
水利部，中国科学院，中国工程院. 2010. 中国水土流失防治与生态安全 东北黑土区卷. 北京：科学出版社：67-72.
斯琴高娃. 2010. 松花江流域农业面源污染特征研究. 呼和浩特：内蒙古师范大学硕士学位论文.
宋怡馨. 2013. 彰武县黑土区坡耕地治理措施效益分析. 农业科技与装备，(2)：8-9，12.
孙建，刘苗，李立军，等. 2010. 不同耕作方式对内蒙古旱作农田土壤侵蚀的影响. 生态学杂志，29（3)：485-490.
孙莉英，蔡强国，陈生永，等. 2012. 东北典型黑土区小流域水土流失综合防治体系. 水土保持研究，19（3)：36-41，57.
邰继承，张丽妍，杨恒山. 2009. 种植年限对紫花苜蓿栽培草地草产量及土壤氮、磷、钾含量的影响. 草业科学，26（12）：82-86.
田立生，谷伟，王帅. 2011. 东北黑土区水土流失与耕地退化现状及修复措施. 现代农业科技，（21）：308.
汪军，王德建，张刚，等. 2010a. 连续全量秸秆还田与氮肥用量对农田土壤养分的影响. 水土保持学报，24（5）：40-44.
汪军，王德建，张刚. 2010b. 秸秆还田下氮肥用量对稻田养分淋洗的影响. 中国生态农业学报，18（2）：316-321.
汪丽婷，马友华，储茵，等. 2011. 巢湖流域不同施肥措施下稻田氮磷流失特征与产量研究. 水土保持学报，25（10）：40-43.
汪太明，王业耀，香宝，等. 2011. 交替冻融对黑土可溶性有机质荧光特征的影响. 光谱学与光谱分析，31（8）：2136-2140.
王广帅，杨晓霞，任飞，等. 2013. 青藏高原高寒草甸非生长季温室气体排放特征及其年度贡献. 生态学杂志，32（8）：1994-2001.
王贵作. 2006. 黑龙江西部半干旱区坡耕地水分入渗、径流和土壤侵蚀量试验研究. 哈尔滨：东北农业大学硕士学位论文.
王娇月，宋长春，王宪伟，等. 2011. 冻融作用对土壤有机碳库及微生物的影响研究进展. 冰川冻土，33（2）：442-452.
王静，郭熙盛，王允青. 2010. 自然降雨条件下秸秆还田对巢湖流域旱地氮磷流失的影响. 中国生态农业学报，18（3）：492-495.
王静，郭熙盛，王允青，等. 2013. 秸秆还田对稻田磷素径流损失的影响. 安徽农业科学，41（13）：5761-5763.
王静，郭熙盛，吕国安，等. 2016. 农业面源污染研究进展及其发展态势分析. 江苏农业科学，44（9）：21-24.
王磊，陶少强，夏强，等. 2012. 秸秆还田对土壤氮素养分及微生物量氮动态变化的影响. 土壤通报，43（4）：810-814.
王念忠，沈波. 2011. 东北黑土区侵蚀沟发展状况及其对粮食安全的影响. 中国水土保持科学，9（5）：7-10.
王平，孙涛. 2013. 黑龙江省黑土区水土流失动态及成因分析. 水土保持通报，23（4）：8-11.
王同朝，聂胜委，黄晓书，等. 2006. 机械化秸秆全量还田的研究现状及应用前景. 河南农业大学学报，40（6）：672-677.
王万忠，焦菊英. 1996. 黄土高原坡面降雨产流产沙过程变化的统计分析. 水土保持通报，16（5）：21-28.
王娓，汪涛，彭书时，等. 2007. 冬季土壤呼吸：不可忽视的地气 CO_2 交换过程. 植物生态学报，31（3）：394-402.

王险峰. 2016. 化肥农药减施技术探讨. 化工管理，（34）：76-82.
王小彬，蔡典雄，张镜清，等. 2002. 旱地玉米秸秆还田及氮肥去向研究. 土壤学报，39：238-243.
王晓龙，张寒，姚志生，等. 2016. 季节性冻结高寒泥炭湿地非生长季甲烷排放特征初探. 气候与环境研究，21（3）：282-292.
王艳丽，张冬梅，李春阳. 2012. 农田氮磷流失对水体富营养化的影响及防治对策. 现代农业科技，（3）：305.
王艳语，苗俊艳. 2016. 世界及我国化肥施用水平分析. 磷肥与复肥，31（4）：22-23.
王燕，王小彬，刘爽，等. 2008. 保护性耕作及其对土壤有机碳的影响. 中国生态农业学报，16（3）：766-771.
卫伟，陈利顶，傅伯杰，等. 2006. 半干旱黄土丘陵沟壑区降水特征值和下垫面因子影响下的水土流失规律. 生态学报，26（11）：3847-3853.
温磊磊，郑粉莉，沈海鸥，等. 2014. 沟头秸秆覆盖对东北黑土区坡耕地沟蚀发育影响的试验研究. 泥沙研究，（6）：73-80.
邬岳阳，严力蛟，樊吉，等. 2012. 植物篱对红壤坡耕地的水土保持效应及其机理研究. 生态与农村环境学报，28（6）：609-615.
吴海生，隋媛媛. 2013. 东北黑土区沟道侵蚀及防治技术研究进展. 吉林水利，（7）：47-51.
吴限. 2015. 不同农田植被条件下黑土区坡耕地产流、产沙特征. 哈尔滨：东北农业大学硕士学位论文.
武志杰，陈利军. 2003. 缓释/控释肥料：原理与应用. 北京：科学出版社.
肖波，喻定芳，赵梅，等. 2013. 保护性耕作与等高草篱防治坡耕地水土及氮磷流失研究. 中国生态农业学报，21（3）：315-323.
谢培才，马冬梅，张兴德，等. 2005. 包膜缓释肥的养分释放及其增产效应. 中国土壤与肥料，（1）：23-28.
徐萌，张玉龙，黄毅，等. 2012. 秸秆还田对半干旱区农田土壤养分含量及玉米光合作用的影响. 干旱地区农业研究，30（4）：153-156.
徐明岗，李菊梅，李东初，等. 2009. 控释氮肥对双季稻生长及氮肥利用率的影响. 植物营养与肥料学报，15（5）：1010-1015.
徐秋明，曹兵，牛长青，等. 2005. 包衣尿素在田间的溶出特征和对夏玉米产量及氮肥利用率影响的研究. 土壤通报，36（3）：357-359.
许超. 2004. DMPP 氮肥蔬菜硝酸盐污染控制及硝酸盐速测技术研究. 杭州：浙江大学硕士学位论文.
许晓鸿，隋媛媛，张瑜，等. 2013. 黑土区不同耕作措施的水土保持效益. 中国水土保持科学，11（3）：12-16.
许晓鸿，任丽，崔斌，等. 2014. 暗棕壤坡耕地水保耕作保水保土效益分析. 水土保持通报，

34（1）：54-57.

薛利红，杨林章，施卫明，等. 2013. 农村面源污染治理的“4R”理论与工程实践——源头减量技术. 农业环境科学学报，（5）：881-888.

颜丽，宋杨，贺靖，等. 2004. 玉米秸秆还田时间和还田方式对土壤肥力和作物产量的影响. 土壤通报，35（2）：143-148.

杨滨娟，黄国勤，钱海燕，等. 2012. 秸秆还田对稻田生态系统环境质量影响的初步研究. 中国农学通报，28（2）：200-208.

杨俊刚，徐凯，佟二健，等. 2010. 控释肥料与普通氮肥混施对春白菜产量、品质和氮素损失的影响. 应用生态学报，21（12）：3147-3153.

杨帅，尹忠，郑子成，等. 2016. 四川黄壤区玉米季坡耕地自然降雨及其侵蚀产沙特征分析. 水土保持学报，30（4）：7-12.

杨思忠，金会军. 2008. 冻融作用对冻土区微生物生理和生态的影响. 生态学报，28（10）：5065-5074.

杨文文，张学培，王红英. 2005. 东北黑土区坡耕地水土流失及防治技术研究进展. 水土保持研究，12（5）：232-236.

姚辉，胡雪洋，朱江玲，等. 2015. 北京东灵山 3 种温带森林土壤呼吸及其 20 年的变化. 植物生态学报，39（9）：849-856.

叶丽丽，王翠红，彭新华，等. 2010. 秸秆还田对土壤质量影响研究进展. 湖南农业科学，（19）：52-55.

易军，张晴雯，王明，等. 2011. 宁夏黄灌区灌淤土硝态氮运移规律研究. 农业环境科学学报，30（10）：2046-2053.

殷睿，徐振锋，吴福忠，等. 2014. 雪被斑块对川西亚高山两个森林群落冬季土壤氮转化的影响. 生态学报，34（8）：2061-2067.

于宏兵，周启星. 2013. 松花江流域生态演变与鱼类生态. 天津：南开大学出版社.

于立芝，李东坡，俞守能，等. 2006. 缓/控释肥料研究进展. 生态学杂志，（12）：1559-1563.

余佳玲，陈历儒，张振华，等. 2014. 不同供氮水平下油菜品种硝态氮累积利用特征与氮效率差异. 中国土壤与肥料，（3）：18-22.

袁希平，雷廷武. 2004. 水土保持措施及其减水减沙效益分析. 农业工程学报，20（2）：296-300.

苑亚茹. 2013. 不同土地利用与施肥管理对黑土团聚体中有机碳的影响. 北京：中国科学院大学博士学位论文.

张爱平，刘汝亮，高霁，等. 2014. 生物炭对灌淤土氮素流失及水稻产量的影响. 农业环境科学学报，33（12）：2395-2403.

张爱平，刘汝亮，杨世琦，等. 2012. 基于缓释肥的侧条施肥技术对水稻产量和氮素流失的影响. 农业环境科学学报，31（3）：555-562.

张彬，何红波，赵晓霞，等. 2010. 秸秆还田量对免耕黑土速效养分和玉米产量的影响. 玉米科学，18（2）：81-84.

张朝，车玉萍，李忠佩. 2011. 水稻土模拟土柱中肥料氮素的迁移转化特征. 应用生态学报，22（12）：3236-3242.

张迪，韩晓增. 2010. 长期不同植被覆盖和施肥管理对黑土活性有机碳的影响. 中国农业科学，43（13）：2715-2723.

张殿发，郑琦宏. 2005. 冻融条件下土壤中水盐运移规律模拟研究. 地理科学进展，24（4）：46-55.

张惠，杨正礼，罗良国，等. 2011. 黄河上游灌区稻田 N_2O 排放特征. 生态学报，31（21）：6606-6615.

张俊兴，苏宏新，刘海丰，等. 2011. 3 种温带森林土壤呼吸季节动态及其驱动机制. 内蒙古农业大学学报（自然科学版），32（4）：160-167.

张民，史衍玺，杨守祥，等. 2001. 控释和缓释肥的研究现状与进展. 化肥工业，28（5）：27-30.

张裴雷，方华军，程淑兰，等. 2013. 增氮对青藏高原东缘高寒草甸土壤甲烷吸收的早期影响. 生态学报，33（13）：4101-4110.

张鹏，李涵，贾志宽，等. 2011. 秸秆还田对宁南旱区土壤有机碳含量及土壤碳矿化的影响. 农业环境科学学报，30（12）：2518-2525.

张晴雯，张惠，易军，等. 2010. 青铜峡灌区水稻田化肥氮去向研究. 环境科学学报，30（8）：1707-1714.

张树清，武翻江，牛建彪. 2004. 施用不同缓释肥料对春小麦产量的影响. 中国土壤与肥料，（2）：23-25.

张爽，张辉，王宇飞，等. 2010. 辽北低山丘陵区坡耕地土壤侵蚀作用效果研究. 中国农学通报，26（20）：309-312.

张四伟，张武益，王梁，等. 2012. 耕作方式与秸秆还田对麦田土壤有机碳积累的影响. 江西农业学报，24（8）：6-9.

张孝存，郑粉莉，安娟，等. 2013，典型黑土区坡耕地土壤侵蚀对土壤有机质和氮的影响. 干旱地区农业研究，31（4）：182-186.

张旭斌，武晓莉，桂莉莉，等. 2013. 坡耕地植物篱技术研究进展. 山西水土保持科技，（3）：1-3，11.

张学俭，武龙甫. 2007. 东北黑土地水土流失修复. 北京：中国水利水电出版社.

张艳洁，耿文. 2010. 有机肥的种类及作用特点. 农技服务，27（1）：65，85.

张永光，伍永秋，刘洪鹄，等. 2007. 东北漫岗黑土区地形因子对浅沟侵蚀的影响分析. 水土保持学报，21（1）：35-38，49.

赵伟，陈雅君，王宏燕，等. 2012. 不同秸秆还田方式对黑土土壤氮素和物理性状的影响. 玉米科学，20（6）：98-102.

郑圣先，聂军，熊金英，等. 2001. 控释肥料提高氮素利用率的作用及对水稻效应的研究. 植物营养与肥料学报，7（1）：11-16.

周旺明，王金达，刘景双，等. 2008. 冻融对湿地土壤可溶性碳、氮和氮矿化的影响. 生态与农村环境学报，24（3）：1-6.

周旺明，秦胜金，刘景双，等. 2011. 沼泽湿地土壤氮矿化对温度变化及冻融的响应. 农业环境科学学报，30（4）：806-811.

周叶锋，廖晓兰. 2007. 影响甲烷排放量的两种细菌——产甲烷细菌和甲烷氧化菌的研究进展. 农业环境科学学报，26（S1）：340-346.

周幼吾，郭东信. 1982. 我国多年冻土的主要特征. 冰川冻土，4（1）：1-19.

周幼吾，郭东信，邱国庆，等. 2000. 中国冻土. 北京：科学出版社.

朱冰冰，李占斌，李鹏，等. 2010. 草本植被覆盖对坡面降雨径流侵蚀影响的试验研究. 土壤学报，47（3）：401-407.

朱利群，夏小江，胡清宇，等. 2012. 不同耕作方式与秸秆还田对稻田氮磷养分径流流失的影响. 水土保持学报，26（6）：6-10.

Acharya C L，Kapur O C，Dixit S P. 1998. Moisture conservation for rainfed wheat production with alternative mulches and conservation tillage in the hills of north-west India. Soil and Tillage Research，46（3-4）：153-163.

Andrews J A，Matamala R，Westover K M，et al. 2000. Temperature effects on the diversity of soil heterotrophs and the $\delta^{13}C$ of soil-respired CO_2. Soil Biology and Biochemistry，32（5）：699-706.

Anisimov O A，Nelson F E. 1996. Permafrost distribution in the Northern Hemisphere under scenarios of climatic change. Global and Planetary Change，14（1-2）：59-72.

Anonym. 2003. Fertilized to death. Nature，425（6961）：894-895.

Aschebrook-Kilfoy B，Shu X O，Gao Y T，et al. 2013. Thyroid cancer risk and dietary nitrate and nitrite intake in the Shanghai women's health study. International Journal of Cancer，132（4）：897-904.

Bachoon D，Jones R D. 1992. Potential rates of methanogenesis in sawgrass marshes with peat and marl soils in the everglades. Soil Biology and Biochemistry，24（1）：21-27.

Baudoin E，Philippot L，Chèneby D，et al. 2009. Direct seeding mulchbased cropping increases both the activity and the abundance of denitrifier communities in a tropical soil. Soil Biology and Biochemistry，41（8）：1703-1709.

Bender M，Conrad R. 1995. Effect of CH_4，concentrations and soil conditions on the induction of CH_4，oxidation activity. Soil Biology and Biochemistry，27（12）：1517-1527.

Bijay-Singh，Shan Y H，Johnson-Beebout S E，et al. 2008. Crop residue management for lowland rice-based cropping systems in Asia. Advances in Agronomy，98：117-199.

Bodelier P L E，Laanbroek H J. 2004. Nitrogen as a regulatory factor of methane oxidation in soils and sediments. Fems Microbiology Ecology，47（3）：265-277.

Boeckx P，Cleemput O V. 1996. Methane Oxidation in a Neutral Landfill Cover Soil：Influence of Moisture Content，Temperature，and Nitrogen-Turnover. Journal of Environmental Quality，25（1）：178-183.

Bondlamberty B，Thomson A. 2010. A global database of soil respiration data. Biogeosciences Discussions，7（6）：1915-1926.

Bowden R D，Nadelhoffer K J，Boone R D，et al. 2011. Contributions of aboveground litter，belowground litter，and root respiration to total soil respiration in a temperate mixed hardwood forest. Canadian Journal of Forest Research，23（7）：1402-1407.

Breland T A. 1994. Enhanced nineralization and denitrification as a result of heterogeneous distribution of clover residues in soil. Plant and Soil，166（1）：1-12.

Brooks P D，Williams M W，Schmidt S K. 1996. Microbial activity under alpine snowpacks，Niwot Ridge，Colorado. Biogeochemistry，32（2）：93-113.

Brooks P D，Schmidt S K，Williams M W. 1997. Winter production of CO_2 and N_2O from Alpine tundra：Environmental controls and relationship to inter-system C and N fluxes. Oecologia，110（3）：403-413.

Brooks P D，Mcknight D，Elder K. 2005. Carbon limitation of soil respiration under winter snowpacks：potential feedbacks between growing season and winter carbon fluxes. Global Change Biology，11（2）：231-238.

Buckeridge K M，Grogan P. 2008. Deepened snow alters soil microbial nutrient limitations in arctic birch hummock tundra. Applied Soil Ecology，39（2）：210-222.

Buckeridge K M，Cen Y P，Layzell D B，et al. 2010. Soil biogeochemistry during the early spring in low arctic mesic tundra and the impacts of deepened snow and enhanced nitrogen availability. Biogeochemistry，99（1-3）：127-141.

Cao W Z，Hong H S，Yue S P，et al. 2003. Nutrient loss from an agricultural catchment and landscape modeling in southeast China. Bulletin of Environmental Contamination and Toxicology，71（4）：761-767.

Carlsen H N，Joergensen L，Degn H. 1991. Inhibition by ammonia of methane utilization in Methylococcus capsulatus （Bath）. Applied Microbiology and Biotechnology，35（1）：124-127.

Castillo V M，Martinezmena M，Albaladejo J. 1997. Runoff and soil loss to vegetation in a semiarid environment. Soil Science Society of America Journal，61（4）：1116-1121.

Chai Y J，Zeng X B，E，S Z，et al. 2014. Effects of freeze-thaw on aggregate stability and the organic carbon and nitrogen enrichment ratios in aggregate fractions. Soil Use and Management，30（4）：

507-516.

Chan A, Steudler P A, Bowden R D, et al. 2005. Consequences of nitrogen fertilization on soil methane consumption in a productive temperate deciduous forest. Biology and Fertility of Soils, 41 (3): 182-189.

Chapin F S, Zimov S A, Shaver G R. 1996. CO_2 fluctuation at high latitudes. Nature, 383: 585-586.

Chaves B, De Neve S, Boeckx P, et al. 2006. Manipulating the N release from ^{15}N labeled celery residues by using straw and vinasses. Soil Biology and Biochemistry, 38 (8): 2244-2254.

Chen H, Tian H Q. 2005. Does a General Temperature-Dependent Q_{10} Model of Soil Respiration Existat Biome and Global Scale?. Journal of Integrative Plant Biology, 47 (11): 1288-1302.

Cheng Y, Hu H, Di Y, et al. 2013. Effects of straw returning to fields on soils and current status in Anhui Province. Agricultural Science and Technology, 14 (5): 776-779.

Choudhury A T M A, Kennedy I R. 2005. Nitrogen fertilizer losses from rice soils and control of environmental pollution problems. Communications in Soil Science and Plant Analysis, 36 (11-12): 1625-1639.

Crill P M, Martikainen P J, Nykänen H, et al. 1994. Temperature and N fertilization effects on methane oxidation in a drained peatland soil. Soil Biology and Biochemistry, 26 (10): 1331-1339.

Cruse R M, Herndl C G. 2009. Balancing corn stover harvest for biofuels with soil and water conservation. Journal of Soil and Water Conservation, 64 (4): 286-291.

Daou L, Périssol C, Luglia M, et al. 2016. Effects of drying-rewetting or freezing-thawing cycles on enzymatic activities of different mediterranean soils. Soil Biology and Biochemistry, 93: 142-149.

Deluca T H, Keeney D R, Mccarty G W. 1992. Effect of freeze-thaw events on mineralization of soil nitrogen. Biology and Fertility of Soils, 14 (2): 116-120.

Dörsch P, Palojärvi A, Mommertz S. 2004. Overwinter greenhouse gas fluxes in two contrasting agricultural habitats. Nutrient Cycling in Agroecosystems, 70 (2): 117-133.

Du E, Zhou Z, Li P, et al. 2013. Winter soil respiration during soil-freezing process in a boreal forest in Northeast China. Journal of Plant Ecology, 6 (5): 349-357.

Dunfield P, Knowles R, Dumont R, et al. 1993. Methane production and consumption in temperate and subarctic peat soils: Response to temperature and pH. Soil Biology and Biochemistry, 25 (3): 321-326.

Eagle A J, Bird J A, Horwath W R. 2000. Rice yield and nitrogen efficiency under alternative straw management practices. Agronomy Journal, 92 (6): 1096-1103.

Edwards K A, Jefferies R L. 2013. Inter-annual and seasonal dynamics of soil microbial biomass and nutrients in wet and dry low-Arctic sedge meadows. Soil Biology and Biochemistry, 57 (3): 83-90.

Edwards K A, Mcculloch J, Kershaw G P, et al. 2006. Soil microbial and nutrient dynamics in a wet

Arctic sedge meadow in late winter and early spring. Soil Biology and Biochemistry，38（9）：2843-2851.

Elberling B. 2007. Annual soil CO_2，effluxes in the High Arctic：The role of snow thickness and vegetation type. Soil Biology and Biochemistry，39（2）：646-654.

Etal C J L. 2005. Plant Nutrition for Food Security，Human Health and Environmental Protection. Beijing：Tsinghua University Press.

Fahnestock J T，Jones M H，Welker J M. 1999. Wintertime CO_2 efflux from arctic soils：implications for annual carbon budgets. Global Biogeochemistry Cycles，13（3）：775-779.

Fang H J，Cheng S L，Yu G R，et al. 2014. Low-level nitrogen deposition significantly inhibits methane uptake from an alpine meadow soil on the Qinghai-Tibetan Plateau. Geoderma，213（1）：444-452.

Filho C C，Henklain J C，Vieira M J，et al. 1991. Tillage methods and soil and water conservation in southern Brazil. Soil and Tillage Research，20（2-4）：271-283.

Flessa H，Dörsch P，Beese F. 1995. Seasonal variation of N_2O and CH_4，fluxes in differently managed arable soils in southern Germany. Journal of Geophysical Research Atmospheres，100（D11）：23115-23124.

Follett R F. 1989. Nitrogen Management and Ground Water Protection. New York：Elsevier science publishing company INC.

Freppaz M，Williams B L，Edwards A C，et al. 2007. Simulating soil freeze/thaw cycles typical of winter alpine conditions：implications for N and P availability. Applied Soil Ecology，35（1）：247-255.

Friborg T，Christensen T R，Søgaard H. 1997. Rapid response of greenhouse gas emission to early spring thaw in a subarctic mire as shown by micrometeorological techniques. Geophysical Research Letters，24（23）：3061-3064.

Fu B J，Wang Y F，Lu Y H，et al. 2009. The effects of land-use combinations on soil erosion：a case study in the Loess Plateau of China. Progress in Physical Geography，33（6）：793-804.

Gao C，Sun B，Zhang T L. 2006. Sustainable nutrient management in Chinese agriculture：challenges and perspective. Pedosphere，16（2）：253-263.

Gburek W J，Sharpley A N，Heathwait E L，et al. 2000. Phosphorus management at the water shed scale：a modificationof the phosphorus index. Journal of Environmental Quality，29（1）：130-144.

Gilliam F S. 2010. Spatial variability in soil microbial communities in a nitrogen-saturated hardwood forest watershed. Nature Precedings，75（1）：280-286.

Głąb T，Kulig B. 2008. Effect of mulch and tillage system on soil porosity under wheat（Triticum aestivum）. Soil and Tillage Research，99（2）：169-178.

Gollany H T，Molina J A E，Clapp C E，et al. 2004. Nitrogen leaching and denitrification in continuous cornas related to residue management and nitrogen fertilization. Environmental Management，33（1）：289-298.

Goodroad L L，Keeney D R. 1984. Nitrous oxide emissions from soils during thawing. Canadian Journal of Soil Science，64（2）：187-194.

Graham M H，Haynes R J. 2005. Organic matter accumulation and fertilizer-induced acidification interact to affect soil microbial and enzyme activity on a long-term sugarcane management experiment. Biology and Fertility of Soils，41（4）：249-256.

Groffman P M，Driscoll C T，Fahey T J，et al. 2001a. Colder soils in a warmer world：A snow manipulation study in a northern hardwood forest ecosystem. Biogeochemistry，56（2）：135-150.

Groffman P M，Driscoll C T，Fahey T J，et al. 2001b. Effects of mild winter freezing on soil nitrogen and carbon dynamics in a northern hardwood forest. Biogeochemistry，56（2）：191-213.

Groffman P M，Hardy J P，Driscoll C T，et al. 2006. Snow depth，soil freezing，and fluxes of carbon dioxide，nitrous oxide and methane in a northern hardwood forest. Global Change Biology，12（9）：1748-1760.

Groffman P M，Hendrix P F，Crossley D A. 1987. Nitrogen dynamics in conventional and no-tillage agroecosystems with inorganic fertilizer or legumenitrogen inputs. Plant and Soil，97（3）：315-332.

Grogan P，Michelsen A，Ambus P，et al. 2004. Freeze-thaw regime effects on carbon and nitrogen dynamics in sub-arctic heath tundra mesocosms. Soil Biology and Biochemistry，36（4）：641-654.

Henriksen T M，Breland T A. 1999. Nitrogen availability effects on carbon mineralization，fungal and bacterial growth，and enzyme activities during decomposition of wheat straw in soil. Soil Biology and Biochemistry，31（8）：1121-1134.

Henry H A L. 2007. Soil freeze-thaw cycle experiments：trends，methodological weaknesses and suggested improvements. Soil Biology and Biochemistry，39（5）：977-986.

Henry H A L. 2008. Climate change and soil freezing dynamics：historical trends and projected changes. Climatic Change，87（3-4）：421-434.

Hermle S，Anken T，Leifeld J，et al. 2008. The effect of the tillage system on soil organic carbon content under moist，cold-temperate conditions. Soil and Tillage Research，98（1）：94-105.

Herrmann A，Witter E. 2002. Sources of C and N contributing to the flush in mineralization upon freeze-thaw cycles in soils. Soil Biology and Biochemistry，34（10）：1495-1505.

Hobbie S E，Schimel J P，Trumbore S E，et al. 2000. Controls over carbon storage and turnover in high-latitude soils. Global Change Biology，6（S1）：196-210.

Hollesen J，Matthiesen H，Møller A B，et al. 2015. Permafrost thawing in organic Arctic soils accelerated by ground heat production. Nature Climate Change，5（6）：574-578.

Hubbard R M，Ryan M G，Elder K，et al. 2005. Seasonal patterns in soil surface CO_2 flux under snow cover in 50 and 300 year old subalpine forest. Biogeochemistry，73（1）：93-107.

Hulugalle N，Lal R，Terkuile C H H. 1986. Amelioration of soil physical properties by mucuna after mechanized land cleaning of a tropical rain forest. Soil Science，141（3）：219-224.

Hundal H S，Biswas C R，Vig A C. 1988. Phosphorous sorption characteristics of flooded soil attended with green manures. Tropical Agriculture，65（2）：185-187.

IPCC. 2013. Climate Change 2013：The physical science basis. Contribution of working group I to the fifth assessment report of the intergovernmental panel on climate change. Cambridge and New York：Cambridge University Press.

Jahn M，Sachs T，Mansfeldt T，et al. 2010. Global climate change and its impact on the terrestrial Arctic carbon cycle with special regards to ecosystem components and the greenhouse-gas balance. Journal of Plant Nutrition and Soil Science，173（5）：627-643.

Janssens I A，Pilegaard K. 2003. Large seasonal changes in Q_{10} of soil respiration in a beech forest. Global Change Biology，9（6）：911-918.

Jiang Y H，Yu Z R，Ma Y L. 2001. The effect of stubble return on Agro-ecological system and crop growth. Chinese Journal of Soil Science，32（5）：209-213.

Ju X. 2014. Direct pathway of nitrate produced from surplus nitrogen inputs to the hydrosphere. Proceedings of the National Academy of Sciences of the United States of America，111（4）：E416.

Kaewpradit W，Toomsan B，Cadisch G，et al. 2009. Mixing groundnut residues and rice straw to improve rice yield and N use efficiency. Field Crops Research，110（2）：130-138.

Kara Ö，ŞEnsoy H，Bolat I. 2010. Slope length effects on microbial biomass and activity of eroded sediments. Journal of Soils and Sediments，10（3）：434-439.

Kasperbauer M J. 1999. Cotton seeding，root growth responses to light reflected to the shoots from straw-covered versus bare soil. Crop Science，39（1）：164-167.

Kiran J K，Khanif Y M，Amminuddin H，et al. 2010. Effects of controlled release urea on the yield and nitrogen nutrition of flooded rice. Communications in Soil Science and Plant Analysis，41（7）：811-819.

Kludze H K，Delaune R D. 1995. Gaseous exchange and wetland plant response to soil redox intensity and capacity. Soil Science Society of America，59（3）：939-945.

Knowles O A，Robinson B H，Contangelo A，et al. 2011. Biochar for the mitigation of nitrate leaching from soil amended with biosolids. Science of the Total Environment，409（17）：3206-3210.

Kobayashi H，Kubota T. 2004. A study on the spatial distribution of nitrogen and phosphorus balance，and regional nitrogen flow through crop production. Environmental Geochemistry and Health，26（2-3）：187-198.

Köhler P, Knorr G, Bard E. 2011. Permafrost thawing as a possible source of abrupt carbon release at the onset of the Bølling/Allerød. Nature Communications, 5（5）: 5520.

Kong A Y, Six J, Bryant D C, et al. 2005. The relationship between carbon input, aggregation, and soil organic carbon stabilization in sustainable cropping systems. Soil Science Society of America Journal, 69（4）: 1078-1085.

Kreyling J, Peršoh D, Werner S, et al. 2012. Short-term impacts of soil freeze-thaw cycles on roots and root-associated fungi of holcus lanatus and calluna vulgaris. Plant and Soil, 353（1-2）: 19-31.

Kumar K, Goh K M. 1999. Crop residues and management practices: effects on soil quality, soil nitrogen dynamics, crop yield and nitrogen recovery. Advances in Agronomy, 68（8）: 297-319.

Kumar K, Goh K M. 2003. Nitrogen release from crop residues and organic amendments as effected by biochemical composition. Communications in Soil Science and Plant Analysis, 34（17-18）: 2441-2460.

Kumar N, Grogan P, Chu H, et al. 2013. The effect of freeze-thaw conditions on arctic soil bacterial communities. Biology, 2（1）: 356-377.

Lal R. 2009. Soil quality impacts of residuce removal for bioethanol production. Soil Tillage and Research, 102: 233-241.

Larsen K S, Jonasson S, Michelsen A. 2002. Repeated freeze-thaw cycles and their effects on biological processes in two arctic ecosystem types. Applied Soil Ecology, 21（3）: 187-195.

Lehrsch G A, Sojka R E, Carter D L, et al. 1991. Freezing effects on aggregate stability affected by texture, mineralogy, and organic matter. Soil Science Society of America Journal, 55（5）: 1401-1406.

Li X X, Hu C S, Delgado J A, et al. 2007. Increased nitrogen use efficiencies as a key mitigation alternative to reduce nitrate leaching in north china plain. Agricultural Water Management, 89（1）: 137-147.

Lipson D A, Schadt C W, Schmidt S K. 2002. Changes in soil microbial community structure and function in an alpine dry meadow following spring snow melt. Microbial Ecology, 43（3）: 307-314.

Liptzin D, Williams M W, Helmig D, et al. 2009. Process-level controls on CO_2 fluxes from a seasonally snow-covered subalpine meadow soil, niwot ridge, colorado. Biogeochemistry, 95（1）: 151-166.

Liu L, Wu Y, Wu N, et al. 2010. Effects of freezing and freeze-thaw cycles on soil microbial biomass and nutrient dynamics under different snow gradients in an alpine meadow （Tibetan Plateau）. Polish Journal of Ecology, 58（4）: 717-728.

Liu Q J, An J, Wang L Z, et al. 2015. Influence of ridge height, row grade, and field slope on soil erosion in contour ridging systems under seepage conditions. Soil and Tillage Research, 147（4）:

50-59.

Ludwig J A，Wilcox B P，Breshears D D，et al. 2005. Vegetation patches and runoff-erosion as interacting ecohydrological processes in semiarid landscapes. Ecology，86（2）：288-297.

Mast M A，Wickland K P，Striegl R T，et al. 1998. Winter fluxes of CO_2 and CH_4 from subalpine soils in Rocky Mountain National Park，Colorado. Global Biogeochemical Cycles，12（4）：607-620.

Mastepanov M，Sigsgaard C，Dlugokencky E J，et al. 2008. Large tundra methane burst during onset of freezing. Nature，456（7222）：628-630.

Matzner E，Borken W. 2008. Do freeze-thaw events enhance C and N losses from soils of different ecosystems? a review. European Journal of Soil Science，59（2）：274-284.

Mcmahon S K，Wallenstein M D，Schimel J P. 2009. Microbial growth in Arctic tundra soil at −2℃. Environmental Microbiology Reports，1（2）：162-166.

Mitra S，Aulakh M S，Wassmann R，et al. 2005. Triggering of methane production in rice soils by root exudates. Soil Science Society of America Journal，69（2）：563-570.

Mkhabela M S，Madani A，Gordon R，et al. 2008. Gaseous and leaching nitrogen losses from no-tillage and conventional tillage systems following surface application of cattle manure. Soil and Tillage Research，98（2）：187-199.

Monson R K，Lipson D L，Burns S P，et al. 2006. Winter forest soil respiration controlled by climate and microbial community composition. Nature，439（7077）：711-714.

Monson R K，Sparks J P，Rosenstiel T N，et al. 2005. Climatic influences on net ecosystem CO_2 exchange during the transition from wintertime carbon source tos pringtime carbon s ink in a highelevation，subalpine forest. Oecologia，146（1）：130-147.

Morgner E，Elberling B，Strebel D，et al. 2010. The importance of winter in annual ecosystem respiration in the High Arctic：effects of snow depth in two vegetation types. Polar Research，29（1）：58-74.

Nakai Y，Kitamura K，Suzuki S，et al. 2003. Year-long carbon dioxide exchange above a broadleaf deciduous forest in Sapporo，Northern Japan. Tellus Series B-chemical and Physical Meteorology，55（2）：305-312.

Nannipieri P，Eldor P. 2009. The chemical and functional characterization of soil N and its biotic components. Soil Biology and Biochemistry，41（12）：2357-2369.

Nesbit S P，Breitenbeck G A. 1992. A laboratory study of factors influencing methane uptake by soils. Agriculture Ecosystems and Environment，41（1）：39-54.

Nielsen C B，Groffman P M，Hamburg S P，et al. 2001. Freezing effects on carbon and nitrogen cycling in northern hardwood forest soils. Soil Science Society of America Journal，65（6）：1723-1730.

Norwood C A. 1999. Water use and yield of dry land row crops as effected by tillage system. . Agronomy Journal，91（1）：108-115.

Oechel W C，Vourlitis G L，Hastings S J，et al. 2000. Acclimation of ecosystem CO_2 exchange in the Alaskan Arctic in response to decadal climate warming. Nature，406（6799）：978-981.

Öquist M G，Nilsson M，Sörensson F，et al. 2004. Nitrous oxide production in a forest soil at low temperatures-processes and environmental controls. Fems Microbiology Ecology，49（3）：371-378.

Öquist M G，Sparrman T，Klemedtsson L，et al. 2009. Water availability controls microbial temperature responses in frozen soil CO_2 production. Global Change Biology，15（11）：2715-2722.

Packalen M S，Finkelstein S A，Mclaughlin J W. 2014. Carbon storage and potential methane production in the Hudson Bay Lowlands since mid-Holocene peat initiation. Nature Communications，5：4078.

Panikov N S，Dedysh S N. 2000. Cold season CH_4 and CO_2 emission from boreal peat bogs （West Siberia）：winter fluxes and thaw activation dynamics. Global Biogeochemical Cycles，14（4）：1071-1080.

Parashar D C，Gupta P K，Rai J，et al. 1993. Effect of soil temperature on methane emission from paddy fields. Chemosphere，26（1-4）：247-250.

Pokarzhevskii A D，van Straalen N M，Zaboev D P，et al. 2003. Microbial links and element flows in nested detrital food-webs. Pedobiologia，47（3）：213-224.

Price P B，Sowers T. 2004. Temperature dependence of metabolic rates for microbial growth，maintenance，and survival. Proceedings of the National Academy of Sciences of the United States of America，101（13）：4631-4636.

Priemé A，Christensen S. 1997. Seasonal and spatial variation of methane oxidation in a Danish spruce forest. Soil Biology and Biochemistry，29（8）：1165-1172.

Priemé A，Christensen S. 2001. Natural perturbations，drying-wetting and freezing-thawing cycles，and the emission of nitrous oxide，carbon dioxide and methane from farmed organic soils. Soil Biology and Biochemistry，33（15）：2083-2091.

Qin L，Lv G H，He X M，et al. 2015. Winter soil CO_2，efflux and its contribution to annual soil respiration in different ecosystems of Ebinur Lake Area. Eurasian Soil Science，48（8）：871-880.

Raich J W，Schlesinger W H. 1992. The global carbon dioxide flux in soil respiration and its relationship to vegetation and climate. Tellus Series B-chemical and Physical Meteorology，44（2）：81-99.

Ravishankara A R，Daniel J S，Portmann R W. 2009. Nitrous Oxide （N_2O）：The Dominant Ozone-Depleting Substance Emitted in the 21st Century. Journal of Transport Geography，19（19）：807-820.

Recous S，Aita C，Mary B. 1999. In situ changes in gross N transformations in bare soil after addition of straw. Soil Biology and Biochemistry，31（1）：119-133.

Reinmann A B，Templer P H，Campbell J L. 2012. Severe soil frost reduces losses of carbon and nitrogen from the forest floor during simulated snowmelt：a laboratory experiment. Soil Biology and Biochemistry，44（1）：65-74.

Rey A，Pegoraro E，Tedeschi V，et al. 2002. Annual variation in soil respiration and its components in a coppice oak forest in Central Italy. Global Change Biology，8（9）：851-866.

Ryan M G，Waring R H. 1992. Maintenance respiration and stand development in a subalpine lodgepole pine forest. Ecology，73（6）：2100-2108.

Samadi A，Gilkes R J. 1999. Phosphorus transformations and their relationships with calcareous soil properties of southern western Australia. Soil Science Society of America Journal，63（4）：809-815.

Sasal M C，Andriulo A E，Aboada M A. 2006. Soil porosity haracteristics and water movement under zero tillage in silty soils in Argentinean Pampas. Soil and Tillage Research，87（1）：9-18.

Schadt C W，Martin A P，Lipson D A，et al. 2003. Seasonal dynamics of previously unknown fungal lineages in tundra soils. Science，301（5638）：1359-1361.

Schimel J P，Clein J S. 1996. Microbial response to freeze-thaw cycles in tundra and taiga soils. Soil Biology and Biochemistry，28（8）：1061-1066.

Schimel J P，Bennett J. 2004. Nitrogen mineralization：Challenges of a changing paradigm. Ecology，85（3）：591-602.

Schimel J P，Bilbrough C，Welker J M. 2004. Increased snow depth affects microbial activity and nitrogen mineralization in two Arctic tundra communities. Soil Biology and Biochemistry，36（2）：217-227.

Schimel J P，Fahnestock J，Michaelson G. 2006. Cold season production of CO_2 in arctic soils：can laboratory and field estimates be reconciled through a simple modeling approach? Arctic Antarctic Alpine Research，38（2）：249-256.

Schimel J P，Balser T C，Matthew W. 2007. Microbial stress-response physiology and its implications for ecosystem function. Ecology，88（6）：1386-1394.

Schindlbacher A，Zechmeister-Boltenstern S，Glatzel G，et al. 2007. Winter soil respiration from an Austrian mountain forest. Agricultural and Forest Meteorology，146（3-4）：205-215.

Schmidt S K，Costello E K，Nemergut D R，et al. 2007. Biogeochemical consequences of rapid microbial turnover and seasonal succession in soil. Ecology，88（6）：1379-1385.

Schmidt S K，Lipson D A. 2004. Microbial growth under the snow：implications for nutrient and allelochemical availability in temperate soils. Plant and Soil，259（1-2）：1-7.

Schuur E A G，Mcguire A D，Schädel C，et al. 2015. Climate change and the permafrost carbon feedback. Nature，520（7546）：171-179.

Schuur E A，Abbott B. 2011. Climate change：high risk of permafrost thaw. Nature，480（7375）：32-33.

Serreze M C，Walsh J E，Chapin F S，et al. 2000. Observational evidence of recent change in the northern high-latitude environment. Climatic Change，46（1-2）：159-207.

Shaviv A，Mikkelsen R L. 1993. Controlled-release fertilizers to increase efficiency of nutrient use and minimize environmental degradation-A review. Nutrient Cycling in Agroecosystems，35（1-2）：1-12.

Shigaki F，Sharpley A，Prochnow L I. 2007. Rainfall intensity and phosphorus source effects on phosphorus transport in surface runoff from soil trays. Science of the Total Environment，373（1）：334-343.

Shively G E. 1999. Risks and returns from soil conservation：evidence from low-income farms in the Philippines. Agricultural Economics，21（1）：53-67.

Sinsabaugh R L，Carreiro M M，Repert D A. 2002. Allocation of extracellular enzymatic activity in relation to litter composition，N deposition，and mass loss. Biogeochemistry，60（1）：1-24.

Smith J，Wagner-Riddle C，Dunfield K. 2010. Season and management related changes in the diversity of nitrifying and denitrifying bacteria over winter and spring. Applied Soil Ecology，44（2）：138-146.

Snyder C S，Bruulsema T W，Jensen T L，et al. 2009. Review of greenhouse gas emissions from crop production systems and fertilizer management effects. Agriculture Ecosystems and Environment，133（3-4）：247-266.

Sobek S. 2014. Climate science：cold carbon storage. Nature，511（7510）：415-417.

Sommerfeld R A，Massman W J，Musselman R C，et al. 1996. Diffusional flux of CO_2，through snow：spatial and temporal variability among alpine-subalpine sites. Global Biogeochemical Cycles，10（3）：473-482.

Sommerfeld R A，Mosier A R，Musselman R C. 1993. CO_2，CH_4 and N_2O flux through a Wyoming snowpack and implications for global budgets. Nature，361（6408）：140-142.

Song C，Wang Y，Wang Y，et al. 2006. Emission of CO_2，CH_4 and N_2O from freshwater marsh during freeze-thaw period in Northeast of China. Atmospheric Environment，40（35）：6879-6885.

Song W M，Wang H，Wang G S，et al. 2015. Methane emissions from an alpine wetland on the Tibetan Plateau：Neglected but vital contribution of the nongrowing season. Journal of Geophysical Research Biogeosciences，120（8）：1475-1490.

Soon Y K，Arshad M A，Haq A，et al. 2007. The influence of 12 years of tillage and crop rotation on total and labile organic carbon in a sandy loam soil. Soil and Tillage Research，95（1）：38-46.

Sposito G. 1984. The surface chemistry of soils. Oxford：Oxford University Press.

Steudler P A，Bowden R D，Melillo J M，et al. 1989. Influence of nitrogen fertilization on methane uptake in temperate forest soils. Nature，341（6240）：314-316.

Streets D G. 2006. Black smoke in China and its climate effects. Asian Economic Papers，4（2）：1-23.

Striegl R G. 1993. Diffusional limits to the consumption of atmospheric methane by soils. Chemosphere，26（1）：715-720.

Sulzman E W，Brant J B，Bowden R D，et al. 2005. Contribution of aboveground litter，below ground litter，and rhizosphere respiration to total soil CO_2 efflux in an old growth coniferous forest. Biogeochemistry，73（1）：231-256.

Suzuki S，Ishizuka S，Kitamura K，et al. 2006. Continuous estimation of winter carbon dioxide efflux from the snow surface in a deciduous broadleaf forest. Journal of Geophysical Research Atmospheres，111（D17）：3603-3609.

Takahashi S，Uenosono S，Ono S. 2003. Short and long-term effects of rice straw application on nitrogen uptake by crops and nitrogen mineralization under flooded and upland conditions. Plant and Soil，251（2）：291-301.

Tan Z X，Lal R，Liu S G. 2006. Using experimental and geospatial data to estimate regional carbon sequestration potential under no-till pracetice. Soil Science，171（12）：950-959.

Tarnocai C，Canadell J G，Schuur E A G，et al. 2009. Soil organic carbon pools in the northern circumpolar permafrost region. Global Biogeochemical Cycles，23（2）：2607-2617.

Teepe R，Ludwig B. 2004. Variability of CO_2 and N_2O emissions during freeze-thaw cycles：results of model experiments on undisturbed forest-soil cores. Journal of Plant Nutrition and Soil Science，167（2）：153-159.

Thomas K L，Benstead J，Davies K L，et al. 1996. Role of wetland plants in the diurnal control of CH_4 and CO_2 fluxes in peat. Soil Biology and Biochemistry，28（1）：17-23.

Torn M S，Harte J. 1996. Methane consumption by montane soils：implications for positive and negative feedback with climatic change. Biogeochemistry，32（1）：53-67.

Tosti G，Benincasa P，Farneselli M，et al. 2012，Green manuring effect of pure and mixed barley-hairy vetch winter cover crops on maize and processing tomato N nutrition. European Journal of Agronomy，43（3）：136-146.

Treat C C，Frolking S. 2013. Carbon storage：a permafrost carbon bomb? Nature Climate Change，3（10）：865-867.

Tunney H，Carton O T，Brookes P C，et al. 1997. Phosphorus Loss from Soil to Water. Wallingford：CABI Publishing.

Udawatta R P，Motavallli P P，Garrett H E，et al. 2006. Nitrogen losses in runoff from three adjacent agricultural watersheds with clay pan soils. Agriculture, Ecosystems and Environment, 117: 39-48.

V. Škrdleta. 1987. Hauck R D (ed.): Nitrogen in crop production. Biologia Plantarum, 29 (1): 75.

Veillette M, Viens P, Ramirez A A, et al. 2011. Effect of ammonium concentration on microbial population and performance of a biofilter treating air polluted with methane. Chemical Engineering Journal, 171 (3): 1114-1123.

Vitousek P M, Howarth R W. 1991. Nitrogen limitation on land and in the sea: how can it occur?. Biogeochemistry, 13 (2): 87-115.

Walder F, Niemann H, Natarajan M, et al. 2012. Mycorrhizal networks: common goods of plants shared under unequal terms of trade. Plant physiology, 159 (2): 789-797.

Waldrop M P, Balser T C, Firestone M K. 2000. Linking microbial community composition to function in a tropical soil. Soil Biology and Biochemistry, 32 (13): 1837-1846.

Wang A, Wu F Z, Yang W Q, et al. 2012. Abundance and composition dynamics of soil ammonia-oxidizing archaea in an alpine fir forest on the eastern Tibetan Plateau of China. Canadian Journal of Microbiology, 58 (5): 572-580.

Wang M X, Shang-Guan J X, Shen R X. 1993. Methane production, emission and possible control measures in the rice agriculture. Advances in Atmospheric Sciences, 10 (3): 307-314.

Wang T C, Wei L, Wang H Z, et al. 2011. Responses of rainwater conservation, precipitation-use efficiency and grain yield of summer maize to a furrow-planting and straw-mulching system in northern China. Field Crops Research, 124 (2): 223-230.

Wang W, Peng S S, Wang T, et al. 2010. Winter soil CO_2 efflux and its contribution to annual soil respiration in different ecosystems of a forest-steppe ecotone, north China. Soil Biology and Biochemistry, 42 (3): 451-458.

Wang X G, Zhu B, Gao M R, et al. 2008. Seasonal variations in soil respiration and temperature sensitivity under three land-use types in hilly areas of the Sichuan Basin. Australian Journal of Soil Research, 46 (8): 727-734.

Wang Y, Liu H, Chung H, et al. 2014. Non-growing-season soil respiration is controlled by freezing and thawing processes in the summer monsoon-dominated Tibetan alpine grassland. Global Biogeochemical Cycles, 28 (10): 9-20.

Willison T W, Webster C P, Goulding K W T, et al. 1995. Methane oxidation in temperate soils: effects of land use and the chemical form of nitrogen fertilizer. Chemosphere, 30 (3): 539-546.

Wrest park history contributors. 2009. Chapter 5 soil management. Biosystems Engineering, 103 (S1): 61-69.

Xu M, Qi Y. 2001. Spatial and seasonal variations of Q_{10} determined by soil respiration measurements at a Sierra Nevadan forest. Global Biogeochemical Cycles, 15 (3): 687-696.

Xu X Z，Xu Y，Chen S C，et al. 2010. Soil loss and conservation in the black soil region of Northeast China：a retrospective study. Environmental Science and Policy，13（8）：793-800.

Yagi K，Minami K. 2012. Effect of organic matter application on methane emission from some Japanese paddy fields. Soil Science and Plant Nutrition，36（4）：599-610.

Yan W J，Huang M X，Zhang S，et al. 2001. Phosphorus export by runoff from agricultural field plots with different crop cover in Lake Taiku watershed. Journal of Environmental Science，13（4）：502-507.

Yanai Y，Toyota K，Okazaki M. 2007. Response of denitrifying communities to successive soil freeze-thaw cycles. Biology and Fertility of Soils，44（1）：113-119.

Yanai Y，Toyota K，Okazaki M. 2011. Effects of successive soil freeze-thaw cycles on soil microbial biomass and organic matter decomposition potential of soils. Soil Science and Plant Nutrition，50（6）：821-829.

Yang Q，Xu M，Chi Y，et al. 2014. Effects of freeze damage on litter production，quality and decomposition in a loblolly pine forest in central China. Plant and Soil，374（1-2）：449-458.

Yang S J，He H P，Lu S L，et al. 2008. Quantification of crop residue burning in the field and its influence on ambient air quality in Suqian，China. Atmospheric Environment，42（9）：1961-1969.

Yu X，Zou Y，Ming J，et al. 2011. Response of soil constituents to freeze-thaw cycles in wetland soil solution. Soil Biology and Biochemistry，43（6）：1308-1320.

Zhang J S，Zhang F P，Yang J H，et al. 2011a. Emissions of N_2O and NH_3，and nitrogen leaching from direct seeded rice under different tillage practices in central China. Agriculture Ecosystems and Environment，140（1-2）：164-173.

Zhang T J，Barry R G，Armstrong R L. 2004. Application of satellite remote sensing techniques to frozen ground studies. Polar Geography，28（3）：163-196.

Zhang W，Mo J，Zhou G，et al. 2008. Methane uptake responses to nitrogen deposition in three tropical forests in southern China. Journal of Geophysical Research Atmospheres，113，D11116，doi：10.1029/2007JD009195.

Zhang X，Bai W，Gilliam F S，et al. 2011b. Effects of in situ，freezing on soil net nitrogen mineralization and net nitrification in fertilized grassland of northern China. Grass and Forage Science，66（3）：391-401.

Zhang X，Wang W，Chen W，et al. 2014. Comparison of seasonal soil microbial process in snow-covered temperate ecosystems of Northern China. Plos One，9（3）：e92985. doi：10.137/journal.pone.0092985.

Zhao L P，Ma Y B，Liang G Q，et al. 2009. Phosphorous efficacy in four Chinese long-term experiments with different soil properties and climate characteristics. Communications in Soil Science and Plant Analysis，40（19-20）：3121-3138.

Zhu Z L，Chen D L. 2002. Nitrogen fertilizer use in China-Contributions to food production，impacts on the ebvironment and best management strategies. Nutrient Cycling in Agroecosystems，63（2-3）：117-127.

Zimov S A，Davidov S P，Voropaev Y V，et al. 1996. Siberian CO_2 efflux in winter as a CO_2 source and cause of seasonality in atmospheric CO_2. Climatic Change，33（1）：111-120.

Zimov S A，Zimova G M，Daviodov S P，et al. 1993. Winter biotic activity and production of CO_2，in Siberian soils：a factor in the greenhouse effect. Journal of Geophysical Research Atmospheres，98（D3）：5017-5023.

附　录　专利、试验照片

证书号第2833094号

发明专利证书

发 明 名 称：具有水土氮磷保持作用的植物篱埂垄向区田及耕作方法

发　明　人：杨世琦；吴会军；韩瑞芸；杨正礼；张爱平

专　利　号：ZL 2015 1 0552968.X

专利申请日：2015年09月02日

专 利 权 人：中国农业科学院农业环境与可持续发展研究所

授权公告日：2018年03月02日

本发明经过本局依照中华人民共和国专利法进行审查，决定授予专利权，颁发本证书并在专利登记簿上予以登记。专利权自授权公告之日起生效。

本专利的专利权期限为二十年，自申请日起算。专利权人应当依照专利法及其实施细则规定缴纳年费。本专利的年费应当在每年09月02日前缴纳。未按照规定缴纳年费的，专利权自应当缴纳年费期满之日起终止。

专利证书记载专利权登记时的法律状况。专利权的转移、质押、无效、终止、恢复和专利权人的姓名或名称、国籍、地址变更等事项记载在专利登记簿上。

局长
申长雨

2018年03月02日

第1页（共1页）

玉米缓控释肥料

玉米缓控释肥料制作过程

试验区农田考察

田间小区试验施工

田间试验准备

田间小区春播试验准备

田间小区春播试验准备

田间试验活动

植物篱埂垄作区田技术田间试验

植物篱埂垄作区田试验

植物篱埂垄作区田技术三叶草长势

植物篱埂垄作区田技术在玉米收获后的三叶草长势

植物篱埂垄作区田技术推广田间工作

苜蓿秸秆还田

玉米秸秆粉碎还田

苜蓿小区试验苗期

大豆小区试验苗期

大豆试验

大豆推广试验

苜蓿小区试验结束后的苜蓿杆

玉米小区试验结束后的玉米秸秆

通向试验地的道路

研究生开展田间试验

研究生开展田间试验

田间试验玉米测产

玉米植株高度比较

试验林地外景

试验林地

林地落叶覆盖厚度

林地试验仪器

林地试验

林地试验

林地土壤气体收集箱

稻田土壤气体收集箱

冬季土壤气体收集保护装置

冬季土壤气体收集保护装置

稻田土壤气体收集保护装置

旱改水田的水稻早期生长情况

旱改水田的水稻

旱改水田的水稻生育成熟期

旱改水田水稻收获后

水稻覆膜试验

水稻田间试验

水稻推广试验

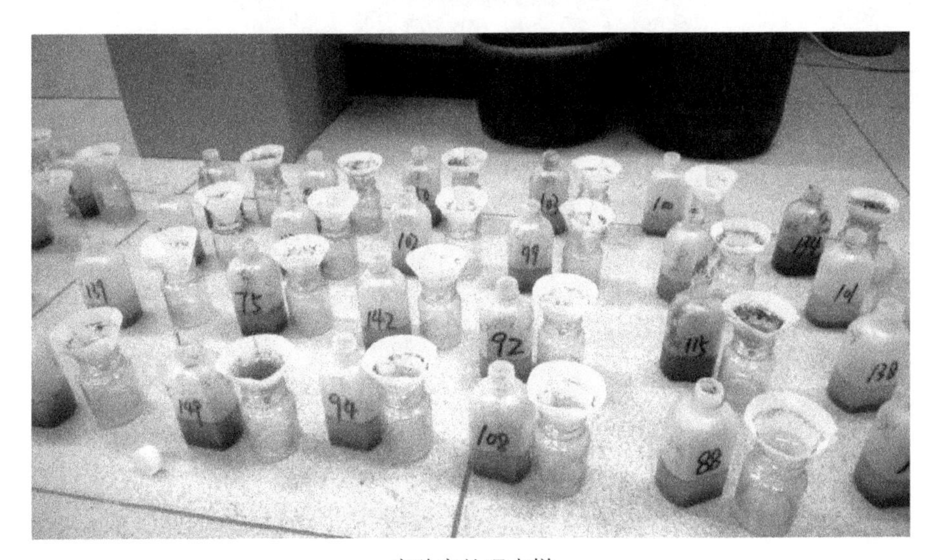

实验室处理水样

实验室土壤样品处理

实验室土壤样品